Edmund Gerhard u. a.,

Kostenbewußtes Entwickeln und Konstruieren

D1726986

Kostenbewußtes Entwickeln und Konstruieren

Grundlagen und Methoden zur Kostenbestimmung und Kostenabschätzung während eines entwicklungs- und herstell-
kostenorientierten Vorgehens

Univ.-Prof. Dr.-Ing. habil. Edmund Gerhard

Dipl.-Wirtsch.-Ing. Dr. Adam Engelter
Dipl.-Ing. Werner Busch
Prof. Dr.-Ing. Dieter Lowka
Dipl.-Ing. Michael Möller
Dr.-Ing. Peter Weber

Mit 176 Bildern und 216 Literaturstellen

Kontakt & Studium
Band 380

Herausgeber:
Prof. Dr.-Ing. Wilfried J. Bartz
Technische Akademie Esslingen
Weiterbildungszentrum
DI Elmar Wippler
expert verlag

Die Deutsche Bibliothek – CIP-Einheitsaufnahme

Kostenbewußtes Entwickeln und Konstruieren :
Grundlagen und Methoden zur Kostenbestimmung
und Kostenabschätzung während eines entwick-
lungs- und herstellkostenorienten Vorgehens / Edmund Gerhard... – Renningen-Malmsheim : expert-
Verl., 1994
    (Kontakt & Studium ; Bd. 380 : Konstruktion)
    ISBN 3-8169-0780-6
NE: Gerhard, Edmund; GT

ISBN 3-8169-0780-6

Bei der Erstellung des Buches wurde mit großer Sorgfalt vorgegangen; trotzdem können Fehler
nicht vollständig ausgeschlossen werden. Verlag und Autor können für fehlerhafte Angaben und
deren Folgen weder eine juristische Verantwortung noch irgendeine Haftung übernehmen.
Für Verbesserungsvorschläge und Hinweise auf Fehler sind Verlag und Autor dankbar.

Herausgeber-Vorwort

Die berufliche Weiterbildung hat sich in den vergangenen Jahren als eine absolut notwendige Investition in die Zukunft erwiesen. Der rasche technologische Fortschritt und die quantitative und qualitative Zunahme des Wissens haben zur Folge, daß wir laufend neuere Erkenntnisse der Forschung und Entwicklung aufnehmen, verarbeiten und in die Praxis umsetzen müssen. Erstausbildung oder Studium genügen heute nicht mehr. Lebenslanges Lernen ist gefordert!

Die Ziele der beruflichen Weiterbildung sind
– Anpassung der Fachkenntnisse an den neuesten Entwicklungsstand
– Erweiterung der Fachkenntnisse um zusätzliche Bereiche
– Fähigkeit, wissenschaftliche Ergebnisse in praktische Lösungen umzusetzen
– Verhaltensänderungen zur Entwicklung der Persönlichkeit und Zusammenarbeit.

Diese Ziele lassen sich am besten durch Teilnahme an einem Präsenzunterricht und durch das begleitende Studium von Fachbüchern erreichen.
Die Lehr- und Fachbuchreihe KONTAKT & STUDIUM, in die Zusammenarbeit zwischen dem expert verlag und der Technischen Akademie Esslingen herausgegeben wird, ist für die berufliche Weiterbildung ein ideales Medium. Die einzelnen Bände basieren auf erfolgreichen Lehrgängen der TAE. Sie sind praxisnah, kompetent und aktuell. Weil in der Regel mehrere Autoren – Wissenschaftler und Praktiker – an einem Band mitwirken, kommen sowohl die theoretischen Grundlagen als auch die praktischen Anwendungen zu ihrem Recht.
Die Reihe KONTAKT & STUDIUM hat also nicht nur lehrgangsbegleitende Funktion, sondern erfüllt auch alle Voraussetzungen für ein effektives Selbststudium und leistet als Nachschlagewerk wertvolle Dienste. Auch der vorliegende Band wurde nach diesen Grundsätzen erarbeitet. Mit ihm liegt wieder ein Fachbuch vor, das die Erwartungen der Leser an die wissenschaftlich-technische Gründlichkeit und an die praktische Verwertbarkeit nicht enttäuschen wird.

TECHNISCHE AKADEMIE ESSLINGEN   expert verlag
Prof. Dr.-Ing. Wilfried J. Bartz   Dipl.-Ing. Elmar Wippler

Vorwort

Vom Entwickler und Konstrukteur werden Produkte erwartet, die in technischer und wirtschaftlicher Hinsicht die gestellten Anforderungen erfüllen, besser noch übertreffen. Durch die Konstruktionsforschung gibt es eine Fülle von Methoden, um in relativ kurzer Zeit technisch reife Produkte entstehen zu lassen. Sehr viel schwieriger ist es demgegenüber, auch "wirtschaftlich reife" Produkte zu entwicklen und zu konstruieren. Hier fehlt es an einer entsprechenden geschlossenen Darstellung des Instrumentariums, mit dessen Hilfe die wirtschaftlichen Aspekte gleichberechtigt berücksichtigt werden können und die zu einer kostenbewußten Denkweise motivieren.

Das vorliegende Buch will die Entwickler und Konstrukteure in Praxis und Ausbildung auf eine effektive, methodische und damit kostenoptimale Vorgehensweise hinweisen und mit den für ihre Arbeit erforderlichen betriebswirtschaftlichen Grundlagen vertraut machen. Das Berechnen der Herstellkosten wird an Beispielen erläutert und ein typisches Kalkulationsformblatt diskutiert. Die vorgestellten Methoden für die Durchführung von Kostenanalysen erleichtern es, im eigenen Bereich Kostenschwerpunkte und damit Ansatzmöglichkeiten für eine Reduzierung der Kosten zu finden. Methoden und Regeln für die kostengünstigste Konstruktion eines Teiles bzw. einer Komponente werden allgemeingültig und an Beispielen aus Maschinenbau, Feinwerktechnik und Elektrotechnik dargestellt.

Wertgestaltendes Konstruieren spielt heute eine ebenso große Rolle wie die zunehmend anstehenden Entscheidungen, ob informationsverarbeitende Funktion kostengünstiger hardware- oder softwaremäßig realisiert werden können. Hierzu können sowohl prinzipielle Aussagen als auch praktische Hinweise erwartet werden.

Ein in den verschiedenen Kapiteln des Buches angesiedeltes Übungsbeispiel dient dem Vertrautwerden mit den vorgestellten Verfahren und soll die Anwendungshürde überwinden helfen. Die alphabetische Liste zur Definition von Kostenbegriffen im Anhang wird für die tägliche Praxis nützlich sein.

Das Buch ist hervorgegangen aus langjährigen Lehrgängen über "kostenbewußtes Entwickelen und Konstruieren" an der Technischen Akademie Esslingen. Die einzelnen Abschnitte des Buches wurden von den verschiedenen Fachleuten eigenverantwortlich erarbeitet.

Den Mitautoren habe ich für ihre konstruktive Zusammenarbeit zu danken. Trotz ihrer beruflichen Belastung waren sie stets bereit, ihre Vorträge an der Technischen Akademie Esslingen zu optimieren, aufeinander abzustimmen und für dieses Buch zu überarbeiten.

Meinen Mitarbeitern am Fachgebiet Elektromechanische Konstruktion der Universität -GH- Duisburg danke ich für ihre tatkräftige Unterstützung bei der Bilderstellung und Textkorrektur, dem expert verlag für die Geduld beim Zustandekommen dieses Buches sowie für die sorgfältige Herstellung, meiner Frau für ihr Verständnis und die stete Unterstützung meiner Arbeit.

Krefeld, im Dezember 1993   E. Gerhard

Inhaltsverzeichnis

Vorwort

1 Einführung

Edmund Gerhard

1.1 Kostendruck im Unternehmen

Das Streben nach wirtschaftlichem Wohlergehen der Unternehmung, der Mitarbeiter und der Kunden ist - in der Marktwirtschaft - Triebfeder für ein ergebnisorientiertes Handeln im Unternehmen. Voraussetzung ist eine Kostentransparenz im Unternehmen und ein grundlegendes Kostenwissen des Mitarbeiters.

Das Unternehmen steht heute unter Druck infolge der Kosten, des Marktes und der Vorschriften. Als strategische Maßnahmen bieten sich insbesondere die Produktion immer neuer Ideen, das Ausreizen neuer Technologien und Computer-Unterstützung sowie der Einsatz neuer Methoden, wie Konstruktionsmethodik und Wertgestaltung, Simultaneous Engineering und Wertanalyse an.

Vom Entwickler und Konstrukteur werden Produkte erwartet, die in technischer und wirtschaftlicher Hinsicht die gestellten Anforderungen erfüllen, besser noch übertreffen. Aufgrund seiner Ausbildung und der während seiner Tätigkeit gewonnenen Erfahrung kann der Konstrukteur im allgemeinen sicher technische Anforderungen berücksichtigen, also zu realisierende Funktionen technisch gestalten und technisch optimieren. Kritischer sind da wirtschaftliche Problemstellungen. Hier fehlen häufig Grundkenntnisse der Betriebswirtschaftslehre, Informationen über Kostenzusammenhänge und die Kenntnis der wichtigsten Methoden, die es erlauben, kostengünstig zu entwickeln und zu konstruieren. Auch die umfangreich vorliegenden Ergebnisse, die aus der Konstruktionsforschung der letzten Jahrzehnte hervorgegangen sind, bieten hinsichtlich des Kostenaspektes nicht die Hilfestellung, die vom Konstrukteur zur Reduzierung der Kosten dringend benötigt wird. Erschwerend kommt hinzu, daß sich der Techniker erfahrungsgemäß mit wirtschaftlichen Fragen weniger gern auseinandersetzt.

Wenn auch der erfahrene Konstrukteur intuitiv beurteilen kann, ob eine Alternative kostengünstiger ist als eine andere, so muß er dies doch nachvollziehbar begründen können. Er muß nicht nur die technisch beste, sondern auch die wirtschaftlich günstigste Lösung finden, also die technisch-wirtschaftlich optimale Konstruktion erarbeiten, Bild 1.1.

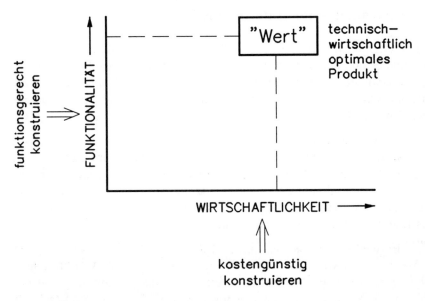

Bild 1.1: Technisch-wirtschaftlicher Wert eines Produkt

Erfahrungsgemäß hat der Techniker eine erhebliche Aversion gegenüber betriebswirtschaftlichen Problemstellungen. Zwei Gründe mögen dafür ausschlaggebend sein:

- Die Techniker sind viel zu oft der Technik selbst verbunden; sie sind "Vollbluttechniker", stürzen sich auf technische Probleme und bringen eine technisch reife Lösung. Alles andere mögen doch die Kaufleute oder die Fertigungstechniker machen.

- In den Ausbildungsplänen der Techniker (gleichgültig ob an Fachschulen, Fachhochschulen oder Universitäten) gibt es kaum Vorlesungen

2

über wirtschaftliche und im speziellen betriebswirtschaftliche Zusammenhänge; zumindest sind die wirtschaftswissenschaftlichen Vorlesungen gegenüber den technischen dramatisch unterrepräsentiert. Insofern hat der Techniker eine erhebliche Lücke in seiner Ausbildung.

Schon vor einem viertel Jahrhundert erkannte man den "Engpaß Konstruktion": Es gab kaum qualifizierte Konstrukteure. An vielen Hochschulen wurde daraufhin auf dem Gebiet der Konstruktionssystematik bzw. Konstruktionsmethodik geforscht. Dadurch existieren heute viele Methoden, die helfen, ein Produkt von der Idee bis zur Fertigungsreife zu entwickeln und zu konstruieren. Es existiert zwar kein, dem technischen adäquater wirtschaftlicher Part an Methoden, um auch kostenmäßig optimale Lösungen garantieren zu können, jedoch geben z.b. die Richtlinien VDI 2225, VDI 2234 und VDI 2235 Hilfestellung [1.01; 1.02; 1.03].

Inzwischen arbeitet man intensiv in der Industrie und an vielen Hochschulen, z.b. in Darmstadt, Berlin, Hannover und München, auf dem Gebiet des kostenbewußten Entwickelns und Konstruierens. Natürlich wird dabei das Problem nicht verkannt, relevantes Zahlenmaterial aus der Industrie für die Forschungsarbeiten zu erhalten. So ist festzustellen, daß man in der Industrie mit technischem "Know How" weit großzügiger umgeht (Messen, Veröffentlichungen) als mit Kostenmaterial. Während innerhalb einer Firma nur wenige Vertraute eine Kalkulation mit dem Stempel "streng vertraulich" erhalten, sind im allgemeinen technische Zeichnungen fast jedem zugänglich.

1.2 Konstruktionsprozeß

Es ist unumstritten, daß sich der technische Problemlösungsprozeß in einzelne, zeitlich hintereinander liegende Schritte unterteilen läßt. Die unterschiedliche Anzahl dieser Schritte und ihre Benennung bei den einzelnen "Schulen" sind in der Richtlinie VDI 2222 [1.04] vereinheitlicht. Die Wertgestaltung, die sich weitgehend auf den Arbeitsplan nach DIN 69910 bzw. Richtlinie VDI 2801 für die Wertanalyse [1.05] stützt, verfolgt das gleiche Ziel wie die Konstruktionsmethodik: Auffinden der technisch-wirtschaftlich optimalen Lösung.

3

Geht man davon aus, daß der Realisierungsprozeß für technische Produkte bei der Aufgabenstellung beginnt und bei dem aus der Fertigung ausgestoßenen "verstofflichten" Produkt endet, dann läßt sich prinzipiell das in Bild 1.2 dargestellte Arbeitsflußdiagramm aufstellen [1.06]. Eine allgemeine Unterteilung in "Problemlösungsphasen" wird dabei den stets durchzuführenden Arbeitsschritten entsprechen müssen. Es ist eine "natürliche Systematik", daß zunächst die AUFGABE, die man lösen soll oder will, bekannt sein muß. Erst wenn alle Anforderungen klar DEFINIERT sind, lassen sich Lösungen suchen, deren Bewertung dann ein LÖSUNGSKONZEPT liefert. Am Ende dieser Konzeptphase liegt lediglich die qualitative Lösung des Problems fest. Erst während der Gestaltungsphase wird die Lösung auch quantitativ bestimmt. Der sich ergebende maßstäbliche ENTWURF muß noch in Einzelheiten AUSGEARBEITET werden, um dann zusammen mit eventuellen Prüf-, Arbeitsfolge- und Montageablaufplänen als vollständige Fertigungsunterlage in die FERTIGUNG zu gelangen. Die VORBEREITUNG (Planung und Steuerung) der Fertigung führt über die TEILEFERTIGUNG und MONTAGE zum Produkt, dessen Absatz der VERTRIEB übernimmt.

Selbstverständlich müssen nicht bei allen Konstruktionsaufgaben auch alle Phasen gleichwertig durchlaufen werden; ebenso wie die Lösung vieler Probleme nur durch Rückkoppeln und mehrfaches Durchlaufen einzelner Phasen möglich ist.

In Bild 1.2 sind den einzelnen Phasen des Problemlösungsprozesses beispielhaft methodische Hilfsmittel für ein kostenbewußtes Entwickeln und Konstruieren zugeordnet. Die einzelnen Verfahren können selbstverständlich bei verschiedenen Vorgehensschritten angewandt werden [1.03]; ihre Einsatzmöglichkeit ist auch von den zu realisierenden Produkten abhängig.

Durch das Vereinzeln des Problemkomplexes wird das Aufsuchen von Lösungen erleichtert. Die verschiedenen zur Verfügung stehenden Methoden zur Lösungsfindung und -bewertung lassen sich bei jedem Schritt problemgerecht anwenden. Diese Einteilung macht keinen Unterschied zwischen einer systematischen und einer intuitiven Lösungssuche. Die diesbezügliche Entscheidung fällt während der einzelnen Phasen. Die Intuition bezieht sich dabei häufig vorwiegend nur auf Teilprobleme, nicht

4

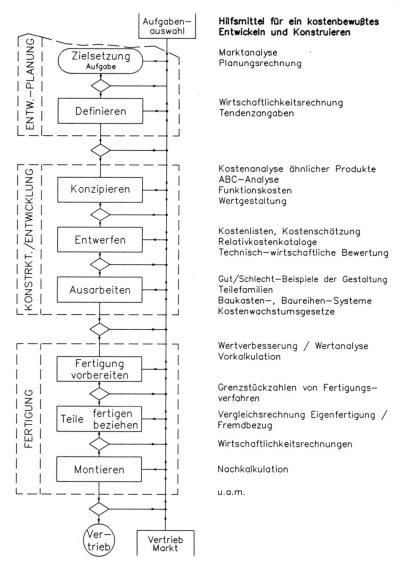

Bild 1.2: Einfaches Arbeitsflußdiagramm für den produktbezogenen Problemlösungsprozeß und methodische Hilfsmittel für ein kostenbewußtes Entwickeln und Konstruieren

auf den gesamten Problemkomplex im Sinne einer ganzheitlichen Lösung. Somit wird ein systematisches Vorgehen die Intuition fördern. Die schrittweise logische Vorgehensweise führt zudem noch zu einem rationalen Konstruieren, beschreitbare Lösungswege werden leichter erkannt, das Haften am Althergebrachten (Betriebsblindheit) ist weniger ausgeprägt und konventionelle Lösungen werden zumindest nicht kritiklos übernommen.

Heute versteht man als Aufgabe der Konstruktionswissenschaft die Rationalisierung der geistigen Arbeit eines schöpferischen Technikers. Das bedingt, daß die Konstruktionswissenschaft den Denkvorgang beim Lösen technischer Probleme ebenso analysieren muß, wie sie neue Arbeitsmethoden - also Vorgehensweisen und Methoden zur Lösungsfindung und Bewertung - schaffen und vermitteln muß.

Das methodische Konstruieren ist heute zu einem stehenden Begriff geworden.

1.3 Kostenverantwortung des Entwicklers/Konstrukteurs

Es ist allgemein bekannt, daß die Produkte heute schnellebiger geworden sind. Die Industrieunternehmen müssen in immer kürzeren Zeitabschnitten immer wieder neue Produkte auf den Markt bringen. Ähnliches gilt für die Reifegeschwindigkeit der Investitionsgüter.

Die Lebensdauer eines Produktes auf dem Markt wird bestimmt durch die Höhe der Nachfrage, die Umsatz- und Gewinnentwicklung und die Konkurrenzsituation. Bei vorhandenem Marktvolumen wird ein möglichst hohes Absatzvolumen für das Produkt angestrebt. Zur Beurteilung der Berechtigung eines Produktes am Markt ist eine sorgfältige Beobachtung verschiedener Indikatoren entscheidend, Bild 1.3.

Derjenige, der die Produkte schaffen muß, ist der Entwickler/Konstrukteur; er bearbeitet allein oder im Team alle Aufgaben, die der materiellen Realisierung eines Produktes vorausgehen und übernimmt die Verantwortung für deren Funktion, Herstellbarkeit, Wirtschaftlichkeit und sichere Anwendbarkeit.

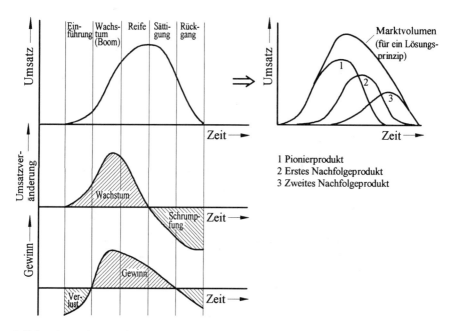

Bild 1.3: Lebenszyklus eines Produkts mit Umsatz- und Gewinn/Verlust-
Entwicklung; Marktvolumen

Kostenoptimierung erfolgt durch die Realisierung wissenschaftlicher Erkenntnisse und Arbeitsmethoden zur Verbesserung der Leistungen und
Verminderung der Kosten und damit Steigerung der Produktivität [1.07].

Nach statistischen Unterlagen sind 70 % bis 80 % der Produktkosten
von Entscheidungen bedingt, die auf den Konstrukteur zurückgehen;
weitere ca. 15 % werden in der Arbeitsvorbereitung und Fertigungs-
steuerung festgelegt. Der größte Teil aller Rationalisierungsbemühungen
aber hat sich seit der Jahrhundertwende bis vor wenigen Jahren auf
Optimierungsmaßnahmen in den Produktionswerkstätten bezogen, wo
nur etwa 6 % der Kostenentscheidungen fallen. So beträgt die Produktivitätssteigerung im Fertigungsbereich seit der Jahrhundertwende etwa
1000 % (Fließbänder; Akkordarbeit; Einsparung von Pfennigbeträgen);
in der Entwicklung, Konstruktion und Arbeitsvorbereitung dagegen blei-

7

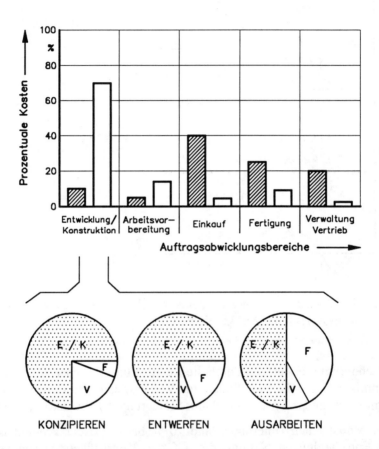

Bild 1.4: Kostenverantwortung und Kostenverursachung sowie produkt-
kostenrelevanter Anteil verschiedener Unternehmensbereiche
☐   verantwortete Kosten
▨   abgerechnete Kosten
E/K Entwicklung/Konstruktion
F   Fertigung, Einkauf
V   Vertrieb, Marketing

ben ganze Arbeitsstunden/-tage und damit relativ hohe Kosten unberücksichtigt. Dieses Rationalisierungsniveau der Entwicklung/Konstruktion entspricht bei weitem nicht ihrer Bedeutung für den Produktentstehungsprozeß. Bild 1.4 zeigt die Diskrepanz zwischen Kostenverantwortung und Kostenverursachung [1.02; 1.08; 1.09].

Aus Bild 1.4 ist erkennbar, daß Rationalisierungsbemühungen in Entwicklung/Konstruktion sich weniger auf Personalkosten (abgerechnete Kosten) konzentrieren müssen, als vielmehr das Verbessern der Arbeitsergebnisse unter Anwenden methodischer Hilfsmittel und Arbeitstechni-

| Festlegungen | Entscheidung ist mitbestimmt durch: | | |
	Einkauf	Arbeitsvorb.	Fertigung
1. Materialien	X		
2. Abmessungen	X	X	X
3. Toleranzen		X	X
4. Form– und Lagetoleranzen		X	X
5. Qualität der Passungen			X
6. Gewicht		X	
7. Bearbeitungszugaben		X	X
8. Oberflächenrauheit		X	X
9. Oberflächenzustand		X	X
10. Sonderbehandlungen		X	X
11. Fertigungsverfahren		X	X
12. Zahl der Bearbeitungsstellen		X	X
13. Zahl der Bearbeitungsstufen		X	X
14. Anlaufteile	X		
15. Zahl der gleichen Teile		X	
16. Normteile	X		
17. Kaufteile	X	X	
18. Halbzeuge	X	X	X
19. Kompliziertheit der Teile		X	X
20. Montageaufwand		X	X
21. Vorrichtungen		X	X
22. Justage		X	X
23. Wareneingangsprüfung	X		
24. Serviceaufwand		X	

Bild 1.5: Kostenbestimmende Festlegung durch den Konstrukteur

ken zum Ziele haben. Entwickler und Konstrukteure beeinflussen die Kosten im Ursprung ihrer Entstehung; von Einkauf, Arbeitsvorbereitung und Fertigung werden einzelne Kosten mehr oder weniger stark mitbestimmt, Bild 1.5.

1.4 Entwicklungs-, Herstellungs- und Folgekosten

1.4.1 Kostenzielsetzung

Für irgendein Erzeugnis v kann der Brutto-Gewinn Δ_v in einer bestimmten Marktsituation (Marktpreis P_v) und während eines bestimmten Zeitraumes

$$\Delta_v = P_v - SK_v \gtreqless 0 \qquad (1.1)$$

bei unternehmens- und herstellungsbedingten Selbstkosten SK_v positiv, negativ oder gleich Null sein. Auf längere Sicht ist es für ein Unternehmen aber lebensnotwendig, daß der Brutto-Gewinn Δ über die gesamte Palette seiner n Erzeugnisse, jeweils mit der Stückzahl N_v gefertigt,

$$\Delta = \sum_{v=1}^{n} \Delta_v = \sum_{v=1}^{n} (P_v - SK_v) \cdot N_v > 0 \qquad (1.2)$$

stets positiv ist (Lebenserhaltungsgesetz der Industrie).

Die Kostenzielsetzung ist die wichtigste Forderung des Marktes, sie wird in die Anforderungsliste aufgenommen. Kennt man den erzielbaren Marktpreis (z.B. durch Marktanalyse ermittelt), so ergeben sich die geforderten Herstellkosten (auch: Herstellungskosten) HK_{gef} unter Berücksichtigung der von der Herstellung (Produktion) nicht beeinflußten Gemeinkosten GK zu

$$\boxed{HK_{gef} = P_e - \Delta_e - GK} \qquad (1.3)$$

als Kostenzielsetzung für den Konstrukteur (P_e und Δ_e sind die erwarteten Größen).

Das "Kostenziel" ist somit der Betrag, der für die Herstellung des betreffenden Erzeugnisses oder auch für seine Beschaffung vorgegeben wird [1.05].

1.4.2 Kostenstruktur

Die Zusammensetzung der Kosten für ein Erzeugnis ist in Bild 1.6 prinzipiell dargestellt. Dabei sind die Definitionszusammenhänge erkennbar.

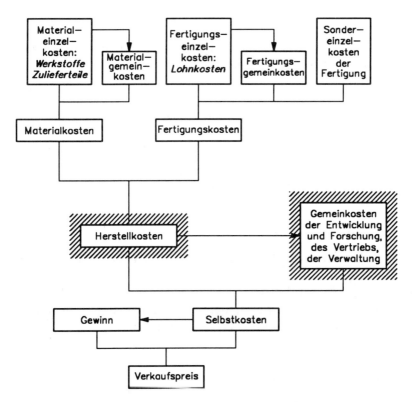

Bild 1.6: Kostenstruktur (prinzipiell)

11

Unter "Einzelkosten" werden alle Kosten verstanden, die einem Erzeugnis (Zurechnungsobjekt) unmittelbar zugerechnet werden können (direkte Kosten). Sie lassen sich aufgrund der Herstellungsunterlagen (Konstruktionszeichnungen, Arbeitsanweisungen) im einzelnen ermitteln.

Unter "Gemeinkosten" werden diejenigen Kosten verstanden, die notwendigerweise anfallen, aber nicht im Hinblick auf ein einzelnes Erzeugnis (Zurechnungsobjekt) erfaßbar sind. Die aus dem Erlös des Erzeugnisses anteilig zu deckenden Kosten der Forschung und Entwicklung, des Vertriebs und der Verwaltung stellen die von der Herstellung nicht beeinflußbaren Gemeinkosten dar.

1.4.3 Produkt-Folgekosten

Auch wenn das Produkt bereits gefertigt und verkauft ist, verursacht es noch Folgekosten. Diese entstehen

- betriebsintern z.B.

  - als Distributionskosten (Lagerung/Transport),
  - als Servicekosten/Installationskosten,
  - als Kosten für Entsorgung und Spezialtransporte und als Deponiekosten,
  - als Recyclingkosten,
  - als Update-Kosten,

- betriebsextern z.B.

  - als Verbrauchs- und Wartungskosten beim Kunden (z.B. Energiekosten),
  - als Kosten für den Umweltschutz,
  - als Kosten für das Betriebsumfeld (z.B. klimatisierte Räume für Computer, konstante Luftfeuchte, Staubarmut...)

1.5 Kostenbewußtes Konstruieren

1.5.1 ... gerecht Konstruieren

Die Realisierung jeder Anforderung im Pflichtenheft (Anforderungsliste) bedeutet letztlich Kosten. Da ein technisches Produkt (Bauelement, Baugruppe, Gerät, Maschine, Apparat, Anlage) funktionieren, herstellbar, wirtschaftlich sowie menschen- und umweltverträglich sein muß, lassen sich einzelne Gestaltungsrichtlinien aufstellen, die helfen, den geforderten Bedingungen gerecht zu werden. Einzelheiten finden sich in der Literatur über Maschinenelemente und Konstruktionslehre, oft in Form von Gut- und Schlechtlösung gegenübergestellt.

Die Konstruktionsgerechtigkeit bezieht sich auf folgende vier Gruppen:

- Funktionsgerechtes/restriktionsgerechtes Gestalten:

  festigkeitsgerecht, beanspruchungsgerecht, stoffgerecht, formänderungsgerecht, ausdehnungsgerecht, kriechgerecht, korrosionsgerecht, qualitätsgerecht, EMV-gerecht, klimagerecht etc. [1.11 bis 1.19].

- Herstellungsgerechtes Gestalten:

  Fertigungsgerechtes Gestalten: verfahrensgerecht, gießgerecht mit modell-, form- und bearbeitungsgerecht, sintergerecht, umformgerecht mit schmiede-, gesenk-, fließ-, zieh-, schneid- und biegegerecht, trenngerecht mit schnitt- und spangerecht, bohrgerecht etc. [1.12; 1.20 bis 1.25].

  Montagegerechtes Gestalten: speichergerecht, handhabungsgerecht, automatisierungsgerecht, greifgerecht, fügegerecht, positioniergerecht, justiergerecht, sicherungsgerecht, werkzeuggerecht etc. [1.12; 1.23; 1.26; 1.50].

  Logistikgerechtes Gestalten [1.27].

- Kostengerechtes Gestalten:

  normgerecht, testgerecht, kontrollgerecht, toleranzgerecht, transportgerecht, servicegerecht, instandhaltungsgerecht, marktgerecht,

13

folgekostengerecht etc. [1.01; 1.02; 1.05; 1.12; 1.51].

- Menschen- und umweltgerechtes Gestalten:

sicherheitsgerecht, gebrauchsgerecht, bediengerecht, ablesegerecht, zeitgerecht, resourcengerecht, recyclinggerecht etc. [1.11; 1.28 bis 1.31; 1.33].

Kostenbewußtes Entwickeln und Konstruieren ist mehr als nur ...gerechtes Gestalten. Es beinhaltet ein effektives, methodisches und damit kostenoptimales Vorgehen ebenso wie betriebswirtschaftliches Denken von der Aufgabenpräzisierung an über die Gestaltung und Fertigung bis zur Betreuung des Produkts beim Kunden.

1.5.2 Kostenbewußtsein

Zu einem kostenbewußten Entwickeln und Konstruieren gehören Grundlagen über das Kosten- und Wirtschaftlichkeitsdenken, wie insbesondere über

- Entwicklungskosten: "Rationalisierung" der geistig-schöpferischen Tätigkeit des Entwicklers/Konstrukteurs,
- Produktkosten: Herstellkosten, Qualitätskosten, ...,
- Produkt-Folgekosten: Produkt-, Betriebs-, Mensch-, Umweltverträglichkeit.

Darüber hinaus gilt es, die in der Entwicklung und Konstruktion Tätigen

- zu motivieren, wirtschaftliche Gesichtspunkte stärker als bisher bei ihrer Arbeit zu beachten,
- betriebswirtschaftliche Grundlagen sich anzueignen,
- zu einer kostenoptimalen Vorgehensweise zu finden,
- anhand von Kostenstrukturen mit Ansatzpunkten für Kosteneinsparungen vertraut zu sein,
- Methoden und Hilfsmittel für ein kostenbewußtes Konstruieren zu kennen und auch anzuwenden.

Nur durch grundlegendes Kostenwissen und durch Anwenden handhabbarer Verfahren ist es dem Entwickler/Konstrukteur möglich, sein Konstruktionsergebnis nicht nur technisch, sondern auch wirtschaftlich zu optimieren.

2 Wirtschaftliches Entwickeln und Konstruieren

Edmund Gerhard

2.1 Einleitung

Um im Bereich Entwicklung/Konstruktion zu einer Kostenoptimierung zu kommen, sind prinzipiell zwei verschiedene Wege notwendig:

- Optimierung im Arbeitsablauf: Einsatz produktunabhängiger, methodischer Hilfsmittel durch den Mitarbeiter;
- Optimierung am Produkt: Einsatz produktbezogener, wertanalytischer Methoden (Wertgestaltung, Wertverbesserung), von der Unternehmensorganisation unterstützt.

Eine erfolgreiche Optimierung in Entwicklung und Konstruktion für Arbeitsablauf und zu entwickelndes Produkt erfordert eine konsequente Anwendung aller zur Verfügung stehenden methodischen Hilfsmittel. Nach REINHEIMER [2.01] ist der Grad der Perfektion in der Beherrschung dieses Instrumentariums ein Parameter für die Qualifikation des Ingenieurs.

Zur Verwirklichung des "ökonomischen Prinzips", wonach mit gegebenem Aufwand an Wirtschaftsgütern (Produktionsfaktoren) ein möglichst hoher Erfolg (Nutzen) zu erzielen ist, werden Rationalisierungsmaßnahmen ergriffen. Ein methodisches Arbeiten bildet die Grundlage jeder rationellen Tätigkeit. Die Rationalisierung im Konstruktionsbüro darf sich nicht beschränken auf

- die räumliche Aufteilung des Büros,
- die Ausrüstung mit Mobiliar und Rechnern als modernem Zeichengerät,
- die Einführung von Ordnungssystemen und Dokumentationsstellen und

- den Einsatz von EDV-Anlagen für Verwaltung und zur Datenspeicherung (Physikalische Gesetze, Lösungsalternativen, Zeichnungen).

All das ist sicherlich äußerst wichtig für die Rationalisierung der *manuellen* Tätigkeit im Konstruktionsbüro. Das reicht aber gewiß nicht aus; denn die eigentliche *geistig schöpferische* Tätigkeit des Konstrukteurs, die von richtig getroffenen Entscheidungen abhängt, wird davon nicht berührt.

Das Ziel der Rationalisierung ist, einen zumindest gleichhohen Entwicklungsstand in einer kürzeren Zeitspanne zu erreichen, d.h. den Entwicklungsprozeß eines Produktes zu beschleunigen, Bild 2.1, oder bei gleichem Zeitaufwand einen höheren Entwicklungsstand zu erzielen. Der dadurch entstandene Zeitdruck für die Entwicklungsarbeiten in den Unternehmen wird durch die Verkürzung der Produktlaufzeiten und die damit verbundene Vorverlegung des Zeitpunkts für den Fertigungsbeginn noch verstärkt.

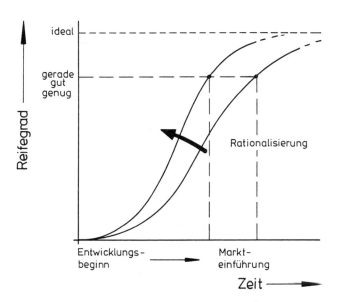

Bild 2.1: Rationalisierung und Reifegrad eines Produkts

17

Sich lediglich auf manuelle Tätigkeiten im Entwicklungs- und Konstruktionsbereich beschränkende Rationalisierungsmaßnahmen reichen nicht aus: Die eigentliche geistig-schöpferische Tätigkeit des Konstrukteurs gilt es, durch Arbeitshilfen und Methoden zu unterstützen.

Zu einem optimalen Problemlösen bei technischen Produkten (Optimierung im Arbeitsablauf, Optimierung am Produkt) und somit zu einem wirtschaftlichen Entwickeln und Konstruieren gehören

- eine systematische Vorgehensweise (Phasen des Entwicklungsprozesses; Ablaufsystematik),
- eine problemgerechte Organisation und Aufgabenverteilung (Planen von Kosten, Zeit und Personal; Konstruktionstätigkeiten und -arten; Team),
- Methoden zur Lösungssuche und Bewertung (Konstruktionsmethoden, Entscheidungskriterien und Entscheidungs-/Bewertungsverfahren) sowie
- problemgerechte Arbeitsplätze und Hilfsmittel (z.B. CA-Techniken, Mikrofilmeinsatz, Zeichnungsvereinfachung ...).

2.2 Kostenoptimale Vorgehensweise beim Entwickeln/Konstruieren

2.2.1 Phasen des Konstruktionsprozesses

Methodisches Arbeiten ist die Grundlage jeder rationellen Tätigkeit. Systematisches, schrittweise logisches Vorgehen führt zur Kostenoptimalität bezüglich des Konstruktionsprozesses (Optimierung im Arbeitsablauf).

Ein geordnetes Vorgehen in einzelnen, zeitlich hintereinander liegenden Schritten beginnt mit der Produktplanung, also dem Erkennen, der Auswahl und der Formulierung der Aufgabe (Zielsetzung), führt über das Definieren und Konzipieren zum maßstäblichen Entwurf mit den ausge-

Bild 2.2: Einfaches Arbeitsflußdiagramm für den Konstruktionsprozeß ▶
            mit Hinweisen für ein effektives, methodisches Konstruieren

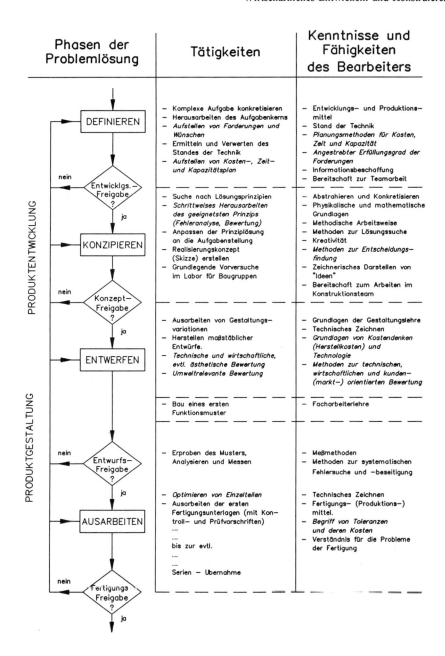

Phasen der Problemlösung	Tätigkeiten	Kenntnisse und Fähigkeiten des Bearbeiters
DEFINIEREN	− Komplexe Aufgabe konkretisieren − Herausarbeiten des Aufgabenkerns − *Aufstellen von Forderungen und Wünschen* − Ermitteln und Verwerten des Standes der Technik − *Aufstellen von Kosten−, Zeit− und Kapazitätsplan*	− Entwicklungs− und Produktionsmittel − Stand der Technik − Planungsmethoden für Kosten, Zeit und Kapazität − Angestrebter Erfüllungsgrad der Forderungen − Informationsbeschaffung − Bereitschaft zur Teamarbeit
KONZIPIEREN	− Suche nach Lösungsprinzipien − *Schrittweises Herausarbeiten des geeignetsten Prinzips (Fehleranalyse, Bewertung)* − *Anpassen der Prinziplösung an die Aufgabenstellung* − Realisierungskonzept (Skizze) erstellen − Grundlegende Vorversuche im Labor für Baugruppen	− Abstrahieren und Konkretisieren − Physikalische und mathematische Grundlagen − Methodische Arbeitsweise − Methoden zur Lösungssuche − Kreativität − *Methoden zur Entscheidungsfindung* − Zeichnerisches Darstellen von "Ideen" − Bereitschaft zum Arbeiten im Konstruktionsteam
ENTWERFEN	− Ausarbeiten von Gestaltungsvariationen − Herstellen maßstäblicher Entwürfe. − *Technische und wirtschaftliche, evtl. ästhetische Bewertung* − *Umweltrelevante Bewertung*	− Grundlagen der Gestaltungslehre − Technisches Zeichnen − *Grundlagen von Kostendenken (Herstellkosten) und Technologie* − *Methoden zur technischen, wirtschaftlichen und kunden− (markt−) orientierten Bewertung*
	− Bau eines ersten Funktionsmuster	− Facharbeiterlehre
	− Erproben des Musters, Analysieren und Messen	− Meßmethoden − Methoden zur systematischen Fehlersuche und −beseitigung
AUSARBEITEN	− *Optimieren von Einzelteilen* − Ausarbeiten der ersten Fertigungsunterlagen (mit Kontroll− und Prüfvorschriften) ... bis zur evtl. ... ... Serien − Übernahme	− Technisches Zeichnen − Fertigungs− (Produktions−) mittel. − *Begriff von Toleranzen und deren Kosten* − Verständnis für die Probleme der Fertigung

Entwicklgs.−Freigabe ? nein ja
Konzept−Freigabe ? nein ja
Entwurfs−Freigabe ? nein ja
Fertigungs−Freigabe ? nein ja

PRODUKTENTWICKLUNG
PRODUKTGESTALTUNG

ausgearbeiteten Einzelheiten und endet bei den vollständigen Fertigungs-
unterlagen, Bild 2.2 (Spalte 1; vgl. auch Bild 1.2).

Die Forderungen nach einer problemgerechten Organisation, Aufgabenverteilung und Projektdurchführung bedingen eine kooperative Teamarbeit gerade auch für den Konstruktionsprozeß. Hinzukommen müssen
problemgerecht ausgestattete Arbeitsplätze und brauchbare Hilfsmittel
für die während der einzelnen Problemlösungsphasen anfallenen Arbeiten (Bild 2.2, Spalte 2). Für jede einzelne Phase des Arbeitsablaufs
lassen sich Aussagen über Kenntnisse und Fähigkeiten des Bearbeiters
zur Lösung der anstehenden Aufgabe machen (Bild 2.2, Spalte 3) [2.02].

Aus der Kenntnis der in den einzelnen Phasen durchzuführenden Tätigkeiten können nicht nur Mitarbeiter optimal ausgewählt und eingesetzt, sondern auch Methoden, Kenntnisse und Hilfsmittel kostenoptimal
angewandt bzw. genutzt werden.

2.2.2 Konstruktionsmethodik

Systematisierung (Disziplinierung) des Denkprozesses sowie Provokation
des Geistes eines Einzelnen bzw. Nutzung des geistigen Potentials einer
Gruppe sind die Ansätze der Methoden der Konstruktionsforschung
(Konstruktionssystematik).

Die Richtlinie VDI 2221 [2.03] gibt Anleitungen zum Entwickeln und
Konstruieren technischer Systeme und Produkte und beschreibt bran-
chenbezogenes Vorgehen im Maschinenbau, in der Verfahrenstechnik,
in der Feinwerktechnik und bei Software-Entwicklungen. Vertiefend be-
faßt sich die Richtlinie VDI 2222 [2.04], ausgehend vom Planen neuer
Produkte und dem Klären der Aufgabenstellung, vornehmlich mit dem
Aufgliedern der zu erfüllenden Gesamtfunktion in Teilfunktionen (Funktionsstruktur), dem Suchen nach Lösungsprinzipien, deren Kombination
im Hinblick auf die Erfüllung der Gesamtfunktion und dem Festlegen
des Lösungskonzepts. Gedanken und Methoden zum systematischen
Suchen und Optimieren konstruktiver Lösungen aus der Sicht der Datenverarbeitung in der Konstruktion zeigt die Richtlinie VDI 2212 [2.05]
auf.

Bild 2.3 zeigt prinzipiell das Vorgehen bei der systematischen Produktentwicklung in den einzelnen Problemlösungsphasen, eine stetige Auf-

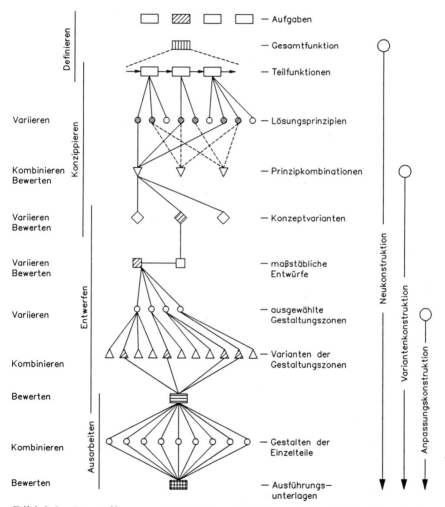

Bild 2.3: Darstellung zur Variationstechnik und Kombinatorik mit Lösungsauswahl bei der systematischen Produktentwicklung

21

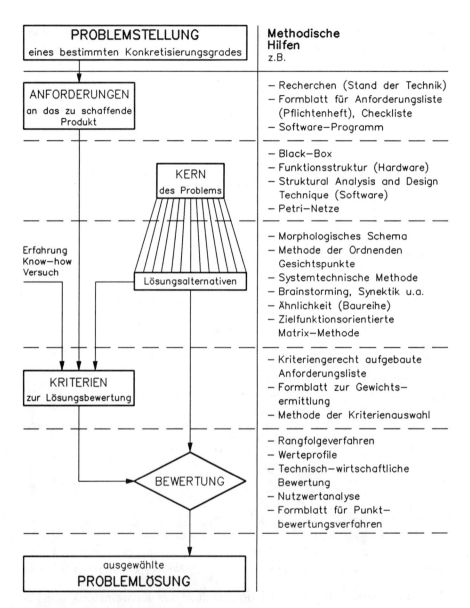

Bild 2.4: Allgemeines Modell des Entscheidungsprozesses und zuge-
ordnete methodische Hilfen

einanderfolge von Variationstechnik und Kombinatorik während der Lösungssuche mit nachfolgender Bewertung. Entscheiden schließt einen Denkprozeß ab, ein neuer beginnt.

Während der einzelnen Phasen kommt der Konstrukteur ständig in Konfliktsituation, wo er aufgefundene Lösungsalternativen bewerten muß; der Konstruktionsprozeß ist somit als eine Kette von Entscheidungen anzusehen. Bild 2.4 zeigt ein allgemeines Modell des Entscheidungsprozesses [2.06] und zugehörige methodische Hilfen. Es läßt die drei wichtigsten Aussagen einer Entscheidungssituation erkennen:

- Durch Abstraktion des Aufgabenkerns müssen Lösungsalternativen erarbeitet werden.
- Es sind Bewertungskriterien zu erarbeiten, die als Soll mit dem Ist der Alternativen verglichen werden können.
- Es müssen Bewertungsmethoden zur Verfügung stehen, die eine technische, wirtschaftliche und menschengerechte "Optimallösung" herauszufinden gestatten.

2.2.3 Planungsdaten und Anforderungsdaten im Pflichtenheft

Ein systematisches Vorgehen wird dann zwangsläufig zu einem kostenoptimalen Vorgehen, wenn sowohl der Konstrukteur einige Methoden zur Lösungssuche und zur Lösungsbewertung beherrscht als auch die Anforderungsliste (Pflichtenheft), die Planungsdaten und die Anforderungsdaten an das Produkt sorgfältig aufgelistet enthält.

Die Anforderungsliste ist der Teil eines Pflichtenheftes, der das zu schaffende Produkt in seinen Eigenschaften so beschreibt, wie es einmal werden soll, Bild 2.5. Bild 2.6 zeigt den möglichen inneren Aufbau einer Anforderungsliste mit einer Unterteilung der Anforderungen nach deren Wichtigkeit [2.06; 2.07]. Verschiedene Musterpflichtenhefte finden sich sowohl in VDI-Richtlinien [z.B. 2.04] als auch in Büchern und Veröffentlichungen [z.B. 2.06; 2.08] oder gar in eigenständigen Werken [z.B. 2.09].

Firma	Pflichtenheft (=1.+2.)	

1. PLANUNGSDATEN — Liste

Ziel (Perspektive)	P_1 Zielvorstellung (produktbezogen) P_2 Benennung (Zusatz oder Ergänzung zu ...) P_3 Entwicklungsart (Neuentwicklung, Weiterentwicklung, Variantenkonstruktion ...) P_4 Auftraggeber .. ....
Zeit	Z_1 Terminvorstellung des Auftraggebers; Lieferzeiten Z_2 Terminablaufplan (Balkenplan, Netzplan) Z_3 Literaturbeschaffung Z_4 Stand der Technik; mathematische und technische Grundlagen .. ....
Kapazität und Kosten	K_1 Bearbeiter, Team, Abteilung K_2 Kapazitätsplanungsverfahren K_3 Kostenplanung (für Entwicklung, Konstruktion ...) K_4 Verantwortlichkeit .. ....
Rechtliche Fragen	R_1 Schutzrechte (Gebrauchsmuster, Patente ...) R_2 Allgemeine Vorschriften (DIN, VDE, DNA ...) R_3 Vorschriften der Verbraucher u. Behörden (TÜV, Lloyd, ...) .. ....
Sonstiges	.. ..

2. ANFORDERUNGSDATEN — Liste

Physikalisch—technische Funktion	F_1 Grundsätzlicher Aufbau (Kinematik, Statik, Dynamik ...) F_2 Funktionsbereiche F_3 Geometrie, Gewicht ... F_4 Funktionswerte (Signaltreue ...) F_5 Präzisionsgrad .. ....
Technologie (Herstellbarkeit)	T_1 Automatisierungsgrad der Fertigung T_2 Werkzeugverschleiß (Standzeit, Rüstzeit ...) T_3 Transportmittel T_4 Montagevorschriften (Baukastenprinzip; Justage ...) .. ....
Wirtschaft—lichkeit	W_1 Stückzahl (Ausstoß pro Jahr) W_2 Herstellkosten (Material—, Fertigungskosten) W_3 Betriebsmittel—Investitionen W_4 Energieverbrauch W_5 Marktbedarf (Absatzgebiete) .. ....
Mensch—Produkt—Beziehung	M_1 Bedienung (Bedienungshöhe, —art ...) M_2 Übersichtlichkeit der Bedienelemente M_3 Informationskodierung M_4 Arbeitssicherheit (für Leib und Leben) M_5 Umweltschutz .. ....

Bild 2.5: Inhalt eines Pflichtenheftes

Firma	**ANFORDERUNGSLISTE** für:	zu Auftrag:

organisatorische Daten		Prozeß-Daten			Wert-Daten				
Lfd. Nr.	Verantwortung	zu verstehen als J/N F W	als Kriterium für P K E A	**Anforderungen**	Mindest-Erfüllg.	SOLL	Ideal-Erfüllg.	Maßeinheit	Änderungen

J/N–Ja/Nein; F–Forderungen; W–Wunsch; P–Prinzip; K–Konzept; E–Entwurf; A–Ausarbeitung.

Ersetzt Ausgabe vom:		Ausgabe: Blatt von

Bild 2.6: Beispiel für den Aufbau einer Anforderungsliste

2.3 Entwicklungskosten: Zusammensetzung und Konstruktionsartabhängigkeit

Die Produkt-Entwicklungskosten, immerhin zwischen 5 % der Gesamt-kosten bei Serienfertigung und 20 % bei Engineering, fallen an als

- (Vor)Entwicklungskosten
  - Personalkosten,
  - Materialkosten,
  - Fremdleistungskosten,
  - Umlage-, Abschreibungs-, Zinsanteil;
- Konstruktionskosten;
- Versuchskosten;
- Zentralstellenkosten (-anteil).

Ihr Absolutbetrag ist stark abhängig von der Konstruktionsart (Neu-konstruktion, Variantenkonstruktion, Anpassungskonstruktion). Insbeson-dere bei Variantenkonstruktionen ist dieser Absolutbetrag wiederum ab-hängig von der gewählten Konstruktionsmethode.

Variantenkonstruktionen - wie das Erstellen einer Konstruktion in meh-reren Baugrößen - werden oft als Einzeltypen direkt dem Kundenwunsch angepaßt, was sowohl die Konstruktions- bzw. Entwicklungsabteilung als auch die Fertigung stark belastet. Demgegenüber bietet eine ge-schlossene Bearbeitung von Typengruppen oder einer vielgliedrigen Baureihe insbesondere dann Vorteile, wenn vereinheitlichte, standar-disierte Konstruktionen angestrebt werden oder wenn Produkte ver-schiedener Größe, Leistung, Drehzahl oder anderer Parameter aber sonst gleicher Art zu planen und zu entwickeln sind. Hierbei ist die "Kon-struktionsmethode Ähnlichkeit" [2.10] zur Entwicklung von Baureihen dem häufig angewandten Einzeltypkonstruieren, bei dem eine Maschine oder ein Gerät der Gruppe nach dem anderen quasi neu konstruiert wird, meist technisch und wirtschaftlich überlegen. Bild 2.7 zeigt den typi-schen Verlauf der relativen Entwicklungskosten einer Baureihe im Ver-gleich zu Einzeltypkonstruktionen [2.11]. Der Bereich "Einzeltypkon-struieren" hängt stark von der Vorerfahrung des Konstrukteurs und dem Zeitraum zwischen den konstruktiven Auslegungen der einzelnen Typen ab. Bei Baureihenentwicklungen hingegen sind die Grundkosten für das erste Gerät größer als bei der Einzeltypkonstruktion (Mehraufwand), da nicht nur das einzelne Gerät, sondern die gesamte Baureihe geschlossen entworfen und berechnet wird. Der Bereich "Baureihenkonstruieren" ist abhängig von der Produktart und dem erforderlichen Aufwand für "Probeläufe" und für eventuelle "Korrekturen" bei unvollständiger Ähnlichkeit. Das Entwickeln von Baureihen ist heute rechnergestützt möglich [2.12].

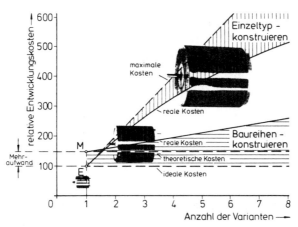

Bild 2.7: Prinzipieller Verlauf der Entwicklungskosten in Abhängigkeit von der Anzahl der Varianten beim Einzeltyp- und Baureihen-konstruieren
E Erste Ausführung beim Einzeltypkonstruieren
M Erste Ausführung (Modell) beim Baureihenkonstruieren

2.4 Planen von Entwicklungszeit, -personal und -kosten

Die Verwirklichung von Projekten erfordert ein bestimmtes Maß an präziser Planung und Koordination. Kosten-, Personal- und Zeitplanung sind das Fundament für einen geregelten Ablauf des Konstruktionsprozesses; das Festlegen von Anforderungen ist Grundlage für ein "gutes" Produkt. Die Ergebnisse der Planung stehen im Pflichtenheft, das sowohl die Planungsdaten-Liste mit dem für die Abwicklung des Projekts notwendigen organisatorischen und rechtlichen Aussagen enthält als auch die Anforderungsdaten-Liste mit den Anforderungen an das zu entwickelnde Produkt (vgl. Bild 2.5). Die einzelnen Planungstätigkeiten (Termin-, Kapazitäts- und Kostenplanung) sind nicht streng voneinander trennbar, da sie sich gegenseitig bedingen.

2.4.1 Instrumente der Zeitplanung

Die Zeitplanung soll ein sachgerechtes Zusammentreffen von Menschen, Maschinen und Material nach Ort und Zeit gewährleisten. Dabei ist das für die meisten Projekte typische Nebeneinander und Nacheinander sehr vieler Einzelvorgänge, die oft auf vielfache Weise voneinander abhängen, zu erkennen und darzustellen. Die Bearbeitungszeit eines Auftrages läßt sich strukturieren in

- Zeitanteile der am Auftrag mitarbeitenden Personen unter Berücksichtigung ihrer Funktion (Planer, Konstrukteur, Zeichner, Hilfskraft usw.),
- Zeitanteile der durchgeführten Tätigkeitsarten (Entwerfen, Berechnen, Zeichnen usw.).

Als Instrumente zur Zeitplanung werden Datumsleiste, Balkenplan und Netzplan - je nach Komplexität des Projekts - eingesetzt.

Bei der *Datumsleiste* wird, ausgehend vom Anfangs- oder Endtermin,

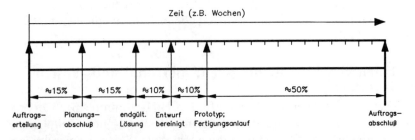

Bild 2.8: Datumsleiste, prozentualer Zeitaufwand beispielhaft

aus Erfahrungswerten der Zeitbedarf für die einzelnen Arbeitsschritte (Konstruktionsphasen) eingetragen, Bild 2.8.

Der *Balkenplan* ordnet jedem Vorgang einen Balken zu, der in seiner Länge die Dauer und in seiner Lage - bezogen auf die Zeitachse - die zeitliche Lage der verschiedenen Einzelvorgänge wiedergibt. Einmal aufgetretene Pufferzeiten ziehen sich durch alle Vorgangszeiten. Balkenpläne werden bei Konstruktionsprozessen häufig angewendet, Bild 2.9.

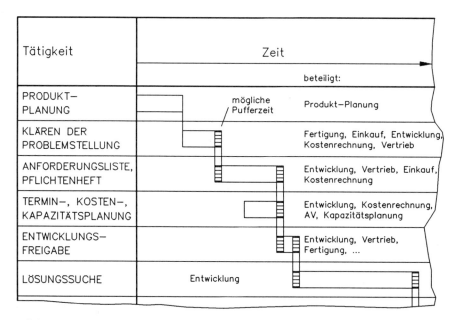

Bild 2.9: Balkenplan, prinzipiell

Die Abhängigkeit von Tätigkeiten untereinander läßt sich durch verknüpfen der ineinandergreifenden Tätigkeiten nur bedingt darstellen (Transplan). Netzpläne wie das Vorgangsknotennetz (zeitverbrauchender Vorgang im Knoten dargestellt) oder das bei technischen Projekten gerne benutzte Vorgangspfeilnetz (zeitverbrauchender Vorgang im Pfeil dargestellt) sind dafür besser geeignet, Bild 2.10.

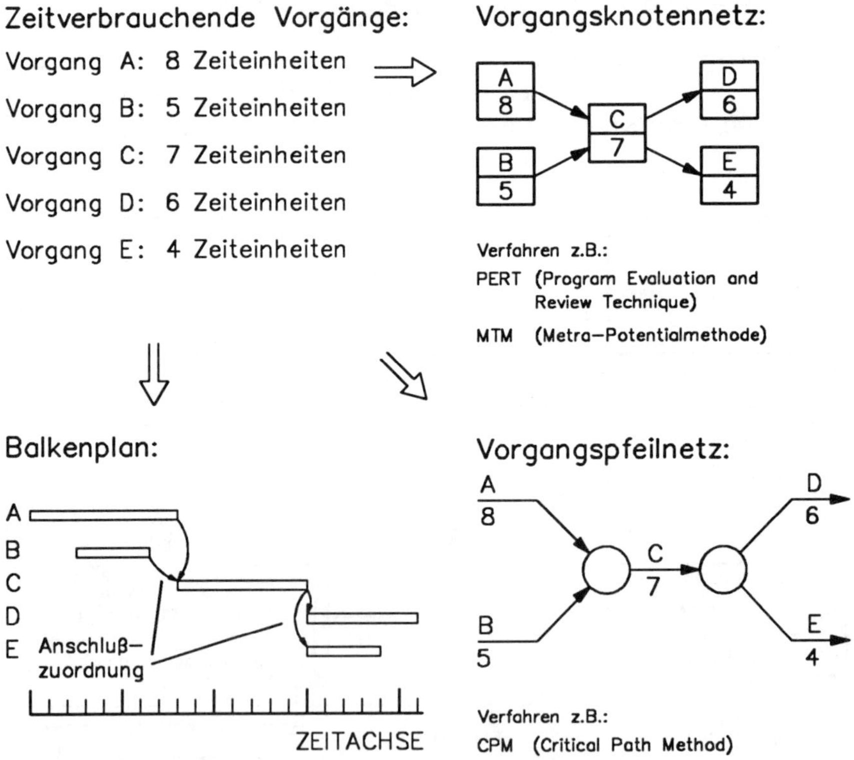
Zeitverbrauchende Vorgänge:
Vorgang A: 8 Zeiteinheiten
Vorgang B: 5 Zeiteinheiten
Vorgang C: 7 Zeiteinheiten
Vorgang D: 6 Zeiteinheiten
Vorgang E: 4 Zeiteinheiten
Vorgangsknotennetz:
A 8
B 5
C 7
D 6
E 4
Verfahren z.B.:
PERT (Program Evaluation and Review Technique)
MTM (Metra-Potentialmethode)
Balkenplan:
A
B
C
D
E
Anschluß-zuordnung
ZEITACHSE
Vorgangspfeilnetz:
A 8
B 5
C 7
D 6
E 4
Verfahren z.B.:
CPM (Critical Path Method)

Bild 2.10: Vergleich von Balkenplan, Vorgangsknoten- und Vorgangspfeilnetz

Im *Netzplan* gibt es keine Darstellung der Vorgangsdauer in Form einer Länge. Die Ablaufstruktur eines Projektes wird zunächst unabhängig von den Zeitdaten ausgewiesen. Erst nachdem diese netzartige Ablaufstruktur festliegt, werden auch die Zeitwerte ermittelt. In der Praxis hat sich die Darstellung in Form des Vorgangspfeilnetzes durchgesetzt. Bild 2.11 zeigt das Ermitteln der Zeiten sowie den Netzplan mit kritischem Weg für einen Ausschnitt aus einem Produktplanungsnetz [2.13].

Vorgangs— und Pufferzeiten für einen Netzplan:

Ereignis		Beschreibung	Verantwortung (z.B. Abtlgs.-Nr.)	Dauer	Frühester Zeitpunkt		Spätester Zeitpunkt		Ges. Puffer-zeit
An-fang	Ende				Anfang	Ende	Anfang	Ende	
0	1	PROJEKTPLANUNG EINBERUFEN	1	3	0	3	0	3	0
1	2	PRODUKTGRUPPEN-VORAUSWAHL	2	2	3	5	3	5	0
2	3	INFORMATIONS-BESCHAFFUNG	3	14	5	19	14	28	9
2	4	EINKAUF DER KON-KURRENZPRODUKTE	4	14	5	19	5	19	0
2	6	MARKTBERICHT	5	8	5	13	20	28	15
4	5	KONKURRENZ-PRODUKTANALYSE	2	9	19	28	19	28	0

Netzplan:

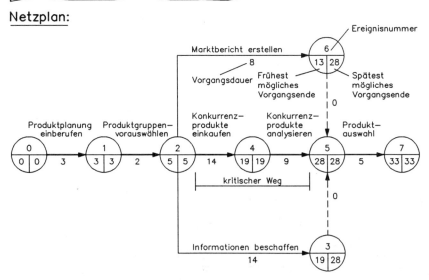

Bild 2.11: Zeitermittlung und Netzplan, Ausschnitt aus einem Produkt-planungsnetz

In einem Netzplan kann die Notwendigkeit von Konsequenzen aus Verzögerungen ersehen werden. Für eine eventuell notwendig werdende Verkürzung der Gesamtentwicklungszeit ist eine Reduzierung der Zeiten nur bei jenen Tätigkeiten wirksam, die auf dem kritischen Weg liegen.

2.4.2 Personal-/Kapazitätsplanung

Die Personalplanung erfolgt dann, wenn die Zielsetzung festliegt und eine detaillierte Zeitplanung erarbeitet ist. Die Abstimmung über die benötigte Arbeitskapazität wird im Gespräch mit allen beteiligten Stellen herbeigeführt. Der Personalbedarf wird für die einzelnen Teilaufgaben oder Arbeitsschritte, z.b. in Projektstrukturplänen ermittelt, wobei sog. Arbeitspakete entstehen. Diese sind konkrete (Teil-)Aufgabendefinitionen, für die der Personalaufwand, die einzusetzenden Anlagen, der voraussichtliche Materialaufwand und die Dauer des Vorgangs aufgrund be-

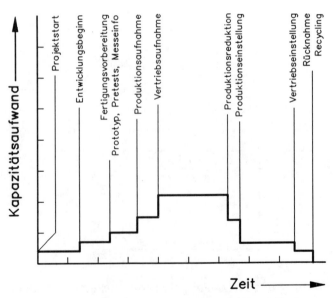

Bild 2.12: Kapazitätsplan, prinzipielle Darstellung

stehender Erfahrungswerte und Vorstellungen über den zu erwartenden Wirkungszusammenhang geschätzt werden. Dabei erfolgt die Übergabe der Aufgaben und Kompetenzen an die Verantwortlichen sowie die Definition der Anforderungen an das zu entwickelnde Produkt (Anforderungsliste).

Die zeitliche Zuordnung der Arbeitspakete zur Zeitplanung erzeugt einen Kapazitätsbedarfsplan, der dann die zu den einzelnen Zeitpunkten aufsummierten Aufwendungen der Arbeitspakete enthält, Bild 2.12.

2.4.3 Instrumente der Kostenplanung

Die Kostenplanung basiert auf der Zielsetzung im Pflichtenheft und auf der Zeit-, Ablauf- und Personalplanung. Mit Hilfe dieser Daten lassen sich für jeden einzelnen Arbeitsgang die anfallenden Kosten ermitteln, wenn man einen festgelegten Stundensatz zugrunde legt. Außer den Kosten für die Entwicklungsstunden müssen auch die Kosten für Reisen, Material, Unterlagenerstellung, Fremdleistungen etc. erfaßt werden.

Je nach Planungsaufwand und Genauigkeitsanforderung für eine Zeit-, Personal- und Kostenplanung können Kostenpakete für die einzelnen Produktentstehungsphasen (Aufgabenauswahl, Definieren, Konzipieren, Entwerfen, Ausarbeiten) [2.14] oder gar für einzelne Vorgänge (Produktplanung einberufen, Informationen beschaffen ...) [2.13] geschaffen werden. Bild 2.13 zeigt ein Formblatt, wie es für klein- und mittelständige Unternehmen sinnvoll erscheint, Bild 2.14 ein reales Zahlenbeispiel.

Für Feinplanung und rechnerunterstützte Planung in Entwicklung und Konstruktionen gibt es eigens erstellte Programme [2.15].

Beim Einsatz von EDV im Konstruktionsbereich spricht man von Verkürzung der Projektdurchlaufzeit und von Produktivitätssteigerung, bedingt durch die Verschiebung der Arbeit weg vom Brett und hin zum Bildschirm. Die diesbezüglichen Erfahrungen sind individuell und unternehmensspezifisch.

Firma	ENTWICKLUNGSKOSTEN für:										Auftrag: *Kunde*	
Bezeichnung	**Mitarbeiterzeit- aufwand**				**Betriebsmittel- zeiten**				**Sonstiger Aufwand**			**Gesamt- kosten/ Vorgang**
	Name	Zeiteinheiten	Mitarbeiterkosten/ Zeiteinheit	Mitarbeiterkosten/ Vorgang	Bezeichnung	Zeiteinheiten	Betriebsmittelkosten/ Zeiteinheit	Betriebsmittelkosten/ Vorgang	Bezeichnung	Kosten		
		[h]	[DM/h]	[DM]		[h]	[DM/h]	[DM]		[DM]		[DM]
PLANEN												
DEFINIEREN Anforde-rungsliste												
DEFINIEREN Kern												
KONZIPIEREN Prinzip												
KONZIPIEREN Konzept												
ENTWERFEN Gestaltung												
ENTWERFEN Kosten												
AUSARBEITEN Fertigungs-reife—Detaillieren												
Σ												

Bild 2.13: Formblatt zur Ermittlung von Entwicklungskosten

Firma	für: ... Steuergerät ...				ENTWICKLUNGSKOSTEN				Auftrag: Kunde		
Bezeichnung	Mitarbeiterzeit-aufwand				Betriebsmittel-zeiten				Sonstiger Aufwand		Gesamt-kosten/Vorgang
	Name	Zeiteinheiten	Mitarbeiterkosten/Zeiteinheit	Mitarbeiterkosten/Vorgang	Bezeichnung	Zeiteinheiten	Betriebsmittelkosten/Zeiteinheit	Betriebsmittelkosten/Vorgang	Bezeichnung	Kosten	
		[h]	[DM/h]	[DM]		[h]	[DM/h]	[DM]		[DM]	[DM]
PLANEN	Baum	8	100	800	(Tel.)	24	2,2	52	Fahrten,	200	3.527
	May	24	100	2400	Miete				Spesen		
	Schmitz	3	25	75	(Schreib-masch.)						
DEFINIEREN / Anforderungsliste	May	8	100	800	EDV	4	100	400	(Papier)		6.492
	Müller	16	60	960	Tel.	2	100	200			
					Miete	16	2,2	35	Recherche	350	
DEFINIEREN / Kern	May	4	100	400			100		Fahrten,	200	1.298
	Müller	8	60	480					Spesen		
	Baum	2	100	200	Miete	8	2,2	18	(z.Kunden)		
KONZIPIEREN / Prinzip	May	24	100	2400	Tel.	2		200	Beratungs-honorar	500	6.492
	Müller	24	60	1440							
	Cziok		25	600	Miete	24	2,2	52	Versuchs-material	1200	
KONZIPIEREN / Konzept	Müller	40	60	2400	Tel.	1	100	100	Versuchs-kosten	3000	17.764
	Cziok	120	25	3000	F. Masch.	15	300	4500			
	Fischer	120	25	3000							
	Schmitz	40	25	1000	Miete	120	2,2	264			
ENTWERFEN / Gestaltung	Müller	40	25	2400	Masch.	15	300	4500	Mat.-Kost.	8900	33.328
	Cziok	240	25	6000	Montage-vorrichtg.	5	200	1000			
	Fischer	240	25	6000							
	Peters	80	25	2000					Beratungs-honorar	2000	
	Bley	40	50	2000	Miete	240	2,2	528			
ENTWERFEN / Kosten	May	16	100	1600	EDV	4	100	400			5.092
	Müller	24	60	1440	Tel.	1	100	100			
	Baum	16	100	1600	Miete	24	2,2	52			
AUSARBEITEN / Detaillieren	Müller	8	60	480					Zuliefg. Gehäuse	2000	12.744
	Cziok	120	25	3000							
	Fischer	120	25	3000							
	Peters	40	25	1000							
	Bley	40	50	2000	Miete	120	2,2	264	Material	1000	
AUSARBEITEN / Fertigungsreife	Probeläufe etc.	120	60	7200							10.364
	Dokumentation	40	60	2400	Miete	120	2,2	264			
	Schmitz	20	25	500							
Σ				50.495							93.354

Bild 2.14: Reales Zahlenbeispiel zur Ermittlung von Entwicklungskosten

2.4.4 Simultaneous Engineering

Der Produktinnovationsprozeß braucht zunehmend ein eigenes Management, das auf eine ganzheitliche Betrachtung zielt, also organisatorische und marktseitige Innovationen mit einbezieht. "Simultaneous Engineering" und "Concurrent Engineering" haben zum Ziel, Entwicklungs- und Durchlaufzeiten im Bereich der Konstruktion und Arbeitsvorbereitung durch zeitliche und personelle Parallelität von Einzeltätigkeiten zu reduzieren. Notwendig dafür sind ablauforganisatorische Maßnahmen, die den bisher in mehreren, zeitlich hintereinanderliegenden Phasen ablaufenden Konstruktionsprozeß durch geeignetere Formen von Arbeitsteilung und Aufgabenspezifikation ersetzen.

Zu den bisher ausgearbeiteten Maßnahmen zählen beispielsweise die Integration der Arbeitsplanung oder der Montageplanung mit der Produktentwicklung und das Einführen einer Fehlermöglichkeits- und Einflußanalyse (FMEA) zur präventiven Qualitätssicherung. Bedingt durch den nicht geringen Aufwand derartiger Verfahren werden diesbezügliche Expertensysteme entwickelt [2.16].

Kostenüberprüfungen sind wegen der dort vorhandenen Konstruktionsfreiräume insbesondere in den frühen Konstruktionsphasen notwendig. Für diese schwierige Aufgabe sind wissensbasierte Systeme zur konstruktionsbegleitenden Kalkulation in Entwicklung [2.17].

3 Betriebswirtschaftliche Grundlagen für den Konstrukteur

Karl-Adam Engelter

3.1 Einleitung

Ziel jeder Unternehmung ist die Entwicklung, Erstellung und Vermarktung marktgerechter Sachgüter und Dienstleistungen zum Zwecke der Erwirtschaftung eines angemessenen Ertrages. Bei verstärktem Wettbewerb erweisen sich die Preise als zunehmend inflexibel; der Ertrag kann häufig nur durch Reduzieren der Kosten sichergestellt werden. Kostenbewußtes Konstruieren ist aber nur möglich vor dem Hintergrund des sicheren Verständnisses der wichtigsten Begriffe und Zusammenhänge aus dem betriebswirtschaftlichen Kostenwesen. Fragen der Kostenrechnung, des industriellen Rechnungswesens und der Wirtschaftlichkeitsrechnung spielen daher für den erfolgreichen Konstrukteur von heute eine zunehmende Rolle. Die ausdrückliche Berücksichtigung der Kosten sowohl der Entwicklung als auch der Herstellung neuer und veränderter Produkte stellt daher für den Konstrukteur zugleich Herausforderung und Ansporn dar.

3.1.1 Das ökonomische Prinzip

Die Notwendigkeit der Kostenrechnung ergibt sich aus dem Grundgesetz des planvollen wirtschaftlichen Handelns: dem sog. *Ökonomischen Prinzip.*

Es tritt in Erscheinung als Maximalprinzip oder Minimalprinzip. Das erstere besagt, mit einem vorgegebenen Mitteleinsatz einen möglichst großen Ertrag, das andere, einen vorgegebenen Ertrag mit einem möglichst geringen Einsatz an Mitteln zu erzielen; Bild 3.1.

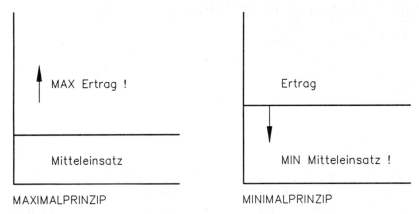

MAXIMALPRINZIP   MINIMALPRINZIP

Bild 3.1: Maximal- und Minimalprinzip

3.1.2 Grundbegriffe

Eine klare Definition des Kostenbegriffs erhält man aus der Gegenüberstellung folgender Begriffe aus der Erfolgsrechnung:

* Ausgabe - Einnahme,
* Aufwand - Ertrag,
* Kosten - Leistung.

Ausgabe: Ausgang von Zahlungsmitteln;
Einnahme: Eingang von Zahlungsmitteln;
Aufwand: Erfolgswirksamer Güterverbrauch;
Ertrag: Der realisierte Umsatzerfolg;
Kosten: Leistungsbezogener Güterverzehr (jener Aufwand, der unmittelbar der Erzeugung dient);
Leistung: Das Betriebsprodukt, der Erzeugungswert.

Beispiele:

- Abschreibungen aufgrund der Nutzung von Maschinen sind Aufwand, jedoch nicht Ausgabe (die Ausgabe fiel bei Bezahlung im Zeitpunkt des Kaufes an).
- Gezahlte Einkommensteuer ist Ausgabe, jedoch kein Aufwand, son-

dern Teil der Gewinnverwendung.
- Pacht und Miete für nicht dem Betriebszweck dienende Grundstücke und Gebäude sind Ausgaben, ebenso (neutraler) Aufwand, aber keine Kosten (es fehlt das Merkmal der Betriebsnotwendigkeit).
- In vorherigen Perioden angeschaffte Fertigungsstoffe führen im derzeitigen Abrechnungszeitraum zu Kosten, aber nicht zu Ausgaben (diese entstanden in einem früheren Zeitabschnitt).

3.2 Grundlagen der Kostenrechnung

3.2.1 Zweck und Aufgabe der Kostenrechnung

Die wichtigsten Aufgaben der Kostenrechnung sind:
- die Ermittlung der Kosten, Erträge und Gewinne einer Rechnungsperiode sowie der einzelnen Produkte,
- die Preisbildung,
- die Bewertung der Lagerbestände sowie die Kontrolle der Inventurwerte,
- die Mitwirkung bei der Aufstellung und Auswertung des Budgets,
- die Mitwirkung bei Maßnahmen zur Kostensenkung und Erhöhung der Wirtschaftlichkeit,
- die Entwicklung von Methoden zur exakten Kostenkontrolle.

3.2.2 Klassifizierung der Kosten

Innerhalb eines Unternehmens treten die Kosten in Form und Verhalten in sehr unterschiedlicher Art auf. Im einzelnen unterscheidet man folgende Kostenarten:

- *Arbeitskosten* (Löhne, Gehälter),
- *Materialkosten* (Rohstoffe, Vorprodukte),
- *Fremdleistungskosten* (Energie, Dienstleistungen),
- *Kosten der menschlichen Gesellschaft* (Steuern, Gebühren).

Eine wichtige Klassifizierung der Kosten beruht auf ihrer Abhängigkeit vom Beschäftigungsgrad:

- *Fixe Kosten* sind unabhängig von der Beschäftigung, ausgehend von einer gegebenen Betriebskapazität. Als absolut fixe Kosten entstehen sie allein durch die Existenz des Betriebes, auch wenn nicht produziert wird (z.b. die Raummiete).
- *Variable (proportionale) Kosten* ändern sich adäquat der Beschäftigung, z.b. der Verbrauch von Fertigungsmaterial.

Verrechnungstechnisch werden die Kosten nach Einzel- und Gemeinkosten unterteilt:

- *Einzelkosten* oder *direkte Kosten* können dem Erzeugnis unmittelbar direkt zugerechnet werden (z.b. Fertigungsmaterial).
- *Gemeinkosten* oder *indirekte Kosten* können einem einzelnen Produkt nicht unmittelbar angelastet werden (z.b. Hilfs- und Betriebsstoffe oder Licht und Heizung oder Verwaltungskosten). Dieser Sachverhalt war Grundlage bei der Entwicklung der Deckungsbeitragsrechnung.

Die Aufgaben der Kostenrechnung bestimmen die Gliederung der Kosten nach ihrer Natur, ihrem Verhältnis zum Produkt, der Periodenzugehörigkeit, der Abhängigkeit zur Beschäftigung, den Beziehungen der Kostenstellen zueinander, der Möglichkeit von Kontrolle und Analyse und der Verwendung für Planung und Entscheidung. Bevor Kosten einzelnen Leistungen (Kostenträgern) mittels bestimmter Verfahren zugerechnet werden können, müssen sie gesammelt, gruppiert und in eine Abrechnungsfolge eingegliedert werden. Die Grundphasen dieser Abrechnungsfolge stellen Kostenarten-, Kostenstellen- und Kostenträgerrechnung dar.

3.3 Arten der Kostenrechnung

3.3.1 Kostenartenrechnung

In der Kostenartenrechnung werden die angefallenen Periodenkosten nach der Art der verbrauchten Wirtschaftsgüter (Kostengüter) gegliedert. Der Verbrauch eines selbständigen Kostengutes führt jeweils zu einer Kostenart. Die Kostenartenrechnung läßt bei manchen Kostenarten zwar die Verursachungsstelle erkennen, berücksichtigt aber grundsätzlich nicht die organisatorische Tiefe des Betriebes. Sie behandelt den Gesamtbetrieb als eine Einheit. Die Kostenarten einer Unternehmung lassen sich nach ihrem Verbrauchscharakter wie folgt gliedern:

* *Sofortverbrauch* (kurzfristiger, unmittelbarer Verbrauch)

  - Arbeitsleistungen   →   Personalkosten,
  - fremde Dienstleistungen   →   Überlassungskosten,
  - Sachgüterverbrauch   →   Materialkosten;

* *Gebrauch* (langfristiger, mittelbarer Verbrauch)

  - Sachgütergebrauch   →   z.B. Abschreibung, Miete,
  - Gebrauch von Rechten   →   Überlassungskosten;

* *Zeitlicher Vorrätigkeitsverbrauch*

  - Kapitalgebrauch   →   Zinsen;

* *Zwangsverbrauch*

  - z.B. Sozialversicherung.

Die Methoden zur Erfassung der einzelnen Kostenarten sind die unmittelbare Feststellung durch Aufschreibung, die mittelbare Errechnung durch Bestandsaufnahme (Inventur), die zeitliche Verteilung von Ausgaben und die selbständige Festsetzung des Güterverbrauchs.

3.3.2 Kostenstellenrechnung

In der klassischen Einteilung der Kostenrechnung steht die Kostenstellenrechnung zwischen der Kostenarten- und der Kostenträgerrechnung. Unter einer Kostenstelle versteht man einen abgegrenzten Leistungsbereich, der organisatorisch als Verantwortungsbereich und rechnungstechnisch als Abrechnungsbereich zu sehen ist.

Formal werden in der Kostenstellenrechnung die in der Kostenartenrechnung gesammelten Kosten auf die Entstehungsorte (Kostenstellen) aufgegliedert und von dort auf Kostenträger weiterverrechnet.

Funktional steht die Unterstützung des Managements im Vordergrund, die Bereitstellung von Informationen zur Steuerung und Kontrolle des Kostenverlaufs. Die funktionale Kostenrechnung ist eine entscheidungsorientierte Rechnung. Voraussetzung dafür ist das Vorhandensein einer Planungsrechnung, um die Istkosten messen zu können. Jede Kostenstelle soll eine in sich abgeschlossene Einheit darstellen, in der eine kongruente Übereinstimmung der Verantwortung für die erbrachte Leistung und die hierfür entstandenen Kosten besteht. Eine unbedingte Forderung der funktionalen Kostenstellenrechnung ist die Qualifikation der Kostenstellenleiter, Ergebnis- und Kostenverantwortung übernehmen zu können.

3.3.3 Kostenträgerrechnung

Die Aufgabe der Kostenträgerrechnung besteht darin, die in der Kostenarten- und Kostenstellenrechnung gesammelten und aufbereiteten Kosten den bertieblichen Leistungen (also dem einzelnen Produkt oder der einzelnen Dienstleistung) zuzuordnen.

Man unterscheidet nach *Kostenträger-, Zeit-* und *Kostenträger-Stückrechnung.* Die erste führt zum Periodenerfolg eines Erzeugnisses, die zweite weist die Selbstkosten der Produkteinheit aus. Kostenträgerstückrechnungen sind die *Vor- und Nachkalkulation.* Die Vorkalkulation erfaßt in einer Vorschaurechnung die zu erwartenden Kosten (Sollkosten-Rechnung). Die Nachkalkulation ermittelt nachträglich die tatsächlich entstandenen Kosten der bereits hergestellten und eventuell schon verkauften Erzeugnisse (Istkosten-Rechnung).

Die Kostenträgerrechnung wird gegenwärtig in den Formen der Vollkostenrechnung und der Teilkostenrechnung praktiziert. Von der Vollkostenrechnung wird zunehmend abgegangen, weil sie durch die Kostenschlüsselung und -umlage unvermeidbare Fehlerquellen enthält und dadurch falsche Entscheidungen auslösen kann. Die moderne Betriebswirtschaftslehre befürwortet grundsätzlich die Teilkostenrechnung (Deckungsbeitragsrechnung), die auf nicht exakt meßbare Kostenzuordnungen verzichtet. Dieses Abrechnungssystem läßt nicht nur die Kostenverursachung durch das Erzeugnis erkennen, sondern auch dessen Kostentragfähigkeit.

3.4 Fixe und variable Kosten

Die Begriffe fixe und variable Kosten werden definiert durch ihre abweichende Verhaltensweise bei Beschäftigungsveränderungen.

Fixe Kosten sind, bei gegebenem Betrieb bzw. definierten Kapazitäten, beschäftigungsunabhängig. Sie sind in der Periodenbetrachtung konstant. In der Stückbetrachtung reduzieren sie sich mit der Ausbringungsausweitung bzw. erhöhen sich bei Beschäftigungsrückgang, Bild 3.2.

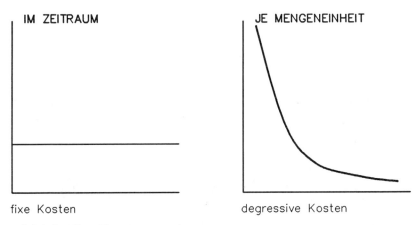

fixe Kosten   degressive Kosten

Bild 3.2: Fixe Kosten

Proportionale oder *variable* Kosten ändern sich in einer festen Relation zur Beschäftigung. Sie verändern sich mit dem Produktionsausstoß im Zeitraum. Je Mengeneinheit sind sie konstant, Bild 3.3.

Fixkosten sind in allen Unternehmensbereichen angesiedelt. Teils erkennt man sie bereits an der Kostenart, z.B. die kalkulatorischen Abschreibungen oder normalerweise die Gehälter und die entsprechenden Sozialkosten. Noch deutlicher werden sie aber durch Funktionsbereiche und Abteilungen bestimmt.

Die Kosten für Leitung und Verwaltung gehören fast ausschließlich zum

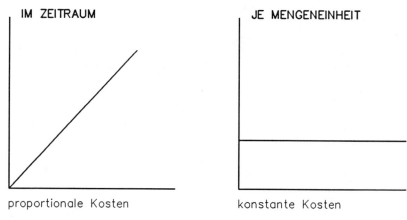

proportionale Kosten · konstante Kosten

Bild 3.3: Variable Kosten

Fixkostenblock. Sie sind durch Beschäftigungsveränderungen kaum beeinflußbar. Die Geschäftsleitung, die Stäbe und Zentralstellen, wie Recht- und Personalabteilung, Organisation und Revision, Betriebswirtschaft und Unternehmensplanung, sind ebenso typische Fixkostenbereiche. In der Produktion fallen die Werksleitung, die Forschung und Entwicklung und andere vor- und nachgelagerte Stellen, wie Produktionsplanung und -kontrolle darunter.

Heute bekommen durch die Tarifpolitik auch die direkten Fertigungskosten (Löhne und abhängige Aufwendungen) immer stärker Fixkostencharakter. Der Vertriebsbereich ist als Innendienst im überwiegenden Maße ebenfalls zum Fixkostenblock zu rechnen. Mechanisierung und Gesellschaftspolitik der Gegenwart verschärfen den Trend zu immer höheren Fixkostenanteilen und damit zu immer weniger Flexibilität.

Variable Kosten gehen als mengenabhängige Kosten direkt in die Produkte oder Dienstleistungen einer Unternehmung ein. Sie heißen daher auch variable Herstellkosten, denn sie beinhalten die direkten Materialkosten (Materialeinzelkosten) und die direkten Fertigunslöhne (Lohneinzelkosten). Ferner sind der variable Anteil der Materialgemeinkosten (z.B. Kosten der Lagermanipulation) und die variablen Fertigungsgemeinkosten (z.B. Lohnnebenkosten infolge Lohnfortzahlung, Versiche-

44

Energie, Verbrauchsstoffe) hinzuzurechnen, Bild 3.4.

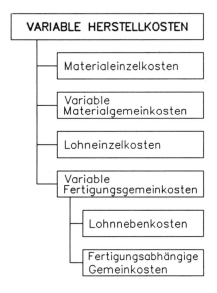

Bild 3.4:
Variable Herstellkosten

3.5 Kostenrechnungssysteme

3.5.1 Vollkostenrechnung

In der Vollkostenrechnung werden alle Kosten des Unternehmens auf die einzelnen Leistungen, die Kostenträger verteilt. Wo keine direkte Zurechnung möglich ist, werden Umlagen über Bezugsgrößen gebildet. Für jedes Produkt des Gesamtprogrammes wird ein Gewinn bzw. Verlust ermittelt.

Hier setzt die Kritik der Befürworter der Teilkostenrechnungssysteme ein. Sie lehnen Umlageschlüssel ab, weil sie nur selten mit dem Verursacherprinzip in Übereinstimmung zu bringen sind. Ihrer Ansicht nach gibt es keinen Gewinn bzw. Verlust je Erzeugnis, sondern nur einen Beitrag zur Fixkosten- und Gewinnabdeckung. Verlustobjekte auf Voll-

45

kostenbasis sind in vielen Fällen aus der Sicht des Gesamtunternehmens Gewinnverbesserer. Eine entsprechende Programmbereinigung würde die Rentabilität nicht heben sondern senken. Ein weiterer Fehler der Vollkostenrechnung liegt in der fälschlichen Anwendung bei der Preisfindung.

3.5.2 Teilkostenrechnung

Daß die verschiedenen Kostenarten auf abweichende Geschäftsentwicklungen unterschiedlich reagieren, ist ein selbstverständlicher Tatbestand. An dieser Verhaltensweise der Kosten entzündet sich die Diskussion über Voll- oder Teilkostenrechnung. Grundsätzlich gliedern sich die Kosten aus dieser Sicht in solche, die sich mit der Beschäftigung ändern, und solche, die unabhängig von der Beschäftigung sind.

Andere Begriffe für diese unterschiedlichen Verhaltensweisen sind:

- proportionale und fixe Kosten,
- Leistungs- und Bereitschaftskosten,
- mengenabhängige und zeitabhängige Kosten,
- zurechenbare und nicht zurechenbare Kosten,
- Einzel- und Gemeinkosten,
- direkte und indirekte Kosten.

Am Gewinnschwellendiagramm und abgeleitet davon am Beitragsdiagramm, die die unterschiedlichen Verhaltensweisen der Kosten wiedergeben, wird sehr deutlich erkennbar, warum die Kostenträgerrechnung zu Vollkosten zur Steuerung der Geschäftsentwicklung eines Unternehmens nicht ausreicht.

Die proportionalen Kosten verlaufen in gleicher Relation zur ausgebrachten Menge. Die fixen Kosten bleiben konstant. Die drei Kurven im Bild 3.5 (Erlöse, proportionale und fixe Kosten) machen sichtbar, daß bereits vor der Gewinnschwelle fixe Kostenanteile durch entsprechende Umsatzgrößen abgedeckt werden. Bei Vollkostenrechnung weist der Kostenträger schon vor dem Gewinnschwellpunkt Verluste aus. Eine Bereinigung des Gesamtprogrammes um diesen Kostenträger würde zwar die normalerweise unter der Umsatzgröße liegenden proportionalen Kosten einsparen, doch die Fixkostengröße des Unternehmens bliebe unberührt. Die Fixkostenabdeckung würde sich verringern, die Kostenbelastung der verbleibenden Umsätze sich verstärken.

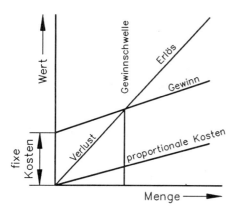

Bild 3.5:
Gewinnschwellendiagramm

Der in der Zone links von der Gewinnschwelle erzielte Deckungsbeitrag wird zur Abdeckung der Fixkosten benötigt. Erst rechts von der Gewinnschwelle wird der Deckungsbeitrag zum Gewinn, Bild 3.6.

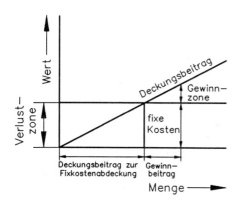

Bild 3.6:
Beitragsdiagramm

47

3.5.3 Deckungsbeitragsrechnung

Die Deckungsbeitragsrechnung erfüllt in hohem Maße die Aufgabenstellung einer aussagekräftigen und realistischen Entscheidungshilfe. Schon der Begriff "Deckungsbeitrag" umreißt sehr deutlich die Ziele dieser Abrechnungsmethode. Mit diesem modernen Steuerungsinstrument erlangt die Unternehmensführung ganz klare Erkenntnisse darüber, wie die einzelnen Teile des Produktionsprogramms zu beurteilen sind.

Entscheidungsgrundlage ist allein der Deckungsbeitrag, der sich nach Anlastung der direkt zurechenbaren Kosten ergibt. Er stellt die Differenz zwischen diesen Kosten und dem Umsatz je Erzeugnis dar.

Die einzelnen Kostenträger leisten also im Rahmen eines Gesamtunternehmens unterschiedlich hohe Beiträge zur Abdeckung der Fixkosten und zur Erwirtschaftung eines angemessenen Gewinns. Die kritische Beurteilung des Produktionsprogrammes nach dem Kostendeckungsbeitrag führt zu einer Optimierung des Absatzes (Eliminierung schwacher, Förderung starker Produkte) und somit auch zur Verbesserung der Rentabilität.

Direkt zurechenbare Kosten sind unmittelbar durch das einzelne Produkt verursacht und können sehr exakt auf den Kostenträger hin bemessen werden. Ihre Verursachung steht in enger Beziehung zum Produkt.

Die Vorzüge der Deckungsbeitragsrechnung sind vor allem:

- Verzicht auf die Proportionalisierung der fixen Kosten (Umlagenproblematik),
- Zeitnah und mit geringem Aufwand erstellbar,
- Lieferung von Entscheidungsgrundlagen für die Produkteprogramm- und Preispolitik.

3.6 Preisbildung und Kalkulation

Im gegenwärtigen Wirtschaftsleben sind Wettbewerb und Marktdynamik besonders stark ausgeprägt. In diesem rauhen Klima müssen Produktqualität und -preis marktkonform gestaltet sein. Den Kosten sind damit sehr enge Grenzen gesetzt. Nur flexibles Handeln und scharfes Rechnen machen in dieser schwierigen Wirtschaftslage noch angemessene Ergebnisse möglich.

Das Ziel einer privatwirtschaftlichen Unternehmung ist die Erarbeitung angemessener Gewinne. Der Gewinn ist das Resultat aus:

[Preis mal Absatzmenge] = Umsatz,
[Umsatz minus Kosten] = Gewinn.

Der Preis, die umgesetzte Menge und die Kosten haben also eine direkte Beziehung zum Gewinn. Der Preis bildet sich am Markt. Insbesondere bestimmen die Konkurrenz und die eigene Preispolitik den Preis. Die Absatzmenge und die Umsatzhöhe werden vom Preis und vom Markt beeinflußt. Die Kosten sind abhängig von den Märkten der Produktionsfaktoren, der Produktivität und Wirtschaftlichkeit des gesamten Betriebes und von der Umsatzgröße. Der Preis selbst ist bei Konkurrenzwirtschaft nicht unmittelbar von den Kosten abhängig. Er ergibt sich aus der jeweiligen Marktsituation.

3.6.1 Ermittlung eines Angebotspreises

Vom Unternehmen aus gesehen soll der Verkaufspreis eines Produktes die errechneten Selbstkosten mit einem angemessenen Gewinnaufschlag

Bild 3.7:
Aufbau einer Kalkulation

abdecken. Die Selbstkosten beinhalten sowohl die umsatzabhängigen, variablen, als auch die fixen Kosten. Der Aufbau der Kalkulation, die als Resultat den aus der Sicht des Betriebes eigentlich notwendigen Preis ermittelt, vollzieht sich nach der Systematik in Bild 3.7.

Die Gliederung der Kalkulationspositionen läßt schon erkennen, daß hier in keiner Stufe die Marktsituation Eingang gefunden hat. In einer dynamischen Konkurrenzwirtschaft, wo dauernd nach neuen Marktchancen gesucht wird, wo Angebot und Nachfrage permanent zum Gleichgewicht streben, müssen die Marktentwicklung und ihre Auswirkungen auf den Preis in der Preispolitik des einzelnen Unternehmens Berücksichtigung finden.

3.6.2 Ermittlung des Deckungsbeitrages aus dem Marktpreis

Bei den neuen Abrechnungs- und Kalkulationsverfahren wird nicht mehr von den Kosten zum Verkaufspreis gerechnet, sondern diese gehen vom Marktpreis aus und zeigen stufenweise die Kostendeckung auf. Das Unternehmen muß die Kosten so gestalten, daß mit den am Markt sich gebildeten Preisen, die nur in einem begrenzten Rahmen beeinflußbar sind, möglichst sämtliche Kosten rückvergütet werden und noch ein akzepta-

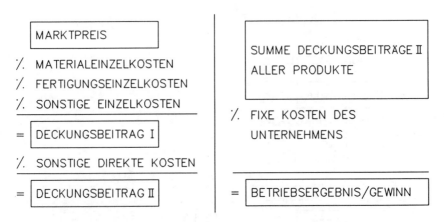

Bild 3.8: Kalkulation nach dem Deckungsbeitragsverfahren

bler Gewinn erwirtschaftet wird. Erst das Erkennen des Kostendeckungs-beitrages, den das einzelne Erzeugnis leistet, gestattet die Aussage über dessen betriebliche Notwendigkeit der Weiterführung bzw. Einstellung. Hier hilft nur eine Kalkulation nach der Art des Deckungsbeitragsver-fahrens entsprechend der Systematik in Bild 3.8.

Ausgangsbasis bei diesem marktkonformen Verfahren ist der Marktpreis. Es ermittelt die Kostentragfähigkeit des Erzeugnisses und ermöglicht eine genaue Analyse der Kostenbelastung. Zwischen den direkten Ko-sten, die unmittelbar dem Produkt zugeordnet werden können, und den indirekten, fixen Kosten des Unternehmens wird eine klare Trennlinie gezogen.

3.7 Verfahren der Kostensenkung nach Ertragsverbesserung

In der Unternehmenspraxis kommen zahlreiche Verfahren zur Kosten-senkung und Ertragsverbesserung zur Anwendung. Weite Verbreitung

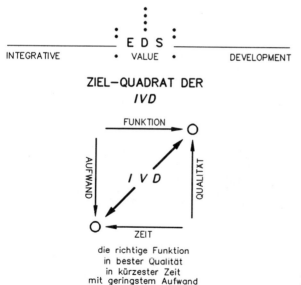

Bild 3.9:
Ziel-Quadrat der IVD

51

hat beispielsweise die Wertanalyse WA gefunden (vgl. DIN 69910, ÖNORM A 6750). Neuerdings sind mit dem System IVD (Integrative Value Development) der E.D.S. Integrative Value Development GmbH, Frankfurt/Main, besonders spektakuläre Erfolge (Zeit und Geld) erzielt worden. Modernste Methoden und Techniken sorgen für schnellste Lösungsfindung und -umsetzung. Das Ziel-Quadrat der IVD sieht vor, daß die neue Lösung ausschließlich richtige Funktionen (im Sinne des Nutzers) beinhaltet und in bester Qualität in Erscheinung tritt. Die Lösungsfindung selbst muß in kürzester Zeit und mit geringstem Aufwand erfolgen, Bild 3.9.

Ertragsseitig führt die kosten- und funktionsorientierte Lösungsfindung der IVD zu einer Verbesserung des Gewinns G, indem der Absatz gesteigert und/oder die Kosten (vHK, GK) gesenkt werden, Bild 3.10. IVD maximiert die Differenz aus den Kosten der Leistungserstellung und den Erlösen aus der Bereitstellung bzw. der Vermarktung funktionsrichtiger Güter.

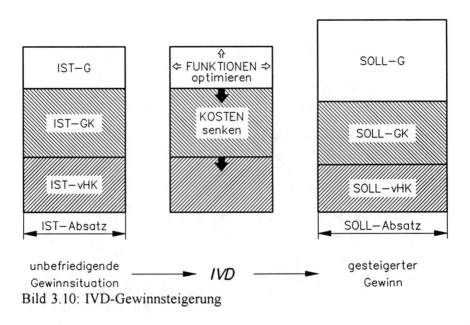

Bild 3.10: IVD-Gewinnsteigerung

Inputseitig gewährleistet IVD die Minimierung des Entwicklungs- und Realisierungsaufwandes in Verbindung mit der benötigten Untersuchungszeit (schnelle Realisierung des zusätzlichen Gewinnpotentials!). Der zusammengefaßte wirtschaftliche Effekt, mithin die Rentabilität der IVD-Projektarbeit, resultiert zugleich aus einer Verbesserung des Periodengewinns ΔG und aus dem angemessenen Umfang des Aufwandes für die Projekt-Arbeit selbst. Die Relation von IVD-Aufwand zu Gewinnzuwachs (bzw. Ersparnis), die sog. "Tilgungsdauer" TD oder der "Return on Investment" ROI ist somit eine zentrale Maßgröße des IVD-Erfolges:

$$\frac{\text{IVD-AUFWAND (DM)}}{\text{GEWINN (DM/Jahr)}} = ROI \text{ oder } TD \text{ (Jahr)} \qquad (3.01)$$

Ziel jeder Projekt-Arbeit muß es sein, diese Gewinnschwelle (ab der sich der Nettogewinn aus dem Projekt realisiert) möglichst schnell zu erreichen, Bild 3.11.

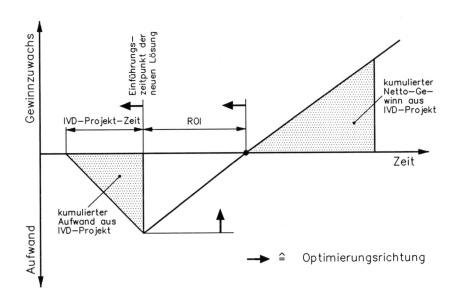

Bild 3.11: IVD-Erfolgspotential

Die zweite wichtige Maßgröße des IVD-Erfolges ist die absolute Größe des zusätzlichen Gewinns bzw. der Ersparnis. Sie wird maßgeblich bestimmt von dem Umfang des beeinflußbaren absoluten Kostenvolumens. Die Tilgungsdauer (möglichst kurz) und die absolute Größe von Ersparnis bzw. Zusatzgewinn (möglichst groß) stellen somit die beiden zentralen Bewertungsmaßstäbe für die Beurteilung des Erfolges von Projekten dar. Sie sind zugleich auch wichtigste Kenngrößen für die Auswahl von Projekten unter gleichzeitiger Berücksichtigung möglicher Beschränkungen von Ressourcen.

Weiterführende Literatur findet sich unter [3.01 bis 3.16].

4 Berechnen der Herstellkosten

Edmund Gerhard

4.1 Kostenerfassung

4.1.1 Zielsetzung

Die in einem Unternehmen für die Erstellung von Leistungen entstandenen bzw. anzusetzenden Kosten werden durch die Kostenrechnung ermittelt. Sie ist ein Hilfsmittel für die Arbeitsgestaltung [4.01], das vorwiegend zur Kostenvorausrechnung (Vorkalkulation) und Kostennachrechnung (Nachkalkulation) sowie zur Planung und Überwachung von Rationalisierungsmaßnahmen (Wirtschaftlichkeitsrechnung) eingesetzt wird. Die Kostenrechnung besteht aus den Bereichen

- Betriebsabrechnung (Kostenarten-, Kostenstellen-, Kostenträgerzeitrechnung),
- Kalkulation (Kostenträgerstückrechnung, Stück- oder Leistungskostenrechnung, Selbstkostenrechnung),
- Kostenstatistik,
- Kostenplanung (Periodenkostenrechnung),
- Kostenvergleichsrechnung,

von denen den Konstrukteur insbesondere die ersten beiden interessieren. Bild 4.1 zeigt deren Zusammenwirken.

Die drei wichtigsten Begriffe der Betriebsabrechnung sind wie folgt charakterisiert:

Kostenartenrechnung beantwortet die Frage "Welche Kosten sind angefallen?" mit z.B.

- Materialkosten (Fertigungsmaterialkosten),
- Fertigungslöhne (Lohnkosten),
- Gemeinkostenlöhne u. -gehälter, Personalnebenkosten,
- Gemeinkostenmaterial, Werkzeugverbrauch, Energie,
- Fremdleistungskosten,

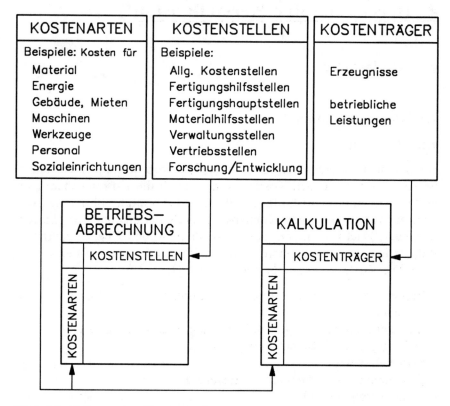

Bild 4.1: Schema zur Kostenrechnung

- Steuern, Gebühren, Beiträge,
- Werbungs-, Reise-, Vertreterkosten,
- Kalkulatorische Aufwendungen.

Kostenstellenrechnung beantwortet die Frage "Wo sind die Kosten angefallen?" mit z.B.

- Allgemeiner Bereich (Grundstücks- und Gebäudeverwaltung, Kantine,
  Sozialeinrichtungen ...),

- Fertigungsbereich wie

  * Fertigungshauptbereiche (z.b. Dreherei, Stanzerei, Montage ...),
  * Fertigungshilfsbereiche (z.b. Technische Betriebsleitung, Arbeitsvorbereitung ...),

- Materialbereich (Einkauf, Rohmateriallager, Prüflabor, innerbetrieblicher Transport ...),
- Verwaltungsbereich (Geschäftsleitung, Finanz- und Rechnungswesen, Personalabteilung ...),
- Vertriebsbereich (Vertriebsabteilung, Werbeabteilung, Versand, Kundendienst ...).

Kostenträgerrechnung beantwortet die Frage "Wofür sind die Kosten angefallen?" mit z.b.

- Dienstleistungen DL_1 ... DL_n,
- Maschinen MS_1 ... MS_n (z.b. gefertigte Waschmaschine, Drehmaschine),
- Geräte GU_1 ... GU_x; GB_1 ... GB_y (z.b. gefertigte Videorecorder, Strahlungsmeßgeräte).

Die Kostenartengliederung richtet sich in den einzelnen Unternehmungen nach unterschiedlichen Kriterien, abhängig davon, nach welchem Umlageschlüssel die einzelnen Kosten für die innerbetriebliche Leistungsrechnung verrechnet werden sollen. Die Kostenstellengliederung ist sehr individuell auf die Gegebenheiten des Unternehmens zugeschnitten und entspricht meist funktionalen oder organisatorischen Verantwortungsbereichen [4.02; 4.03]. Je nach Aufschlüsselungstiefe können auch einzelne Maschinen oder Arbeitsplätze Kostenstellen sein, was zur Platzkostenrechnung führt.

4.1.2 Betriebsabrechnung

Die Betriebsabrechnung ist Teil des Rechnungswesens ebenso wie die Kalkulation und andere Bereiche, vgl. Bild 4.2.

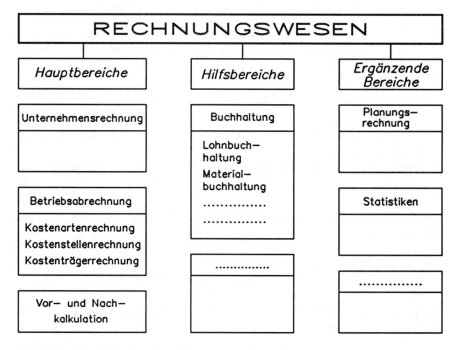

Bild 4.2: Bereiche des Rechnungswesens

Mit Hilfe des klassischen Betriebsabrechnungsbogens BAB erfolgt die Kostenstellenrechnung in statistisch tabellarischer Form. Ziel ist die Verteilung der Gemeinkosten auf die einzelnen Kostenstellen, und zwar für jede Kostenart getrennt, mit dem Zweck der Kontrolle des Betriebsgeschehens und der Gemeinkosten einerseits und der Schaffung von Unterlagen für die Kalkulation andererseits.

Kosten, die den Kostenträgern (Produkten) nicht direkt zurechenbar sind, werden erfaßt und als *primäre Gemeinkosten* auf Hilfs- und Hauptkostenstellen, die Summen bei den Hilfskostenstellen im Rahmen der innerbetrieblichen Leistungsverrechnung als *sekundäre Gemeinkosten* auf die Hauptkostenstellen verteilt.

Der klassische Betriebsabrechnungsbogen wird zeilenweise nach Kostenarten und spaltenweise nach Kostenstellen gegliedert, Bild 4.3.

Kosten- arten \ Kosten- stellen	Hilfskostenstellen				Hauptkostenstellen			
	A	B	C	...	1	2	3	...
primäre Gemeinkosten- verteilung								
Summe prim. GK								
innerbetriebliche Leistungsverrech- nung ≙ sekundäre Gemeinkosten- verteilung								
Summe sek. GK	0	0	0	0	...	...	...	...

Bild 4.3: Prinzipieller Aufbau eines Betriebsabrechnungsbogens

Der Betriebsabrechnungsbogen ist in hohem Maße betriebsabhängig und
wird heute mit EDV-Unterstützung erstellt, so daß er in seiner klassischen Form kaum noch anzutreffen ist. Zur Kostenrechnung und zum
Controlling mit EDV sind die verschiedensten Programme und Systeme
erhältlich [4.09], von der Standardsoftware für mittelständische Unternehmen [4.10] über EDV-Systeme für das Finanz- und Rechnungswesen
bis hin zu Gewinnplanungs- und Entscheidungshilfen.

Real-time Kostenrechnungssysteme basieren auf einer betriebswirtschaftlichen Gesamtkonzeption, die methodenneutral die Anforderungen des
analytischen Controlling abdecken und traditionelle Verfahren ebenso

unterstützen wie moderne Ansätze der Grenzplankosten- oder Einzelkostenrechnung [z.B. 4.05]. Auf die Gewinnplanung ausgelegte Software-Systeme basieren auf einer Vollkostenrechnung und verrechnen die innerbetrieblichen Leistungen zwischen den Kostenstellen und Kostenträgern untereinander [z.B. 4.06, 4.08], während Systeme für das Controlling sowohl verschiedene Kalkulationsverfahren mit innerbetrieblicher Leistungsverrechnung zulassen als auch Instrument für Planungsrechnungen sind [z.B. 4.07].

4.1.3 Kalkulation (Kostenträgerstückrechnung)

Während in der Betriebsabrechnung als Kostenarten- und Kostenstellenrechnung die Kosten pro Zeiteinheit erfaßt werden, bezeichnet man die Ermittlung der Kosten pro Erzeugniseinheit (Mengen-, Gewichts- oder Längeneinheit) als Kalkulation. Zielsetzung der Kalkulation ist die Ermittlung der Selbstkosten als Bewertungsgrundlage eines Produkts. Je nach dem Zeitpunkt der Kalkulation in Relation zur Leistungserstellung unterscheidet man Vorkalkulation und Nachkalkulation.

Die *Vorkalkulation* erfolgt zeitlich vor der Leistungserstellung. Die dabei benutzten Unterlagen basieren auf Erfahrungswerten und Ergebnissen früherer Nachkalkulationen und Schätzungen. Das Mengengerüst (Materialverbrauch und Zeitaufwand) wird weitgehend geschätzt und mit den durchschnittlichen Kosten der letzten Abrechnungsperiode bewertet. Die Bedeutung der Vorkalkulation liegt nicht in der Preisbildung sondern in der Beurteilung einer Auftragsübernahme.

Die *Nachkalkulation* erfolgt zeitlich parallel zur oder nach der Leistungserstellung. Sie dient grundsätzlich zur Bewertung und Abrechnung innerbetrieblicher Leistungen, aber auch bei Einzelfertigung zur Kontrolle der Vorkalkulation bzw. bei Serienfertigung zur Kontrolle der veranschlagten Kosten bei neuen Produkten.

Bei der Kalkulation geht es immer um die Erfassung und Zurechnung der Kosten auf die Kostenträger, also um die Bestimmung der Selbstkosten pro Leistungseinheit. Die Zurechnung (Verteilung) der Kosten kann nach zwei unterschiedlichen Prinzipien geschehen, nach dem

- *Verursachungsprinzip*: Die Kosten werden den Produkten zugerechnet, die sie auch verursacht haben, soweit dies möglich ist.
- *Tragfähigkeitsprinzip*: Die Kosten werden nach der Tragfähigkeit der Kostenträger verteilt; z.b. bei Kuppelproduktion (Erzeugung eines Hauptprodukts ist technisch unabdingbar oder wirtschaftlich zweckmäßig gekoppelt an die Erzeugung eines oder mehrerer Nebenprodukte [4.04], Preisbildung auf stark unterschiedlichen Absatzmärkten).

Das generelle Problem bei der Kalkulation liegt darin, die von einem Produkt nicht direkt verursachten Kosten, die Gemeinkosten, durch irgendeinen Schlüssel auf die Produkte zu verteilen, falls man nicht ganz auf eine solche Verteilung verzichten will.

Ein Unternehmen kann nur dann Gewinn erzielen, wenn die Summe der Produkt-Erlöse mehr als die gesamten Kosten, variabel (proportional der Stückzahl, adäquat der Beschäftigung) oder fix (produktions- und damit stückzahlunabhängig), abdeckt:

Gewinn = Erlöse - gesamte Kosten.

Die Kostenzurechnung auf die Produkte erfolgt in den beiden Kostenzurechnungsverfahren

- *Vollkostenrechnung* (Absorption Costing, Selbstkostenrechnung auf Vollkosten-Basis):
Zurechnung der (variablen) Einzelkosten und Umwälzung der gesamten Gemeinkosten (sowohl der variablen als auch der fixen Bestandteile) auf die Kostenträger.

Ergebnis:Selbstkosten.

- *Teilkostenrechnung* (Direct Costing, Deckungsbeitragsrechnung):
Zurechnung der (variablen) Einzelkosten sowie des variablen Teils der Gemeinkosten auf die hergestellten Produkte.

Ergebnis: Variable Kosten pro Produkt.

Sammlung und Nichtverteilung der fixen Gemeinkosten.

Ergebnis: Fixkostenblock.

Bild 4.4 verdeutlicht die progressive (vorwärtsschreitende) Vollkosten-kalkulation und die retrograde (rückwärtsschreitende) Teilkostenkalku-lation [4.02].

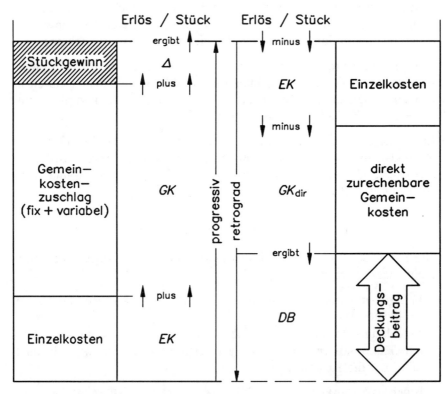

Bild 4.4: Progressive (bottom up) und retrograde (top down) Kalkula-tion; alle Kostenarten: pro Stück

Liegt der Erlös je Stück über den Selbstkosten, so wird diese Differenz als Stückgewinn angesehen. Nach der Vollkostenrechnung erbringt bereits das erste verkaufte Stück einen Stückgewinn.

Bei der Teilkostenrechnung wird die Differenz zwischen Erlös je Stück und direkt zurechenbaren Kosten als Deckungsbeitrag bezeichnet. Es handelt sich um den "Beitrag" dieses Produktstückes zur "Deckung" der unverteilten fixen Kosten.

ÜBUNGSBEISPIEL 4.1: Kostenbegriffe

Gibt es einen inhaltlichen Unterschied zwischen den "direkten Kosten" und den "variablen Kosten"? Wenn ja, worin liegt er?

Tragen Sie das Ergebnis in die Tabelle nach Bild 4.5 ein.

Begriff	Erläuterung
direkte Kosten	
variable Kosten	

Bild 4.5: Kostenbegriffe

ÜBUNGSBEISPIEL 4.2: Kostenzuordnung

Zur Kostenrechnung werden heute vorwiegend zwei Kalkulationsverfahren angewendet, denen das Verursachungsprinzip zugrunde liegt: Zuschlagskalkulation (Vollkostenrechnung) und Deckungsbeitragsrechnung (Teilkostenrechnung).

Ordnen Sie folgende Kostenbegriffe sowohl dem Verfahren Zuschlagskalkulation als auch dem Verfahren Deckungsbeitragsrechnung zu und tragen Sie sie in die vorgegebenen Lösungsdarstellungen in Bild 4.6 ein. Beschriften Sie auch noch nicht eingetragene Kostenblöcke.

Begriffe:

- Bruttogewinn Δ
- Werkstoffkosten **WK**
- Lohnkosten **LK**
- Sondereinzelkosten der Fertigung **SEF**
- Entwicklungsgemeinkosten **EtwGK**
- Kosten für Zulieferteile **ZK**
- Fertigungsgemeinkosten **FGK**
- Verwaltungsgemeinkosten **VwGK**

Sind die Kostenzuordnungen immer eindeutig möglich?

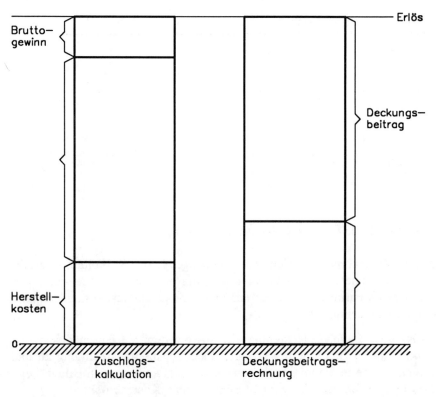

Bild 4.6: Kostenzuordnung

4.2 Herstellkosten: Material- und Fertigungskosten

4.2.1 Übersicht

Entwickler und Konstrukteure müssen nicht nur die an die zu realisierenden Funktionen gestellten technischen Anforderungen an das zu entwickelnde Produkt erfüllen, sondern auch das gesetzte Herstellkosten-Ziel einhalten. Es ist deshalb notwendig, stets die aktuellen Herstellkosten abzuschätzen.

Die Herstellkosten (Herstellungskosten) HK sind die um die nicht von der Herstellung beeinflußten (großen) Gemeinkosten GK verminderten Selbstkosten SK:

$$HK = SK - GK. \tag{4.01}$$

Sie setzen sich bei einem Produkt zusammen aus den Materialkosten

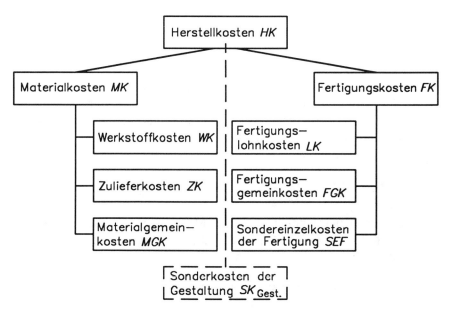

Bild 4.7: Zusammensetzung der Herstellkosten

65

MK, den Fertigungskosten FK sowie eventuellen Sonderkosten für die Gestaltung $SKGest$:

$$HK = MK + FK \; (+ \; SKGest). \tag{4.02}$$

Diese Kosten entstehen im Unternehmen für die Herstellung jedes einzelnen Produkts. Bild 4.7 gibt eine Übersicht.

Rechnet man den Selbstkosten SK, die i.a. auch die Sondereinzelkosten des Vertriebs enthalten, einen Brutto-Gewinn Δ (kalkulatorischer Gewinn und Umsatzsteuer) hinzu, so entsteht ein Marktpreis P aus:

$$P = SK + \Delta. \tag{4.03}$$

Der Entwickler/Konstrukteur ist insbesondere verantwortlich für die Herstellkosten eines Erzeugnisses. Seine Arbeit mißt man u.a. daran, inwieweit er bei Erfüllung aller funktionalen Anforderungen an das Erzeugnis die geforderten Herstellkosten $HK_{gef.}$ unterschreitet, erreicht oder nicht fähig ist, diese einzuhalten.

4.2.2 Materialkosten

Materialkosten sind alle Kosten, die irgendwie für Materialien anfallen, die in den herzustellenden Bauteilen, Baugruppen, Geräten, Maschinen und Anlagen enthalten sind. Sie setzen sich aus den Werkstoffkosten WK, den Zulieferkosten (Bezugskosten) ZK und den Materialgemeinkosten MGK zusammen:

$$MK = WK + ZK + MGK. \tag{4.04}$$

In einzelnen Unternehmen sind die Materialgemeinkosten MGK in Werkstoffgemeinkosten WGK und Zuliefergemeinkosten ZGK unterschieden:

$$MK = (WK + WGK) + (ZK + ZGK). \tag{4.05}$$

Werkstoffkosten sind die Kosten für das Fertigungsmaterial, das als Rohteile, Halbzeuge etc. gekauft und im Unternehmen be- oder verarbeitet wird (z.B. Bleche, die zu Gehäusen verarbeitet werden; Profile für das Chassis, Vergußmassen ...). Die Werkstoffkosten für ein Einzelteil ermittelt man wie folgt:

Werkstoff-Netto-Volumen V_n aus der Einzelteilzeichnung,

plus	Bearbeitungsvolumen V_B
plus	Zuschlag für Abfall/Ausschuß V_A
ergibt	Werkstoff-Bruttovolumen V_{br}.

Dieses Werkstoff-Bruttovolumen, multipliziert mit dem Volumen-Einheitspreis k_v des Werkstoffes, ergibt die Werkstoffkosten *WK* für das Einzelteil:

$$WK = V_{br} \cdot k_V. \qquad (4.06)$$

Die spezifischen Werkstoffkosten k_V sind nur noch werkstoffabhängig. Die Richtlinie VDI 2225 [4.11] gibt diese relativ zu denen eines Basismaterials an, so daß k_V aus

$$k_V = k_V^* \cdot k_{V0} \qquad (4.07)$$

errechnet werden kann, wenn k_{V0} bekannt und der Faktor k_V^* für alle Werkstoffe tabelliert ist.

Der k_V^*-Wert eines beliebigen Materials berechnet sich aus

$$k_V^* = \frac{k_V}{k_{V0}} = \frac{k_G \cdot \rho}{k_{G0} \cdot \rho_0} \qquad (4.08)$$

mit k_G als kg-Preis des beliebigen Materials, k_{G0} als kg-Preis des Basis-Materials, ρ als Dichte des beliebigen Materials und ρ_0 als Dichte des Basis-Materials.

Werkstoff		Abmessungen in mm			relative Werkstoffkosten		
Bezeichnung (Kurzname)		Bereiche			k_v^*		
		klein	mittel	groß	klein	mittel	groß
Vierkant, warm gewalzt Maßnorm DIN 1014		a=	a=	a=			
Nichtrostender Stahl	DIN 17440	6	35 bis 100	150	6,7	3,6	3,8
X 20 Cr 13							
X 22 CrNi 17					9,1	4,8	5,0
Warmfester Stahl	DIN 17 240						
X 24 CrMo 5 V					3,3	2,0	2,1
Rohr, nahtlos gezogen Maßnorm DIN 1754, 1755		d x s=	d x s=	d x s=			
Elektrolytkupfer	DIN 40500 Bl. 2	5 x 1	15 x 1,5	54 x 2	11,3	10,0	10,0
E—Cu F 20							
E—Cu F 37					11,1	10,8	10,8
Rundstäbe		d=	d=	d=			
Kunststoff		5	16	50	14	4,8	3,9
Acrylglas poliert							
Polytetrafluor— äthylen					24	16	15
Gießharze							
Epoxidharz kalthärtend	DIN 16946						
EP Typ FS 1042—0						2,0	

Bild 4.8: Beispiele für k_v^*-Werte

Als Basis-Material dient

warmgewalzter Rundstahl U St 37-2 mittlerer Abmessungen, 35 mm bis 100 mm Durchmesser, Maßnorm DIN 1013, bei einer Bezugsmenge von 1000 kg (dafür ist dann $k_V^* = 1!$).

Der Wert k_{V0} für das Basismaterial kann den aktuellen Angebotspreisen entnommen werden; die Werte für den Faktor k_V^* finden sich u.a. in der Richtlinie VDI 2225, Blatt 2, vgl. Bild 4.8. Für alle Materialien, die der Spekulation unterliegen (z.b. Gold, Silber, Platin, Kupfer, evtl. auch Kunststoffe bei Rohölengpässen), ist k_V^* kein konstanter Wert, so daß bei derartigen Berechnungen Vorsicht geboten ist.

Werte für die spezifischen Werkstoffkosten gibt es betriebsintern (Einkauf, Arbeitsvorbereitung, Betriebsabrechnung) oder beim REFA-Verband für Arbeitsstudien und Betriebsorganisation, entweder in absoluten oder in bezogenen Zahlenwerten.

Zulieferkosten (Bezugskosten) sind die Kosten für alle Zukaufteile, wie sie ohne Nachbearbeitung verbaut werden (z.b. Schrauben, Transformatoren, Stecker, elektr. Bauelemente ...).

Werkstoffgemeinkosten sind die Kosten, die für die Bereitstellung von Werkstoffen, Halbzeugen etc. anfallen und bei den Kostenstellen Einkauf, Rohlager, Prüflabor und innerbetrieblicher Transport entstehen.

Zuliefergemeinkosten sind die Kosten, die für die Bereithaltung von Zukaufteilen anfallen (z.b. für die Wareneingangskontrolle, Lagerung ...) und bei den gleichen oder vergleichbaren Kostenstellen entstehen wie die Werkstoffgemeinkosten.

Materialgemeinkosten sind die Kosten, die durch das Fertigungsmaterial bei den Kostenstellen Einkauf, Rohlager, Prüflabor und innerbetrieblicher Transport entstehen, wenn die Gemeinkosten für Werkstoffe und die für Zukaufteile nicht getrennt erfaßt werden.

Die Summe der in diesen Kostenstellen entstandenen Materialgemeinkosten (Werkstoff- und/oder Zuliefergemeinkosten) wird bezogen auf die Summe des wertmäßigen Materialeinsatzes (Materialeinzelkosten *MEK*, auch direkte Materialkosten) des entsprechenden Abrechnungszeitraumes (Monat, Quartal, Jahr) und kann so als prozentualer Zuschlag auf den

Wert des Fertigungsmaterials (Werkstoffe und/oder Zukaufteile) verrechnet werden. So bestimmen sich

- der Materialgemeinkostenfaktor

$$g_M = \frac{\text{Materialgemeinkosten/Abrechnungszeitraum}}{\text{Materialeinzelkosten/Abrechnungszeitraum}}$$

$$g_M = \frac{MGK}{MEK} = \frac{MGK}{WK + ZK} \qquad (4.09)$$

- der Werkstoffgemeinkostenfaktor

$$g_W = \frac{\text{Werkstoffgemeinkosten/Abrechnungszeitraum}}{\text{Werkstoffkosten/Abrechnungszeitraum}}$$

$$g_W = \frac{WGK}{WK}, \qquad (4.10)$$

- der Zuliefergemeinkostenfaktor

$$g_Z = \frac{\text{Zuliefergemeinkosten/Abrechnungszeitraum}}{\text{Zulieferkosten/Abrechnungszeitraum}}$$

$$g_Z = \frac{ZGK}{ZK}. \qquad (4.11)$$

Die Materialkosten können somit berechnet werden nach

$$MK = (WK + ZK) \cdot (1 + g_M), \qquad (4.12)$$

wenn Materialgemeinkosten gemeinsam erfaßt werden, und nach

$$MK = WK \, (1 + g_W) + ZK \, (1 + g_Z), \qquad (4.13)$$

wenn die i.a. verschiedenen Werkstoff- und Zuliefergemeinkosten getrennt ausgewiesen werden.

Bild 4.9 gibt eine allgemeine Übersicht über die Ermittlung der Materialkosten.

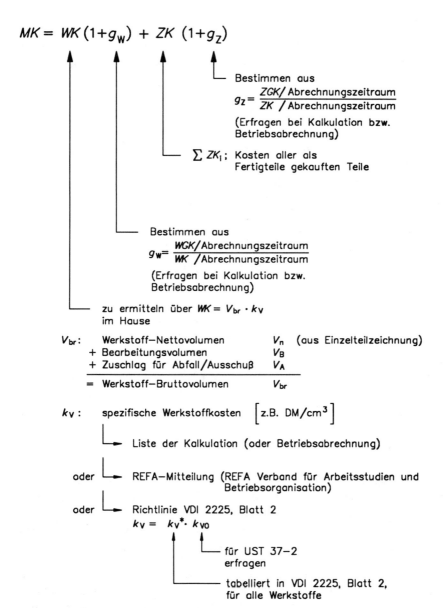

$$MK = WK\,(1+g_W) + ZK\,(1+g_Z)$$

Bestimmen aus
$$g_Z = \frac{ZGK/\text{Abrechnungszeitraum}}{ZK\,/\text{Abrechnungszeitraum}}$$
(Erfragen bei Kalkulation bzw. Betriebsabrechnung)

$\sum ZK_i$: Kosten aller als Fertigteile gekauften Teile

Bestimmen aus
$$g_W = \frac{WGK/\text{Abrechnungszeitraum}}{WK\,/\text{Abrechnungszeitraum}}$$
(Erfragen bei Kalkulation bzw. Betriebsabrechnung)

zu ermitteln über $WK = V_{br} \cdot k_V$ im Hause

V_{br} : Werkstoff−Nettovolumen V_n (aus Einzelteilzeichnung)
+ Bearbeitungsvolumen V_B
+ Zuschlag für Abfall/Ausschuß V_A
————————————————
= Werkstoff−Bruttovolumen V_{br}

k_V : spezifische Werkstoffkosten $\left[\text{z.B. DM/cm}^3 \right]$

Liste der Kalkulation (oder Betriebsabrechnung)

oder   REFA−Mitteilung (REFA Verband für Arbeitsstudien und Betriebsorganisation)

oder   Richtlinie VDI 2225, Blatt 2
$$k_V = k_V^* \cdot k_{V0}$$

für UST 37−2 erfragen

tabelliert in VDI 2225, Blatt 2, für alle Werkstoffe

Bild 4.9: Übersicht über die Ermittlung der Materialkosten

71

4.2.3 Fertigungskosten

Die Fertigungskosten *FK* setzen sich aus den Fertigungslohnkosten *LK* (auch *FL* oder *FLK*) und den Fertigungsgemeinkosten *FGK* zusammen; ggf. kommen noch Sondereinzelkosten der Fertigung *SEF* hinzu:

$$FK = LK + FGK + SEF. \tag{4.14}$$

Fertigungslohnkosten sind alle Kosten, die aus der Arbeit von Menschen und Maschinen an dem zu schaffenden Erzeugnis entstehen und ihm unmittelbar zugerechnet werden können. Die Fertigungslohnkosten sind oder enthalten (je nach Kalkulationsverfahren) die Fertigungslöhne, also die Löhne für diejenigen Lohnempfänger, die direkt an der Erzeugniserstellung arbeiten, und die somit direkt den einzelnen Kostenträgern zugerechnet werden können. Gehälter für technische und kaufmännische Angestellte im Fertigungsbereich, Fertigungsgemeinkostenlöhne (z.B. Löhne für Urlaub, Fehlzeiten, Krankheit, Nacharbeit) und Fertigungshilfslöhne (z.B. Löhne für Fahrer im innerbetrieblichen Transport, Boten) beispielsweise sind i.a. nicht den Erzeugnissen direkt zurechenbar und gehören deshalb zu den Fertigungsgemeinkosten.

Die reinen Fertigungslöhne des sog. "produktiven Personals" errechnen sich aus der Zeit für einen Auftrag an einem bestimmten Arbeitsplatz (Kostenstelle), der sog. Auftragszeit *T*, multipliziert mit dem für die betreffende Kostenstelle *k* geltenden Geldfaktor f_k, dem Bruttostundensatz

$$LK_k = T_k \cdot f_k \tag{4.15}$$

Die Auftragszeit wird auf der Grundlage von Arbeitszeitstudien berechnet. Die nach der REFA-Lehre benutzten Zeiten zum Ermitteln der Auftragszeit sind in Bild 4.10 zusammengestellt, ein Beispiel zeigt Bild 4.11. Betriebsmittelzeiten und die daraus resultierende Belegungszeit einer Maschine werden in vergleichbarer Weise bestimmt [4.13].

Fertigungsgemeinkosten sind die Kosten, die bei den sog. Fertigungshilfsstellen (z.B. Instandhaltung, Entwicklung Werkzeugbau, Abwesenheit vom Arbeitsplatz durch Krankheit, Urlaub, Weiterbildung, Abschreibung der Betriebsmittel) anfallen. Im Betriebsabrechnungsbogen werden

AUFTRAGSZEIT = RÜSTZEIT + AUSFÜHRUNGSZEIT			
RÜSTZEIT $t_r = t_{rg} + t_{rv}$	Die der Vorbereitung und dem Abschluß der auftragsgemäß auszuführenden Arbeit dienende Zeit.		
RÜSTGRUNDZEIT t_{rg} RÜSTVERTEILZEIT t_{rv}	Rüsten ist das Vorbereiten des Arbeitssystems (z.B. Maschine) für die Arbeitsaufgabe sowie – falls notwendig – das Wiederherstellen des ursprünglichen Systemzustandes.		
AUSFÜHRUNGSZEIT $t_a = m \cdot t_e$	Die für die Arbeit an allen Stücken eines Auftrags ermittelte Zeit.		

ANZAHL DER EINHEITEN m	ZEIT JE EINHEIT $t_e = t_g + t_v$	Die für eine Einheit der Auftragsmenge (Losgröße, Stückzahl) anzusetzende Zeit.		
	GRUNDZEIT $t_g = t_b + t_z$	Die bei der Ausführung einer Arbeit regelmäßig anfallende Zeit (durch Zeitaufnahme oder Berechnung ermittelt).		VERTEILZEIT t_v Zeit, die wegen unregelmäßigen oder weniger häufigen Auftretens nicht von der Zeitaufnahme erfaßt werden kann (i.a. prozentual zugeschlagen). Hierzu gehören auch Zeiten in der Regel unvermeidbarer Untätigkeit: Wartezeit, Erholungszeit ...
	BEARBEITUNGSZEIT $t_b = t_{bu} + t_{bb}$ Zeit vom Beginn bis zur Beendigung der Bearbeitung der einzelnen Einheit.		ZWISCHENZEIT t_z Die zwischen den Bearbeitungsvorgängen an zwei Einheiten liegende Zeitspanne (evtl. negativ, falls mehrere Arbeitsmaschinen von einer Person bedient werden).	
	HAUPTZEIT t_{bu} Zeit, in der ein unmittelbarer Fortschritt i.S. des Auftrags bewirkt wird.	NEBENZEIT t_{bb} Regelmäßig auftretende Zeit, die aber nur mittelbar zum Fortschritt i.S. des Auftrags beiträgt.		

Bild 4.10: Zeitbegriffe nach REFA (Soll-Zeiten i.S. der Arbeitsstudien)

sie auf die Fertigungshauptstellen (z.B. Dreherei, Lackiererei oder auch CNC-Maschine, Leiterplatten-Bestückungsautomat) umgelegt. Ihre Verrechnung hängt vom Kalkulationsverfahren ab.

Bezieht man die in einem Abrechnungszeitraum in einer Fertigungshauptstelle (z.B. A) angefallenen Fertigungsgemeinkosten auf die im gleichen Abrechnungszeitraum entstandenen Fertigungslohnkosten

$$g_{FA} = \cfrac{\dfrac{\text{Fertigungsgemeinkosten der Fertigungshauptstelle } A}{\text{Abrechnungszeitraum}}}{\dfrac{\text{Fertigungslohnkosten der Fertigungshauptstelle } A}{\text{Abrechnungszeitraum}}}$$

73

$Firma$	Berechnung der Auftragszeit ....Grobeinsteller..........	Auftrag–Nr.

Freimaßtoleranzen:
m DIN 7168

Stückzahl: 10
Werkstoff:
C15–42 Rd, DIN 17210

Zeitbegriff	Kurzzeichen	$\dfrac{min}{Stck}$	Lstg. grad %	Norm. zeit $\dfrac{min}{Stck}$	$\dfrac{min}{Auftrag}$
Rüstgrundzeit	t_{rg}				7,0
Rüstverteilzeit	t_{rv} (z.B.10%v.t_{rg})				0,7
Rüstzeit	$t_r = t_{rg} + t_{rv}$				7,7
Nebenzeit spannen	t_{bb}	5,0	90	4,5	
messen	t_{bb}	0,6	90	0,5	
Hauptzeit drehen	t_{bu}	1,4			
bohren/schn.	t_{bu}	1,8			
Bearbeitungszeit	$t_b = t_{bb} + t_{bu}$			8,2	
Zwischenzeit	t_z			0,6	
Grundzeit	$t_g = t_b + t_z$			8,8	
Verteilzeit	t_v (z.B.15%v.t_g)			1,3	
Zeit je Einheit	$t_e = t_g + t_v$			10,1	
Auftragsgröße	m = 10				
Ausführungszeit	$t_a = m \cdot t_e$				101,0
Auftragszeit	$T = t_r + t_a$				108,7

Bild 4.11: Beispiel für die Berechnung der Auftragszeit

$$g_{FA} = \frac{FGK_A}{LK_A},$$ \hfill (4.16)

so lassen sich die Fertigungskosten (ohne Sondereinzelkosten der Fertigung) über diesen Faktor g_F allgemein ermitteln zu

$$FK = LK\,(1 + g_F).$$ \hfill (4.17)

Eine Zusammenfassung der Ermittlung der Fertigungskosten zeigt Bild 4.12 prinzipiell. Sind die Lohnkosten LK die reinen Fertigungslöhne, so ist der Gemeinkostenfaktor g_F relativ groß, enthalten die Lohnkosten LK außer den Fertigungslöhnen auch die Maschinenlöhne (Verrechnung über Maschinenstundensätze), so kann der Faktor g_F i.a. klein gehalten werden.

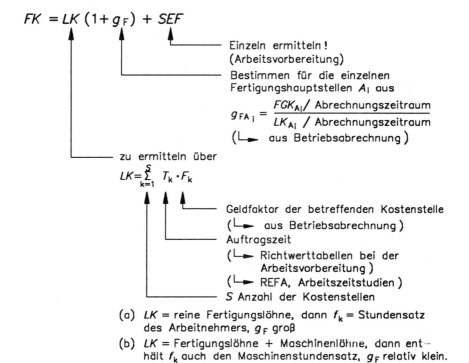

Bild 4.12: Ermitteln der Fertigungskosten (prinzipiell)

Die *Sondereinzelkosten* der Fertigung sind die Kosten, die ausschließlich durch einen Kostenträger (Produkt) verursacht werden. Es sind dies vor allem Werkzeuge oder Vorrichtungen, die nicht für andere Produkte verwendet werden können. Die Zurechnung dieser Kosten erfolgt dadurch, daß man sie

- entweder auf die Zahl der Teile bezieht, die mit einem Werkzeug hergestellt werden können,
- oder auf eine geschätzte, zu verkaufende Stückzahl umlegt (bei Lizenzen üblich).

Voraussetzung:

Fertigungskosten $FK \sim$ (charakteristische Länge) l^{α}

Beziehung:

$$\frac{FK_2}{FK_1} \approx \left(\frac{l_2}{l_1}\right)^{\alpha}$$

$\alpha = f$ (Bearbeitungsverfahren, Stückzahl)

Exponent: α für Zerspannungsarbeiten:

$\alpha \approx 2,2$ bei Einzelfertigung

$\alpha \approx 2,0$ bei Serienfertigung

$\alpha \approx 1,8$ bei Massenfertigung

Beispiel:

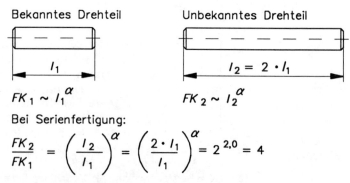

Bekanntes Drehteil   Unbekanntes Drehteil

l_1 $l_2 = 2 \cdot l_1$

$FK_1 \sim l_1^{\alpha}$ $FK_2 \sim l_2^{\alpha}$

Bei Serienfertigung:

$$\frac{FK_2}{FK_1} = \left(\frac{l_2}{l_1}\right)^{\alpha} = \left(\frac{2 \cdot l_1}{l_1}\right)^{\alpha} = 2^{2,0} = 4$$

Bild 4.13: Beziehung zwischen Fertigungskosten und Werkstückabmessungen nach BRONNER

Nach BRONNER [4.12] gibt es eine Beziehung zwischen den Fertigungskosten FK und den Werkstückabmessungen l (l_1, l_2 charakteristische Längen):

$$FK \sim (\text{Länge})^\alpha \quad \text{bzw.} \quad FK_2/FK_1 \sim (l_2/l_1)^\alpha, \tag{4.18}$$

wobei der Exponent α von den Bearbeitungsverfahren und der Stückzahl abhängt, Bild 4.13. Nebenkosten (Bäder etc.) sind unabhängig von der Werkstückgröße.

Beziehungen zwischen Kosten und Toleranzen (Toleranzen x Kosten der toleranzbestimmenden Arbeitsgänge ≈ konstant) bzw. der Einfluß der Stückzahl auf die Fertigung sind hierbei nicht berücksichtigt.

4.2.4 Sonderkosten der Gestaltung

Sonderkosten der Gestaltung treten auf - sofern sie nicht den "großen Gemeinkosten" zugerechnet werden - als Teil der Herstellkosten z.b. beim Designen und bedienungsgerechten Gestalten für eine Gebrauchswert-Verbesserung (Optimierung) des Produkts.

4.3 Zuschlagskalkulation zur Selbstkostenermittlung auf Vollkostenbasis

4.3.1 Kalkulationsprinzip

Zur Selbstkostenermittlung auf Vollkosten-Basis ist die Zuschlagskalkulation, insbesondere die Differenzierte Zuschlagskalkulation, das gebräuchlichste Kalkulationsverfahren in den Betrieben, in denen mehrere verschiedene Produkte mit unterschiedlichen Kosten an Material und Fertigungslöhnen hergestellt werden. Bei diesem Verfahren werden die Einzelkosten (Werkstoffe, Zukaufteile, Fertigungslöhne und Sondereinzelkosten) aus den hierfür existierenden Belegen (Stücklisten, Materialentnahmescheinen, Lohnscheinen und Arbeitsplänen) festgestellt. Die Gemeinkosten werden in Form von Gemeinkostenzuschlägen aufgeteilt.

Während bei der *Summarischen Zuschlagskalkulation* nur der Fertigungslohn (bei lohnintensiver Produktion) oder nur die Materialkosten (bei materialintensiver Produktion) als Bezugsbasis verwendet werden, werden bei der *Differenzierten Zuschlagskalkulation* die Gemeinkosten aufgeteilt in

- Materialgemeinkosten *MGK*,
- Lohn-/Fertigungsgemeinkosten *FGK*

als Teile der Herstellkosten *HK* und

- Entwicklungsgemeinkosten (falls nicht als Entwicklungs- und Konstruktionseinzelkosten ausgewiesen) *EtwGK*,
- Verwaltungsgemeinkosten *VwGK*,
- Vertriebsgemeinkosten *VtGK*

als "Große Gemeinkosten" *GK*.

Das Lebenserhaltungsgesetz von Industrieunternehmen hat bei Zuschlagskalkulation die Form (Herleitung in Bild 4.14)

$$\Delta = \sum_{v=1}^{n} (P_v - \alpha \cdot HK_v) \cdot N_v \tag{4.19}$$

mit Δ als dem erzielbaren Bruttogewinn, P_v als dem erzielbaren Preis, N_v als die vom Markt abhängige Stückzahl und dem Faktor α.

Damit lassen sich alle Kosten auf die Herstellkosten beziehen. Diese sind also das Fundament für alle wirtschaftlichen Betrachtungen an technischen Produkten. Während eines Abrechnungszeitraumes (z.B. Monat, Quartal, Jahr) stehen daher die Selbstkosten *SK* in einer festen Relation α zu den Herstellkosten:

$$SK = \alpha \cdot HK. \tag{4.20}$$

4.3.2 Summarische (einfache) Zuschlagskalkulation

Bei der einfachen Zuschlagskalkulation wird eine sehr grobe und pauschale Gemeinkostenverrechnung als ausreichend angesehen: Die Gemeinkosten werden über einen Zuschlagsfaktor g_B

"Lebenserhaltungsgesetz":

$$\Delta = \sum_{\nu=1}^{n} (P_\nu - SK_\nu) \cdot N_\nu \overset{!}{>} 0$$

Bei Zuschlagskalkulation:

$$SK_\nu = HK_\nu + \underbrace{(EtwGK + VwGK + VtGK)_\nu}_{GK_\nu}$$

GK über Abrechnungszeitraum (Periode p) ermittelt, oft

als $\sum_{\nu=1}^{n} GK_{p\nu} = GK_p$.

$$SK_\nu = HK_\nu \cdot \underbrace{(1 + \frac{GK_p}{HK_p})}_{\alpha}$$

– – – – – – – – – – – – – – – – – –

"Lebenserhaltungsgesetz":

$$\Delta = \sum_{\nu=1}^{n} (P_\nu - \alpha \cdot HK_\nu) \cdot N_\nu$$

vom Markt abhängig ⎯⎿   ⎿⎯ vom Markt und
Preis abhängig

von Unternehmensstruktur ⎯⎿   ⎿ weitestgehend vom
abhängig, gültig für einen   Konstrukteur ab-
Abrechnungszeitraum   hängig !

N Stückzahl	GK	Gemeinkosten	α Faktor
P erzielbarer Preis	$EtwGK$	Entwicklungsgemeinkosten	p auf Periode bezogen
SK Selbstkosten	$VwGK$	Verwaltungsgemeinkosten	ν Erzeugnis–Nr.
HK Herstellkosten	$VtGK$	Vertriebsgemeinkosten	n Anzahl der
Δ erzielbarer Bruttogewinn			Erzeugnisgruppen

Bild 4.14: Kostenabhängigkeit bei Zuschlagskalkulation

79

$$g_B = \frac{GK \,/\, \text{Abrechnungszeitraum}}{BK \,/\, \text{Abrechnungszeitraum}}$$

$$g_B = \frac{GK}{BK} \tag{4.21}$$

den gewählten Basiskosten BK zugeschlagen. Diese Basiskosten sind entweder die Fertigungslohnkosten LK (Lohnzuschlagskalkulation) oder die Fertigungsmaterialkosten MK (Materialzuschlagskalkulation).

Die Herstellkosten HK bestimmen sich dann mit den Materialeinzelkosten MEK als Summe von Werkstoffkosten WK und Zulieferkosten ZK

$$MEK = WK + ZK \tag{4.22}$$

bei Lohnzuschlagskalkulation zu

$$HK = MEK + LK \,(\, 1 + g_B \,) \tag{4.23}$$

und bei Materialzuschlagskalkulation zu

$$HK = MEK \,(\, 1 + g_B \,) + LK. \tag{4.24}$$

Das Verfahren ist einfach, der Zurechnungsfehler bei relativ geringen Gemeinkosten zulässig klein.

4.3.3 Differenzierte Zuschlagskalkulation

Bei der Differenzierten Zuschlagskalkulation teilen sich die Gemeinkosten entsprechend ihrer Einflußgrößen in mehrere Gemeinkostenarten auf. Als Bezugsgrößen für die Weiterverrechnung dienen i.a.

- die Materialkosten MK für die Materialgemeinkosten MGK

$$g_M = \frac{MGK \,/\, \text{Abrechnungszeitraum}}{MK \,/\, \text{Abrechnungszeitraum}} \tag{4.25}$$

(vgl. Gleichungen 4.09 , 4.12 , 4.13),

- die Fertigungslohnkosten *LK* für die Fertigungsgemeinkosten *FGK*

$$g_F = \frac{FGK \, / \, \text{Abrechnungszeitraum}}{LK \, / \, \text{Abrechnungszeitraum}} \qquad (4.26)$$

(vgl. auch Gleichungen 4.16 und 4.17),

- die Herstellkosten *HK* für die Gemeinkosten *GK*

$$g_G = \frac{GK / \text{Abrechnungszeitraum}}{HK / \text{Abrechnungszeitraum}}, \qquad (4.27)$$

wobei $(1 + g_G) = \alpha$, vgl. auch Bild 4.14.

Aus dem Betriebsabrechnungsbogen lassen sich auch die Einzelzuschlagsfaktoren für Verwaltung und Vertrieb anhand der angefallenen Verwaltungsgemeinkosten *VwGK* und Vertriebsgemeinkosten *VtGK* ermitteln:

$$g_{Vw} = \frac{VwGK / \text{Abrechnungszeitraum}}{HK / \text{Abrechnungszeitraum}}, \qquad (4.28)$$

$$g_{Vt} = \frac{VtGK / \text{Abrechnungszeitraum}}{HK / \text{Abrechnungszeitraum}}. \qquad (4.29)$$

Unter Berücksichtigung der Sondereinzelkosten der Fertigung und bei eventueller Einzelausweisung der Entwicklungs- und Konstruktionskosten ergibt sich dann das Kalkulationsschema nach Bild 4.15.

Das Schema zur Bestimmung der Selbstkosten weicht in den Unternehmen oft von dem nach Bild 4.15 leicht ab. Bei den Materialeinzelkosten werden meist die Werkstoffkosten und die Zulieferkosten (Bezugskosten) getrennt ausgewiesen, ebenso die zugehörigen Gemeinkosten (vgl. Gleichungen 4.09, 4.10, 4.11). Fertigungslohnkosten können z.B. Lohnkosten für Heimarbeit getrennt ausweisen. Entwicklungs-, Verwaltungs- und Vertriebsgemeinkosten können summarisch als Gemeinkosten ausgewiesen und demzufolge auch gemeinsam auf die Herstellkosten zugeschlagen werden (vgl. Gleichung 4.27).

Bedingt durch die ständig wechselnde Auftragslage und die starke Konkurrenz auf den Absatzmärkten ergibt sich bei den Unternehmen eine

Firma	Zuschlagskalkulation für	Auftrag—Nr.

Materialeinzelkosten MEK (Werkstoff— und Zulieferkosten)	.... DM/Stück	
Materialgemeinkosten MGK	.... % von MEK	
Materialkosten MK	└──▶ .... DM/Stück	
Fertigungslohnkosten LK	.... DM/Stück	
Fertigungsgemeinkosten FGK	.... % von LK	
Fertigungskosten FK (ohne SEF)	└──▶ .... DM/Stück	
Sondereinzelkosten der Fertigung SEF	.... DM/Stück	
Fertigungskosten FK	.... DM/Stück	
Sonderkosten der Gestaltung SKGest	.... DM/Stück	
Herstellkosten HK	.... DM/Stück	
Entwicklungs— und Konstruktionseinzelkosten EtwEK	oder .... DM/Stück	
Entwicklungs— und Konstruktionsgemeinkosten EtwGK	.... % von HK	
Verwaltungsgemeinkosten VwGK	.... % von HK	
Vertriebsgemeinkosten VtGK	.... % von HK	
"Große" Gemeinkosten GK	└──▶ .... DM/Stück	
Sondereinzelkosten des Vertriebes SEVt	.... DM/Stück	
Selbstkosten SK	.... DM/Stück	

Bild 4.15: Formblatt zur Kalkulation der Herstell- und Selbstkosten je Mengeneinheit aus den Einzel- und Gemeinkosten

Kostengrenze für einzelne Produkte. Als solche *Grenzkosten* können z.B. definiert werden

- Kosten, die mit der zusätzlichen Produktion einer Leistungseinheit zusätzlich anfallen, also die variablen Kosten einer zusätzlich produzierten Einheit; Richtlinie VDI 2234 [4.14]:

$$\text{Grenzkosten} = \frac{\text{Kostenänderung}}{\text{Produktionsänderung}}, \qquad (4.30)$$

- einer Leistungseinheit direkt zuordenbare Kosten:

$$\text{Grenzkosten} \approx \text{direkte Kosten} \qquad (4.31)$$

(vgl. auch direkte Herstellkosten *HK1* bei der Deckungsbeitragsrechnung, Bild 4.20),

- Summe von Material- und Fertigungseinzelkosten sowie betriebsspezifisch zu verrechnende Kosten *SpK* (z.B. Ausschuß):

$$\text{Grenzkosten} = MEK + LK + SpK. \qquad (4.32)$$

Dabei werden die *SpK* oft sogar prozentual zugeschlagen.

4.3.4 Ermitteln der Gemeinkostenzuschläge

Die Gemeinkosten-Zuschlagsätze werden mit Hilfe des Betriebsabrechnungsbogens ermittelt. Die Berechnung erfolgt in den folgenden Schritten:

- Aus den Unterlagen der Betriebsbuchhaltung werden die in einem Abrechnungszeitraum angefallenen Kosten entsprechend ihrer Kostenart den einzelnen Kostenstellen zugeordnet. Hilfskosten- und Hauptkostenstellen werden abrechnungstechnisch unterschieden. Man gliedert üblicherweise in Allgemeine Kostenstellen (Personal, Räumlichkeiten, ...), Fertigungshilfsstellen (Arbeitsvorbereitung, Instandhaltung, ...), Fertigungshauptstellen (die eigentliche Fertigung und Montage) und Kostenstellen der Materialwirtschaft, der Verwaltung, des Vertriebs.

- Die Gemeinkosten der Allgemeinen Stellen werden nun auf die Fertigungshilfsstellen, die Fertigungsstellen, die Materialwirtschaft, die Verwaltung, den Vertrieb umgelegt. Dies geschieht über ermittelte (teils auch fiktive) Umlageschlüssel, die jeder Hauptkostenstelle ihren Anteil an den Hilfskosten zurechnet. Beispiele für solche Schlüssel sind in Bild 4.16 aufgeführt.

Kostenart	Schlüsselgröße
Sozialleistungen	
- gesetzliche	Lohn- und Gehaltssumme
- freiwillige	Beschäftigte
Grundstücke/Gebäude	Fläche
Umlage Heizung	Installierte Heizkörper
Steuern, Abgaben, Gebühren	50% Beschäftigte
	50% Fläche
Versicherungen	50% Beschäftigte
	50% betriebliches Vermögen
Fremdstrom	Installierte Leistung
Repräsentation, Werbung	40% Geschäftsleitung
	60% Vertrieb

Bild 4.16: Beispiele für Umlageschlüssel

- Die Kosten der Fertigungshilfsstellen werden auf die Fertigungshauptstellen umgelegt.
- Damit sind die Gemeinkosten aufgeteilt auf alle Fertigungshauptstellen und auf Materialwirtschaft, Verwaltung, Vertrieb.
- In den Betriebsabrechnungsbogen werden die Kosten für das Ferti-

gungsmaterial (Materialeinzelkosten *MEK*) und die Fertigungslöhne (Fertigungslohnkosten *LK*) übernommen.

- Mit den in dieser Weise aufbereiteten Daten sind die Gemeinkosten-Zuschlagsätze berechenbar, vgl. Gleichungen (4.24 bis 4.26).

Die Herstellkosten werden berechnet als die Summe aus den Materialeinzelkosten *MEK*, den Materialgemeinkosten *MGK*, den Fertigungslohnkosten *LK* und den Fertigungsgemeinkosten *FGK*. Teilweise werden die Gemeinkosten-Zuschlagsätze für den Vertrieb und die Verwaltung auch nur auf die Fertigungskosten *FK* bezogen. Bild 4.17 zeigt ein vereinfachtes Zahlenbeispiel für die Zurechnung einzelner Kostenarten

Kostenstellen / Kostenarten	Summe	Hilfskosten-stellen I.	...	Fertigungsbereich — Fertigungshilfsstellen a.	...	Fertigungshauptstellen A.	...	Material-bereich	Verwaltung	Vertrieb
1. Hilfslöhne	3.050	200		100		1.800		300	150	500
2. Gehälter	7.750	120		350		1.380		700	2.000	3.200
3. Abschreibungen	3.200	400		–		500		–	1.700	600
...										
10. Summe Gemeinkosten (primär)	14.000	720		450		3.680		1.000	3.850	4.300
11. Umlage Allgemeine Hilfskostenstellen				70		300		130	140	80
12. Umlage Fertigungshilfsstellen						520		–	–	–
...										
15. Summe Gemeinkosten (prim.+sek.)	14.000					4.500		1.130	3.990	4.380
16. Fertigungseinzelkosten						6.200				
17. Materialeinzelkosten								22.290		
18. Herstellkosten									34.120	34.120
18. Zuschlagsätze (IST)						75,58%		5,07%	11,69%	12,84%

Bild 4.17: Vereinfachte Darstellung eines Betriebsabrechnungsbogens

zu zugehörigen Kostenstellen sowie die Ermittlung der prozentualen Zuschlagsätze.

Vielfach findet man für einzelne Stellen, wie z.B. die Entwicklung und Konstruktion, ebenfalls Gemeinkosten-Zuschlagsätze; dann wird die Entwicklungs- und Konstruktionsabteilung im Betriebsabrechnungsbogen (BAB) wie eine Fertigungshauptstelle gehandhabt.

Beim Verwenden von Gemeinkostenzuschlagsätzen muß man sich im klaren sein, daß

- die Zuschlagsätze streng genommen nur für den letzten Abrechnungszeitraum Gültigkeit haben,
- die gewählten Bezugsgrößen zwar zweckmäßig, aber willkürlich sind,
- die Gemeinkostensätze vom Beschäftigungsgrad abhängig sind,
- auftretende betriebliche Änderungen auch zu Veränderungen der Kostenstellengliederung führen können.

Für die Kalkulation werden längerfristig geltende Zahlenwerte benötigt, so daß auch Zuschlagsätze nicht nach jedem Abrechnungszeitraum geändert werden (dürfen).

4.3.5 Maschinenstundensatzrechnung

Bei zunehmend anlagenintensiver Produktion entfällt auf die Lohneinzel- und Materialkosten nur noch ein geringer Anteil der Gesamtkosten. Bei der Zuschlagskalkulation auf Fertigungs- und Materialeinzelkostenbasis würden sich Zuschlagsätze ergeben, die weit über 100 % lägen. Kleine Fehler bei der Berechnung der Einzelkosten würden daher zu erheblichen Höherbelastungen der Produkte mit Gemeinkosten führen. Dieser Mehrbelastung auf der rechnerischen Seite ständen keine tatsächlich angefallenen Kosten gegenüber.

Die Maschinenstundensatzrechnung soll diesen rechnerischen Fehler verkleinern, indem möglichst viele Faktoren aus dem Gemeinkostenblock herausgenommen und dem Einsatz der Betriebsmittel zugerechnet werden. Diese Kosten des Betriebsmittels werden als *Maschinenkosten FMK* bezeichnet.

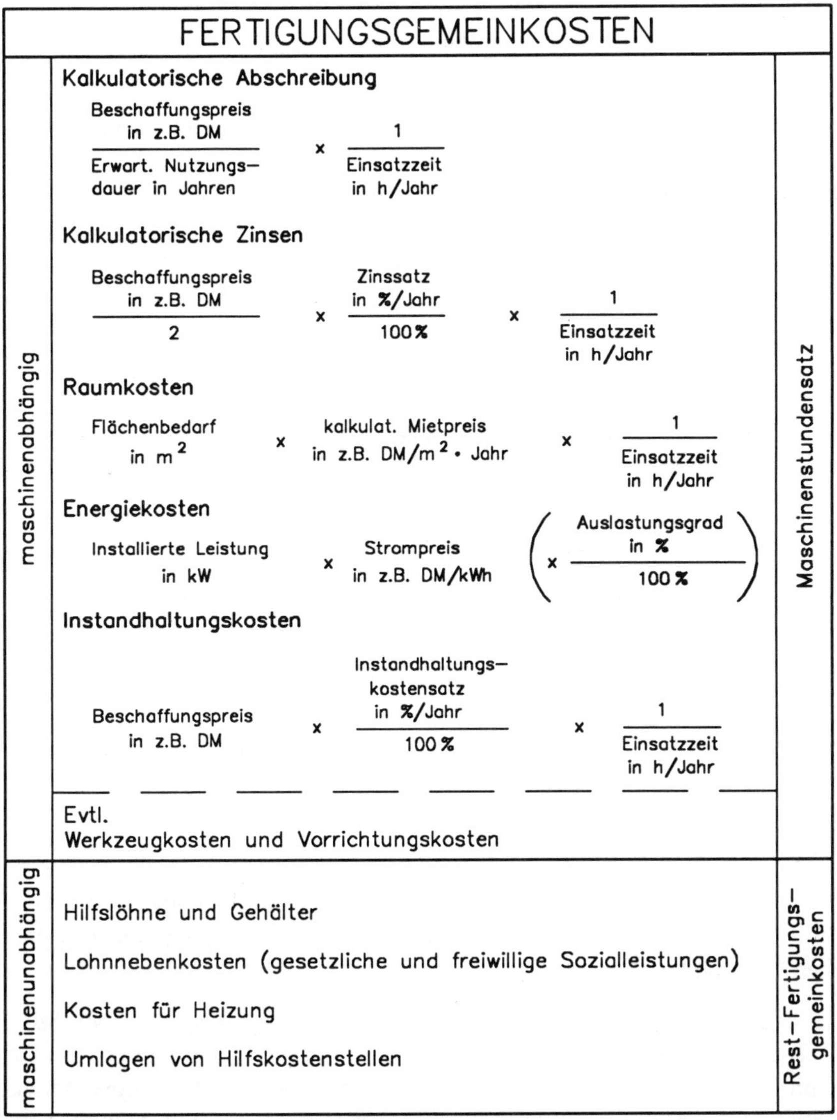

FERTIGUNGSGEMEINKOSTEN

maschinenabhängig

Kalkulatorische Abschreibung

$$\frac{\text{Beschaffungspreis in z.B. DM}}{\text{Erwart. Nutzungs--dauer in Jahren}} \times \frac{1}{\text{Einsatzzeit in h/Jahr}}$$

Kalkulatorische Zinsen

$$\frac{\text{Beschaffungspreis in z.B. DM}}{2} \times \frac{\text{Zinssatz in \%/Jahr}}{100\%} \times \frac{1}{\text{Einsatzzeit in h/Jahr}}$$

Raumkosten

$$\frac{\text{Flächenbedarf in m}^2} \times \text{kalkulat. Mietpreis in z.B. DM/m}^2 \cdot \text{Jahr} \times \frac{1}{\text{Einsatzzeit in h/Jahr}}$$

Energiekosten

$$\text{Installierte Leistung in kW} \times \text{Strompreis in z.B. DM/kWh} \times \left(\frac{\text{Auslastungsgrad in \%}}{100\%} \right)$$

Instandhaltungskosten

$$\text{Beschaffungspreis in z.B. DM} \times \frac{\text{Instandhaltungs--kostensatz in \%/Jahr}}{100\%} \times \frac{1}{\text{Einsatzzeit in h/Jahr}}$$

Evtl.
Werkzeugkosten und Vorrichtungskosten

maschinenunabhängig

Hilfslöhne und Gehälter

Lohnnebenkosten (gesetzliche und freiwillige Sozialleistungen)

Kosten für Heizung

Umlagen von Hilfskostenstellen

Maschinenstundensatz

Rest--Fertigungs--gemeinkosten

Bild 4.18: Maschinenabhängige und maschinenunabhängige Fertigungsgemeinkosten (Maschinenstundensatz und Rest-Fertigungs-
gemeinkosten)

Kalkuliert man mit Maschinenstundensätzen, so unterscheidet man in maschinenabhängige und maschinenunabhängige Fertigungsgemeinkosten, Bild 4.18.

Der Maschinenstundensatz errechnet sich aus den Maschinenkosten innerhalb eines definierten Zeitraumes (z.b. Tag, Schicht, Jahr), geteilt durch die zugehörige Maschinenlaufzeit (Belegungszeit). Die Restfertigungsgemeinkosten werden mittels eines Restkostenzuschlagsatzes g_{FRest} auf die Fertigungslöhne LK verrechnet, so daß sich die Fertigungskosten FK ergeben zu

$$FK = LK\,(1 + g_{FRest}) + FMK. \tag{4.33}$$

Die Maschinenstundensatzrechnung ist eine Kompromißlösung zwischen der Differenzierten Zuschlagskalkulation und einer Platzkostenrechnung.

Einige Unternehmen unterscheiden auch in Maschinenkostenstellen und Mannkostenstellen. Dabei ist der Kostensatz einer Kostenstelle bestimmt durch

$$\text{Kostensatz} = \frac{\text{Gesamtkosten der Kostenstelle}}{\text{Fertigungszeit bzw. Maschinenlaufzeit}}, \tag{4.34}$$

stets bezogen auf einen bestimmten Abrechnungszeitraum.

4.3.6 Ermitteln des voraussichtlichen Gewinns

Die Gewinnsituation bei der progressiven Vollkostenkalkulation zeigt Bild 4.19. Für jedes hergestellte und verkaufte Stück werden die gleichen Stückkosten errechnet.

Nach dieser Rechnung wird der Gewinn umso größer, je mehr Stück verkauft werden. Selbst bei kleinen Absatzmengen wird noch ein Gewinn ausgewiesen. Das aber ist falsch, denn bei ganz geringer Menge werden auch nur sehr wenig Fixkostenanteile erwirtschaftet, weit weniger als insgesamt Fixkosten entstanden sind. Da allerdings in der Praxis der Beschäftigungsgrad in der Regel nicht so tief sinkt, wird dieser

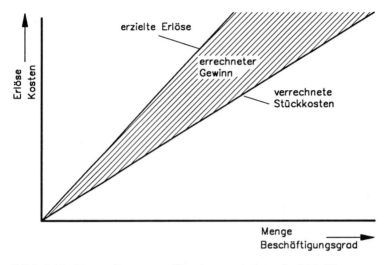

Bild 4.19: Darstellung zur Gewinnermittlung bei Vollkostenrechnung

Zusammenhang verdeckt. Der Beschäftigungsgrad, bei dem gerade Kostendeckung erreicht wird, läßt sich mit Hilfe der Vollkostenrechnung nicht bestimmen.

Bei Vollkostenrechnungssystemen können die zeitabhängigen (mengenunabhängigen = fixen) Kosten kaum verursachungsgerecht aufgeteilt werden. Die Aussagekraft ist z.B. ausreichend für die Ermittlung der Herstellkosten bzw. der Selbstkosten, nicht jedoch für Kostenvergleiche, für die Entscheidung über Eigen- oder Fremdfertigung und für die Beantwortung der Frage, ob ein Auftrag angenommen werden soll.

4.4 Deckungsbeitragsrechnung

4.4.1 Prinzip der Teilkostenrechnung

Die Teilkostenrechnung trennt die Kosten in mengenabhängige (variable, stückzahlabhängige) und zeitabhängige (fixe, d.h. mengenunabhängige) Kosten auf. In Kenntnis der Probleme einer verursachungsgerechten Zuweisung von fixen Kosten auf die einzelnen Kostenträger verzichtet man

89

bei der Deckungsbeitragsrechnung völlig darauf und rechnet mit dem sogenannten Deckungsbeitrag DB. Er ist definiert als Differenz aus dem Erlös und den direkt zurechenbaren (meist identisch mit den variablen) Kosten K_{dir}

$$\text{Deckungsbeitrag } DB = \text{Erlös - direkte Kosten } K_{dir}, \qquad (4.35)$$

wobei sich der Erlös als Produkt aus Netto-Verkaufspreis und verkaufter Stückzahl darstellt. Der Deckungsbeitrag sagt also aus, in welchem Maße ein Produkt die anfallenden fixen Kosten "mitträgt". Ist der Erlös größer als die direkten Kosten, so wird ein entsprechender Teil der Fixkosten abgedeckt. Deckungsbeiträge können entweder für ein Produkt, eine Produktart oder für einen gesamten Betrieb ermittelt werden.

Die Kostenrechnungssysteme mit Deckungsbeiträgen sind dann ein vorteilhaftes Instrument, wenn beispielsweise

- die gewinnoptimalen Produktionsprogramme bestimmt werden müssen,
- eine Entscheidung über die Fortführung oder Einstellung eines Produktes ansteht,
- festzulegen ist, ob ein Produkt selbst hergestellt oder zugekauft werden soll,
- die wirtschaftlichste Produktionsanlage auszuwählen ist.

Durch die Einbeziehung der Erlöszahlen innerhalb einer Zeitperiode kann die Teilkostenrechnung zur Deckungsbeitragsrechnung erweitert werden. Man geht prinzipiell auf folgende Weise vor:

	Netto-Erlös (= Netto-Verkaufspreis x Menge)
minus	mengenabhängige (direkte, variable) Kosten
gleich	Deckungsbeitrag
minus	fixe Kosten
gleich	Gewinn/Verlust

$$(4.36)$$

(alle Werte auf einen Abrechnungszeitraum oder auf eine Mengeneinheit bezogen).

Firma	Deckungsbeitragsermittlung für:	Blatt 1

ERLÖS

Bruttolistenpreis	....DM/Stück
− Rabatte	....% v. Bruttolistenpreis
= Netto−Verkaufspreis	....DM/Stück

DIREKTE KOSTEN UND DECKUNGSBEITRAG

Sondereinzelkosten des Vertriebes

Provision	....% v. Netto−Verkaufspreis
+ Versand	....kg x Porto/kg
+ Lizenzen	....DM/Stück
= Sondereinzelkosten des Vertriebes	....DM/Stück

Direkte Herstellkosten (HK 1)

Be− und verarbeitete Werkstoffe	....DM/kg x ...kg
+ Zukaufteile	....DM/Stück
+ Fertigungslöhne (evtl. + Maschinenkosten)	....DM/Stück
+ Sondereinzelkosten der Fertigung	....DM/Stück
+	....DM/Stück
= Direkte Herstellkosten (HK1)	....DM/Stück

Direkt zuordenbare Kosten

Sondereinzelkosten des Vertriebes	....DM/Stück
+ direkte Herstellkosten (HK1)	....DM/Stück
= Leistungskosten	....DM/Stück

Deckungsbeitrag

Netto−Verkaufspreis	....DM/Stück
− Sondereinzelkosten des Vertriebes	....DM/Stück
− direkte Herstellkosten (HK 1)	....DM/Stück
Deckungsbeitrag (DB)	....DM/Stück

Bild 4.20(I): Kalkulationsformblatt zur Deckungsbeitragsermittlung

Firma	Gewinn / Verlust bei Deckungsbeitragsrechnung für:.................................	Blatt 2

DECKUNGSBEITRAG   (siehe Formblatt 1)

INDIREKTE HERSTELLKOSTEN (HK 2)

Direkte Herstellkosten (HK 1)	....DM/Stück
+ Sondereinzelkosten des Vertriebes	....DM/Stück
+ Materialgemeinkosten	....% von Materialeinzelkosten
+ Fertigungsgemeinkosten	....% von Lohnkosten
+ Sondereinzelkosten der Fertigung (falls nicht direkt zurechenbar)	....DM/Stück

= Indirekte Herstellkosten (HK 2) ....DM/Stück

FIXKOSTEN

Verwaltungsgemeinkosten	....% von HK 1 oder HK 2
+ Vertriebsgemeinkosten	....% von HK 2 oder Netto-verkaufspreis
+ Entwicklungs-/Konstruktionskosten	...DM/Stück

= Fixkosten   ....DM/Stück

SELBSTKOSTEN

Indirekte Herstellkosten (HK 2)	....DM/Stück
+ Fixkosten	....DM/Stück

= Selbstkosten (SK)   ....DM/Stück

GEWINN / VERLUST

Netto-Verkaufspreis	....DM/Stück
– Selbstkosten	....DM/Stück

= Gewinn/Verlust   ....DM/Stück

Bild 4.20(II): Kalkulationsformblatt zur Deckungsbeitragsermittlung

Um für einen Bereich oder sogar für eine Unternehmung eine Aussage über den Erfolg machen zu können, addiert man die Deckungsbeiträge aller Kostenträger, subtrahiert davon die Bereichs- oder Unternehmensfixkosten und erhält so den Periodenerfolg als Gewinn oder Verlust.

4.4.2 Erfolg eines Kostenträgers

Die Deckungsbeitragsrechnung dient auch zur Berechnung des Erfolges eines einzelnen Kostenträgers (Produktes); man zieht dann die retrograde Kalkulationsform heran und berechnet - ausgehend vom Brutto-Marktpreis - den Stückerfolg. Ein solches Kalkulationsformblatt zeigen die beiden Formblätter nach Bild 4.20.

4.4.3 Gewinnschwelle

Die Gewinnsituation bei der Deckungsbeitragsrechnung zeigt Bild 4.21.

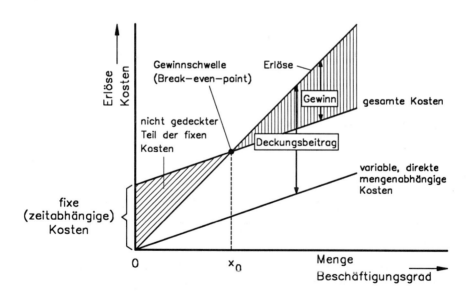

Bild 4.21: Ermittlung der Gewinnschwelle bei Teilkostenrechnung

Dabei sind die tatsächlich anfallenden Kosten zugrunde gelegt, die aus den fixen und den proportionalen variablen Kosten bestehen.

Die Differenz zwischen den Erlösen und den direkt zurechenbaren, i.a. variablen Kosten ist die Deckungsbeitragssumme beim jeweiligen Beschäftigungsgrad. Der Kostendeckungspunkt (break-even-point) bzw. die Gewinnschwelle wird erreicht, wenn die Summe der Deckungsbeiträge gerade so groß ist wie die fixen Kosten (kein Verlust mehr, noch kein Gewinn). Erst der Monats- oder Jahresabschluß ergibt, wie groß der Gewinn oder Verlust für die in diesem Abrechnungszeitraum verkauften Erzeugnisse war.

Der Deckungsbeitrag ist die zentrale Größe innerhalb der Teilkostenrechnung. Was allerdings als Deckungsbeitrag bezeichnet wird, ist von dem mit der Teilkostenrechnung verfolgten Zweck abhängig.

Grundsätzlich gilt für alle (nicht nur für die vorgestellten) Kalkulationssysteme, daß sie nur für ihren vorgesehenen Zweck verwendet werden dürfen und ihre Ergebnisse für andere Problemstellungen falsch sein können. Insofern sollte der Entwickler und Konstrukteur sowohl über das in der eigenen Unternehmung praktizierte Verfahren als auch über dessen Randbedingungen informiert sein. Nur dadurch lassen sich Fehler beim Lesen und Interpretieren einer vorliegenden Kalkulation vermeiden.

4.4.4 Deckungsbeitragsrechnung als Entscheidungshilfe

Die charakteristischen Unterschiede zwischen den Kalkulationsformen Zuschlagskakulation und Deckungsbeitragsrechnung zeigt Bild 4.22 für folgendes Beispiel:

Es sei zu entscheiden, welches von drei neuen Erzeugnissen A, B oder C, von denen die Kosten- und Erlösdaten bekannt sind, weitergeführt werden soll.

Es ist zu erkennen, daß die Umlage der Gemeinkosten bei einer derartig pauschalen Rechnung zu einer falschen Entscheidung führen kann.

Zuschlagskalkulation

Beispiel:		Erzeugnis		
		A	B	C
Verkaufserlös [DM]		80,–	105,–	140,–
direkt zurechenbare Kosten K_{dir} [DM]		35,–	50,–	70,–
Gemeinkosten [DM] (100% von K_{dir})		35,–	50,–	70,–
Selbstkosten [DM]		70,–	100,–	140,–
Gewinn [DM]		10,–	5,–	0,–

Entscheidung:
Rang I : A
Rang II : B
Rang III : C

Deckungsbeitragsrechnung:

Beispiel:		Erzeugnis		
		A	B	C
Verkaufserlös [DM]		80,–	105,–	140,–
direkt zurechenbare Kosten K_{dir} [DM]		35,–	50,–	70,–
Deckungsbeitrag [DM]		45,–	55,–	70,–

Entscheidung:
Rang I : C
Rang II : B
Rang III : A

Bild 4.22: Kalkulationsverfahrensvergleich am Beispiel (prinzipiell)

ÜBUNGSBEISPIEL 4.3: Entscheidung über Auftragsannahme

Ein Unternehmen, das derzeit nicht vollbeschäftigt ist, erhält von zwei verschiedenen Kunden je eine Anfrage über die Übernahme eines Auftrages.

Anfrage vom Kunden A nach Übernahme der Fertigung von 1000 Stück einer elektrischen Baugruppe, die ähnlich denen der bisher im Unternehmen gefertigten Baugruppen ist. Pro gefertigter Baugruppe zahlt der

Kunde A 350,- DM; an variablen Kosten entstehen dem Unternehmen nach erster Kalkulation 320,- DM/Stück.

Sollte das Unternehmen diesen Auftrag annehmen?

Anfrage vom Kunden B nach Entwicklung und Fertigung einer elektromechanischen Baugruppe, von der der Kunde B die Abnahme von 2.500 Stück garantiert, aber nur einen Preis von nicht höher als 620,- DM/Stück zahlen will. Eine Vorkalkulation im Unternehmen ergibt, daß mit zusätzlichen Entwicklungskosten von mindestens 40.000,- DM zu rechnen ist und von direkten Herstellkosten von 604,- DM/Stück bei o.g. Stückzahl ausgegangen werden muß.

Sollte das Unternehmen diesen Auftrag übernehmen?

ÜBUNGSBEISPIEL 4.4: Entscheidung über Herstellungsverfahren

In einem Unternehmen sind für einen Not-Aus-Schalter zwei verschiedene, aber technisch gleichwertige Prototypen A und B entwickelt worden. Zur Entscheidung, welcher der beiden in Serie gefertigt werden soll, muß eine Kostenbetrachtung durchgeführt werden.

Das Unternehmen rechnet mit einem Mindestabsatz von 10.000 Schaltern. Die beiden Schalter bedingen unterschiedliche Fertigungsverfahren. Folgende Kostenanteile werden kalkuliert:

	Prototyp A	Prototyp B
Werkstoffkosten	3,50 DM/Stück	4,00 DM/Stück
Zulieferkosten	0,34 DM/Stück	0,30 DM/Stück
Werkstoffgemeinkosten	15%	12%
Zuliefergemeinkosten	25%	20%
Lohnkosten (incl. Montage)	5,30 DM/Stück	4,95 DM/Stück
Fertigungsgemeinkosten	280%	400%
Kosten für Spritzgußform	50.000,--	-

Der erwartete Erlös beträgt 39,50 DM pro Stück. Welchen Schalter würden Sie in Serie geben? Begründen Sie Ihre Entscheidung!

4.5 Berechnen der Herstellkosten für einen Entwurf

Beispiel: Verstellvorrichtung der Meßobjekthalterung zum Messen von Massenträgheitsmomenten

4.5.1 Aufgabenstellung

Massenträgheitsmomente lassen sich nach der Torsionsschwingungsmethode bestimmen. Das zu untersuchende Bauelement wird als Schwingmasse senkrecht zwischen Torsionsdrähten aufgehängt, Bild 4.23. Ein Gestell trägt über einen Arm die Aufnahme für den Torsionsdraht, an dem das zu untersuchende Bauteil befestigt ist. Die Meßvorrichtung selbst ist nicht gezeichnet.

Verstellvorrichtung

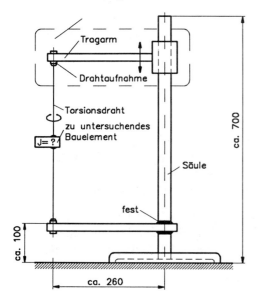

Bild 4.23:
Prinzipaufbau einer Vorrichtung zum Messen von Massenträgheitsmomenten

Das Massenträgheitsmoment J eines Körpers ist

$$J = \int_{(m)} r^2 \, dm \qquad (4.37)$$

mit m als Masse und r als Abstand von der Drehachse. Nach dem Drallsatz ergibt sich bei vernachlässigter Dämpfung die Schwingungsdifferentialgleichung zu

$$\ddot{\varphi} + \frac{c}{J} \cdot \varphi = 0 \qquad (4.38)$$

mit φ als Drehwinkel und c als Federsteifigkeit, mit der Lösung für die Schwingungsdauer T

$$T = 2\pi \cdot \sqrt{\frac{J}{c}} \, . \qquad (4.39)$$

Kennt man die Schwingungsdauer T_E für ein bekanntes Bauteil, z.B. für eine Eichscheibe, so ergibt sich das Massenträgheitsmoment J des unbekannten Bauteils durch Messen der zugehörigen Schwingungsdauer T aus

$$J = J_E \cdot \left(\frac{T}{T_E}\right)^2 \, . \qquad (4.40)$$

Zur Messung an dem zu untersuchenden Bauteil ist eine bestimmte, für Objekt- und Eichmessung gleiche, vom Drahtmaterial und von der Objektmasse abhängige Drahtvorspannung notwendig. Dies wird über die Verstellvorrichtung mit Grob- und Feinverstellung erreicht.

Ein Entwurf für eine derartige Verstellvorrichtung ist auf den folgenden Seiten als Zusammenstellungszeichnung (Bild 4.24) mit den Einzelteilen (Bilder 4.25 und 4.26) dargestellt. Seine Herstellkosten HK sind zu berechnen.

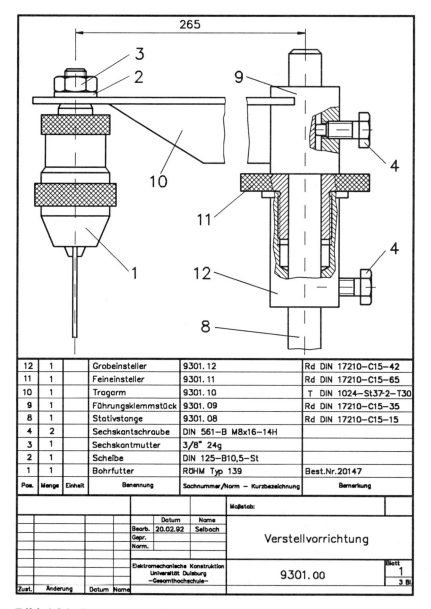

12	1		Grobeinsteller	9301. 12	Rd DIN 17210−C15−42
11	1		Feineinsteller	9301. 11	Rd DIN 17210−C15−65
10	1		Tragarm	9301. 10	T DIN 1024−St37-2−T30
9	1		Führungsklemmstück	9301. 09	Rd DIN 17210−C15−35
8	1		Stativstange	9301. 08	Rd DIN 17210−C15−15
4	2		Sechskantschraube	DIN 561−B M8x16−14H	
3	1		Sechskantmutter	3/8″ 24g	
2	1		Scheibe	DIN 125−B10,5−St	
1	1		Bohrfutter	RÖHM Typ 139	Best.Nr.20147
Pos.	Menge	Einheit	Benennung	Sachnummer/Norm − Kurzbezeichnung	Bemerkung

				Maßstab:	
			Datum	Name	
		Bearb.	20.02.92	Selbach	Verstellvorrichtung
		Gepr.			
		Norm.			
		Elektromechanische Konstruktion Universität Duisburg −Gesamthochschule−		9301. 00	Blatt 1 / 3 Bl.
Zust.	Änderung	Datum Name			

Bild 4.24: Zusammenstellungszeichnung für die Verstellvorrichtung

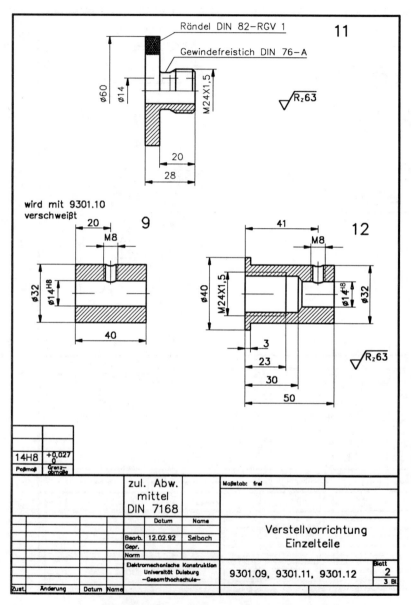

Bild 4.25: Verstellvorrichtung, Einzelteile Nr. 9, 11 und 12

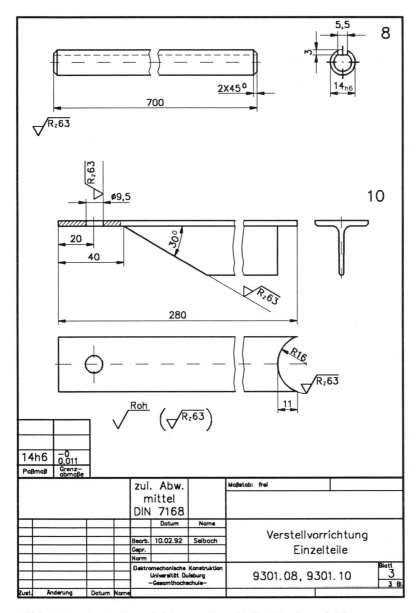

Bild 4.26: Verstellvorrichtung, Einzelteile Nr. 8 und 10

4.5.2 Ermitteln der Materialkosten

Die Berechnung der Materialkosten MK geschieht durch Ermitteln des Brutto-Volumens V_{br}, der spezifischen Kosten k_V sowie Festlegen der zu wählenden Zuschläge g_W bzw. g_Z; Formblatt nach Bild 4.27.

Die Teile Nr. 8, 9, 10, 11 und 12 sollen selbst hergestellt, die Teile Nr. 1, 2, 3 und 4 zugekauft werden.

In der Richtlinie VDI 2225, Blatt 2 lassen sich die k_V^*-Werte für folgende Werkstoffe ermitteln zu

USt 37-2   Vierkantstahl
           Kantenlänge a = 35 mm ... 100 mm $k_V^* = 1,1$;
C 15   Rundstahl
           Durchmesser d > 6 mm $k_V^* = 1,1$;
USt 37-2   T-Stahl
           T 30 (30 mm x 30 mm) $k_V^* = 1,1$.

Die Zuschlagsfaktoren g_W und g_Z können bei der Kalkulationsabteilung erfragt werden; z.B. $g_W = 0,25$; $g_Z = 0,20$.

Kleinteile werden oft mit z.B. 10% der Werkstoffkosten WK pauschal berücksichtigt. Der Kaufpreis des Bohrfutters ist zu ermitteln/schätzen.

Bei der Berechnung der Brutto-Volumina V_{br} müssen berücksichtigt werden

- Abmessungen (Gütenorm, Werkstoff-Daten) handelsüblicher bzw. am Lager befindlicher Halbzeuge,

- Längenzuschläge für das Ablängen bzw. Abstechen beim Einzelteil, evtl. auch nicht mehr verwertbare Abfallstücke/Reststücke des Halbzeugs,

- firmenspezifische Randbedingungen, z.B. wenn das Material von Ausschußteilen getrennt von den Fertigungskosten berücksichtigt werden soll.

Beispielsweise können die Brutto-Volumina wie folgt berechnet werden:

Firma			für: .... Materialkosten				zu Auftrag:
Pos.	Stck. zahl	Bezeichnung	Werkstoff	Brutto— volumen [cm³]	spez. Kosten k_v* k_v [DM/cm³]	Zuschlag $1 +g_w$ $1 +g_z$	Material- kosten [DM]
			Summe der Materialkosten MK				
		Entwurf:				Name: Datum:	

Bild 4.27: Formblatt zur Ermittlung der Materialkosten

Elektromechanische Konstruktion Universität Duisburg —Gesamthochschule— Prof. Dr.–Ing. E. Gerhard	Materialkosten für: ....Verstellvorrichtung....................						zu Auftrag:
Pos.	Stck zahl	Bezeichnung	Werkstoff	Brutto– volumen [cm³]	spez. Kosten k_v^* k_v [DM/cm³]	Zuschlag $1 + g_w$ $1 + g_z$	Material– kosten [DM]
12	1	Grobeinsteller	C15 ⌀42 DIN 17210	72,0			
11	1	Feineinsteller	C15 ⌀65 DIN 17210	99,5			
10	1	Tragarm	St 37–2 DIN 17100	63,7			
9	1	Führungs– klemmstück	C15 ⌀35 DIN 17210	40,4			
8	1	Stativstange	C15 ⌀15 DIN 17210	124,0			
						WK$(1+g_w)$	
4	1	6kt.–Schraube	B M8x16 DIN 561–5.6				
3	1	6kt.–Mutter	3/8" 24g				
2	1	Scheibe	B 10,5 DIN 125				
1	1	Bohrfutter	gekauft für DM= 12,–			1,20	
						ZK$(1+g_z)$	
$k_{vo}=7{,}1 \cdot 10^{-3}$ DM/cm³			Summe der Materialkosten MK				
			Spez. Kosten entspr. VDI 2225				
		Entwurf:				Name: Datum:	

Bild 4.28: Formblatt zum Ermitteln der Materialkosten für die Verstellvorrichtung

Teil	Rechnung für V_{br} Zahlenwerte in mm	V_{br} in cm^3
Grobeinsteller	Ø 42 x (50+2)	72,0
Feineinsteller	Ø 65 x (28+2)	99,5
Tragarm	Querschnittsfläche laut NORM für T30: 2,26 cm^2	63,7
Führungsklemmstück	Ø 35 x (40+2)	40,4
Stativstange	Ø 15 x (700+2)	124,0

Werte mit einseitigem Abstich gerechnet!

Das Formblatt nach Bild 4.28 liefert die Materialkosten der Verstellvorrichtung als Summe der Materialkosten der Einzelteile.

4.5.3 Ermitteln der Auftragszeiten T

Die Fertigungskosten FK für die Verstellvorrichtung sind die Summe der jeweiligen Fertigungskosten für die Einzelteile incl. des Fertigungsgemeinkostenzuschlags:

$$FK = \sum (T \cdot LK \ / \ h) \cdot (1+g_F) \ . \qquad (4.41)$$

Die Auftragszeiten T werden an Hand des REFA-Formblattes ermittelt, Bild 4.29. Die Lohnkosten bzw. die zugehörigen Stundensätze ergeben sich im nachfolgenden Rechenschritt, ebenso der dann zu berücksichtigende Gemeinkostenfaktor g_F.

Die in Bild 4.28 nicht aufgeführten Teile Nr. 5, 6 und 7 gehören nicht zur Verstellvorrichtung.

Die Auftragszeiten sind in der Praxis vom Maschinenpark des Unternehmens abhängig. Zum Verständnis der Zeitermittlung ist es ausreichend, sich einen Maschinenpark z.B. bestehend aus Einzelmaschinen vorzustellen.

Zu ermitteln ist die Auftragszeit für ein ausgewähltes Einzelteil für eine erwartete Auftragsgröße von $m = 10$ Stück, Bild 4.30.

Die Auftragszeiten für die anderen Einzelteile werden in gleicher Art ermittelt, Bild 4.31 bis 4.35.

Firma	für:	AUFTRAGSZEIT						zu Auftrag:
Zeitbegriff	Kurzzeichen	Norm. zeit $\frac{min}{Stck}$	$\frac{min}{Auftrag}$	Norm. zeit $\frac{min}{Stck}$	$\frac{min}{Auftrag}$	Norm. zeit $\frac{min}{Stck}$	$\frac{min}{Auftrag}$	
Rüstgrundzeit	t_{rg}							
Rüstverteilzeit	t_{rv} (z.B.10%v.t_{rg})							
Rüstzeit	$t_r = t_{rg} + t_{rv}$							
Nebenzeit								
spannen	t_{bb}							
messen	t_{bb}							
Hauptzeit	t_{bu}							
Bearbeitungszeit	$t_b = t_{bb} + t_{bu}$							
Zwischenzeit	t_z							
Grundzeit	$t_g = t_b + t_z$							
Verteilzeit	t_v (z.B.15%v.t_g)							
Zeit je Einheit	$t_e = t_g + t_v$							
Auftragsgröße	$m =$							
Ausführungszeit	$t_a = m \cdot t_e$							
Auftragszeit	$T = t_r + t_a$							

Bild 4.29: Ermitteln der Auftragszeit nach REFA

106

Elektromechanische Konstruktion Universität Duisburg –Gesamthochschule– Prof. Dr.–Ing. E. Gerhard	AUFTRAGSZEIT für: .... Führungsklemmstück 9301.09		zu Auftrag:

Zeitbegriff	Kurzzeichen	Drehen		Bohren	
		$\dfrac{min}{Stck}$	$\dfrac{min}{Auftrag}$	$\dfrac{min}{Stck}$	$\dfrac{min}{Auftrag}$
Rüstgrundzeit	t_{rg}				
Rüstverteilzeit	t_{rv} (z.B.10%v.t_{rg})				
Rüstzeit	$t_r = t_{rg} + t_{rv}$				
Nebenzeit					
spannen	t_{bb}				
messen	t_{bb}				
Hauptzeit					
	t_{bu}				
Bearbeitungszeit	$t_b = t_{bb} + t_{bu}$				
Zwischenzeit	t_z				
Grundzeit	$t_g = t_b + t_z$				
Verteilzeit	t_v (z.B.15%v.t_g)				
Zeit je Einheit	$t_e = t_g + t_v$				
Auftragsgröße	$m = 10$				
Ausführungszeit	$t_a = m \cdot t_e$				
Auftragszeit	$T = t_r + t_a$				

Bild 4.30: Ermitteln der Auftragszeit für das "Führungsklemmstück" (Werte sind reine Rechenwerte !)

107

Elektromechanische Konstruktion Universität Duisburg –Gesamthochschule– Prof. Dr.–Ing. E. Gerhard	AUFTRAGSZEIT für: .... Stativstange 9301.08				zu Auftrag:
Zeitbegriff	**Kurzzeichen**	**Drehen**		**Fräsen**	
		$\dfrac{min}{Stck}$	$\dfrac{min}{Auftrag}$	$\dfrac{min}{Stck}$	$\dfrac{min}{Auftrag}$
Rüstgrundzeit	t_{rg}		3,0		3,0
Rüstverteilzeit	t_{rv} (z.B.10%v.t_{rg})		0,3		0,3
Rüstzeit	$t_r = t_{rg} + t_{rv}$		3,3		3,3
Nebenzeit					
spannen	t_{bb}	0,5		1,0	
messen	t_{bb}	0,1		0,1	
Hauptzeit					
	t_{bu}	1,0		1,0	
Bearbeitungszeit	$t_b = t_{bb} + t_{bu}$	1,6		2,1	
Zwischenzeit	t_z	0,4		0,4	
Grundzeit	$t_g = t_b + t_z$	2,0		2,5	
Verteilzeit	t_v (z.B.15%v.t_g)	0,3		0,4	
Zeit je Einheit	$t_e = t_g + t_v$	2,3		2,9	
Auftragsgröße	$m = 10$				
Ausführungszeit	$t_a = m \cdot t_e$		23,0		29,0
Auftragszeit	$T = t_r + t_a$		26,3		32,3

Bild 4.31: Ermitteln der Auftragszeit für die Stativstange
(Werte sind reine Rechenwerte !)

Elektromechanische Konstruktion Universität Duisburg –Gesamthochschule– Prof. Dr.–Ing. E. Gerhard	**AUFTRAGSZEIT** für: ....Tragarm................ ....9301.10....................					zu Auftrag:
Zeitbegriff	Kurzzeichen	Fräsen		Bohren/Schn.		Sägen	
		$\frac{min}{Stck}$	$\frac{min}{Auftrag}$	$\frac{min}{Stck}$	$\frac{min}{Auftrag}$	$\frac{min}{Stck}$	$\frac{min}{Auftrag}$
Rüstgrundzeit	t_{rg}		2,0		2,0		1,0
Rüstverteilzeit	t_{rv} (z.B.10%v.t_{rg})		0,2		0,2		0,1
Rüstzeit	$t_r = t_{rg} + t_{rv}$		2,2		2,2		1,1
Nebenzeit							
spannen	t_{bb}	0,6		0,4		0,2	
messen	t_{bb}	–		–		–	
Hauptzeit							
	t_{bu}	1,3		0,9		0,8	
Bearbeitungszeit	$t_b = t_{bb} + t_{bu}$	1,9		1,3		1,0	
Zwischenzeit	t_z	0,1		0,1		0,1	
Grundzeit	$t_g = t_b + t_z$	2,0		1,4		1,1	
Verteilzeit	t_v (z.B.15%v.t_g)	0,3		0,2		0,2	
Zeit je Einheit	$t_e = t_g + t_v$	2,3		1,6		1,3	
Auftragsgröße	$m = 10$						
Ausführungszeit	$t_a = m \cdot t_e$		23,0		16,0		13,0
Auftragszeit	$T = t_r + t_a$		25,2		18,2		14,1

Bild 4.32: Ermitteln der Auftragszeit für den Tragarm
(Werte sind reine Rechenwerte !)

Elektromechanische Konstruktion Universität Duisburg —Gesamthochschule— Prof. Dr.–Ing. E. Gerhard	AUFTRAGSZEIT für: ....Feineinsteller............... ....9301.11...............				zu Auftrag:
Zeitbegriff	Kurzzeichen	Drehen		Bohren	
		$\dfrac{min}{Stck}$	$\dfrac{min}{Auftrag}$	$\dfrac{min}{Stck}$	$\dfrac{min}{Auftrag}$
Rüstgrundzeit	t_{rg}		4,0		1,0
Rüstverteilzeit	t_{rv} (z.B.10%v.t_{rg})		0,4		0,1
Rüstzeit	$t_r = t_{rg} + t_{rv}$		4,4		1,1
Nebenzeit					
spannen	t_{bb}	0,9		0,3	
messen	t_{bb}	–		–	
Hauptzeit					
	t_{bu}	1,6		0,4	
Bearbeitungszeit	$t_b = t_{bb} + t_{bu}$	2,5		0,7	
Zwischenzeit	t_z	0,4		0,1	
Grundzeit	$t_g = t_b + t_z$	2,9		0,8	
Verteilzeit	t_v (z.B.15%v.t_g)	0,5		0,1	
Zeit je Einheit	$t_e = t_g + t_v$	3,4		0,9	
Auftragsgröße	$m = 10$				
Ausführungszeit	$t_a = m \cdot t_e$		34,0		9,0
Auftragszeit	$T = t_r + t_a$		38,4		10,1

Bild 4.33: Ermitteln der Auftragszeit für den Feineinsteller
(Werte sind reine Rechenwerte !)

Elektromechanische Konstruktion Universität Duisburg —Gesamthochschule— Prof. Dr.-Ing. E. Gerhard	AUFTRAGSZEIT für: ....Grobeinsteller............... ....9301.12...............				zu Auftrag:
Zeitbegriff	Kurzzeichen	Drehen		Bohren/Schn.	
		$\dfrac{min}{Stck}$	$\dfrac{min}{Auftrag}$	$\dfrac{min}{Stck}$	$\dfrac{min}{Auftrag}$
Rüstgrundzeit	t_{rg}		2,0		5,0
Rüstverteilzeit	t_{rv} (z.B.10%v.t_{rg})		0,2		0,5
Rüstzeit	$t_r = t_{rg} + t_{rv}$		2,2		5,5
Nebenzeit					
spannen	t_{bb}	3,0		1,5	
messen	t_{bb}	0,4		0,1	
Hauptzeit					
	t_{bu}	1,4		1,8	
Bearbeitungszeit	$t_b = t_{bb} + t_{bu}$	4,8		3,4	
Zwischenzeit	t_z	0,3		0,3	
Grundzeit	$t_g = t_b + t_z$	5,1		3,7	
Verteilzeit	t_v (z.B.15%v.t_g)	0,7		0,6	
Zeit je Einheit	$t_e = t_g + t_v$	5,8		4,3	
Auftragsgröße	m = 10				
Ausführungszeit	$t_a = m \cdot t_e$		58,0		43,0
Auftragszeit	$T = t_r + t_a$		60,2		48,5

Bild 4.34: Ermitteln der Auftragszeit für den Grobeinsteller
(Werte sind reine Rechenwerte !)

111

Elektromechanische Konstruktion Universität Duisburg —Gesamthochschule— Prof. Dr.–Ing. E. Gerhard	AUFTRAGSZEIT für: ....Verschweißen.... ....9301.09 mit 9301.10....				zu Auftrag:
Zeitbegriff	Kurzzeichen	Drehen		Bohren/Schn.	
		$\dfrac{min}{Stck}$	$\dfrac{min}{Auftrag}$	$\dfrac{min}{Stck}$	$\dfrac{min}{Auftrag}$
Rüstgrundzeit	t_{rg}		5,0		
Rüstverteilzeit	t_{rv} (z.B.10%v.t_{rg})		0,5		
Rüstzeit	$t_r = t_{rg} + t_{rv}$		5,5		
Nebenzeit					
spannen	t_{bb}	0,5			
messen	t_{bb}	–			
Hauptzeit					
	t_{bu}	0,5			
Bearbeitungszeit	$t_b = t_{bb} + t_{bu}$	1,0			
Zwischenzeit	t_z	0,2			
Grundzeit	$t_g = t_b + t_z$	1,2			
Verteilzeit	t_v (z.B.15%v.t_g)	0,2			
Zeit je Einheit	$t_e = t_g + t_v$	1,4			
Auftragsgröße	m = 10				
Ausführungszeit	$t_a = m \cdot t_e$		14,0		
Auftragszeit	$T = t_r + t_a$		19,5		

Bild 4.35: Ermitteln der Auftragszeit für das Verschweißen von Führungsklemmstück und Tragarm
(Werte sind reine Rechenwerte !)

4.5.4 Ermitteln der Fertigungskosten FK

Zum Ermitteln der Fertigungskosten FK gibt es mehrere Möglichkeiten, abhängig von der "Denkweise im Unternehmen". Drei prinzipiell verschiedene Ansätze werden im folgenden verfolgt.

■ Ganzheitliche Ermittlung der Fertigungskosten

Ganzheitliche Ermittlung der Fertigungskosten bedeutet, daß es im Unternehmen

- einen Pauschalsatz für die Fertigungsstunde LK'_{FP}

$$LK'_{FP} = LK_{FP}/h \qquad (4.42)$$

- und einen Pauschalsatz für die Montagestunde LK'_{MP}

$$LK'_{MP} = LK_{MP}/h \qquad (4.43)$$

gibt. Zur Berechnung der Fertigungskosten sind die gesamten Fertigungszeiten inklusive der Zeitzuschläge nach REFA ($i = 1..f$) und die Montagezeiten ($i = f + 1..p$) in Summe zu ermitteln, Bild 4.36.

Die Kalkulation erfolgt nach dem einfachen Schema

$$FK = LK'_{FP} \cdot \sum_{i=1}^{f} T_{Fi} + LK'_{MP} \cdot \sum_{i=f+1}^{p} T_{Fi} \cdot \qquad (4.44)$$

Dabei werden die Fertigungsgemeinkosten mit in den entsprechenden Stundensätzen verrechnet, i.S.: Bei uns kostet die Fertigungsstunde 143,26 DM/h, eine Montagestunde 43,20 DM/h (Die Werte sind reine Rechenwerte für das Beispiel!), Bild 4.37.

Anmerkungen zu den Bildern 4.36 und 4.37:

- Einzelstückkalkulation auf Basis Auftragsgröße m = 10;
- Rüst-, Zwischen- und Verteilzeiten getrennt erfaßt.

Elektromechanische Konstruktion Universität Duisburg —Gesamthochschule— Prof. Dr.-Ing. E. Gerhard	AUFTRAGSZEITEN für: ....Verstellvorrichtung.............							zu Auftrag:
Ord. Nr.	Fertigungs— verfahren	Teil 8 min	Teil 9 min	Teil 10 min	Teil 11 min	Teil 12 min	9 + 10 min	T_{Fi} min
1	Drehen							
2	Fräsen							
3	Bohren/ Schneiden							
4	Sägen							
5	Schweißen							
6	Spannen/ Messen							
7	Zwischen—/ Verteilzeiten							
8	Rüsten							
	Σ							
9	Montieren							

$$\Sigma T_{Fi}$$

Bild 4.36: Zusammenstellen der gesamten Auftragszeit für die Verstellvorrichtung

Elektromechanische Konstruktion Universität Duisburg —Gesamthochschule— Prof. Dr.-Ing. E. Gerhard	FERTIGUNGSKOSTEN für: ....Verstellvorrichtung.............			zu Auftrag:
Ord. Nr.	Kosten— anteile	$\dfrac{\text{Zeit}}{\text{min}}$	$\dfrac{\text{Stundensatz}}{\text{DM/h}}$	$\dfrac{\text{Betrag}}{\text{DM}}$
1	Fertigung			
2	Montage			
3	Sonder— einzelkosten			

$$\Sigma FK_i$$

Bild 4.37: Ermitteln der Fertigungskosten für die Verstellvorrichtung,
ganzheitlich

■ Arbeitsplatzkalkulation über Lohnstundensätze

Bei dieser Kalkulationsart werden die Lohnstundensätze LK'_L

$$LK'_L = LK_L/h \qquad (4.45)$$

der Arbeiter an den einzelnen Werkzeugmaschinen und Einrichtungen zugrunde gelegt, an Dreh- und Fräsmaschinen z.b. 38,-- DM/h, für Bohren, Schneiden, Sägen z.b. 35,-- DM/h, für Schweißen z.b. 25,-- DM/h, in der Montage z.b. 16,-- DM/h (Die Werte sind reine Rechenwerte für das Beispiel!).

Alle anderen Kosten werden über die Fertigungsgemeinkosten FGK zugeschlagen. Der diesbezügliche Zuschlagsfaktor g_{FL} ist dann i.a. relativ hoch, für Drehen, Fräsen, Bohren, Schneiden z.b. 300 %, für Sägen oder Schweißen z.b. 250 %, für Montieren z.b. 170%. (Die Werte sind reine Rechenwerte für das Beispiel !).

Elektromechanische Konstruktion Universität Duisburg —Gesamthochschule— Prof. Dr.–Ing. E. Gerhard	AUFTRAGSZEITEN für: .... Verstellvorrichtung							zu Auftrag:
Ord. Nr.	Fertigungs— verfahren	Teil 8 min	Teil 9 min	Teil 10 min	Teil 11 min	Teil 12 min	9 + 10 min	T_k min
1	Drehen							
2	Fräsen							
3	Bohren/ Schneiden							
4	Sägen							
5	Schweißen							
	Σ							
9	Montieren							
							$\Sigma\, T_k$	

Bild 4.38: Zurechnen der Neben-, Rüst-, Zwischen- und Verteilzeiten zur Fertigungsstelle für die Verstellvorrichtung;Anmerkung: Einzelstückkalkulation auf Basis Auftragsgröße m = 10

115

Bei dieser Rechnung sind alle Zeiten, die bei einer Fertigungstelle **k** (einem Arbeitsplatz) anfallen, zu ermitteln, Bild 4.38.

Die Fertigungskosten lassen sich dann ermitteln über (Bild 4.39)

$$FK = \sum_{k=1}^{S} (LK'_{Lk} \cdot T_k) \cdot (1+g_{FLk}) \ . \tag{4.46}$$

Elektromechanische Konstruktion Universität Duisburg –Gesamthochschule– Prof. Dr.–Ing. E. Gerhard	FERTIGUNGSKOSTEN für: ....Verstellvorrichtung.................			zu Auftrag:
Ord. Nr.	Verfahren	Zeit T_k [min]	LK_{Lk} [DM]	FGK–Faktor $(1+g_{FLk})$	FK_k [DM]
1	Drehen	13,50			
2	Fräsen	5,75			
3	Bohren/ Schneiden	9,30			
4	Sägen	1,41			
5	Schweißen	1,95			
	Σ	31,91		*)	
9	Montieren	5,00			
				ΣFK_k	

*) Es ließe sich ein mittl. Gemeinkostenfaktor für alle Fertigungsverfahren ermitteln zu $\bar{g}_{FL} \approx 296\%$

Bild 4.39: Ermitteln der Fertigungskosten über Lohnstundensätze für die Verstellvorrichtung (Werte sind reine Rechenwerte und beruhen auf den Kostenarten im Text !)

■ Arbeitsplatzkalkulation über Maschinenstundensätze

Bei dieser Kalkulationsart werden Arbeitsplatz-Stundensätze LK'_M (Lohnkosten + Maschinenkosten) zugrunde gelegt,

$$LK'_M = LK_M/h, \tag{4.47}$$

116

für den Arbeitsplatz Dreh- oder Fräsmaschinen z.b. 95,-- DM/h, für den Arbeitsplatz Bohren/Schneiden z.b. 100,-- DM/h, für den Arbeitsplatz Sägen z.b. 98,-- DM/h, für den Arbeitsplatz Schweißen z.b. 50,-- DM/h, für den Montagearbeitsplatz z.b. 32,-- DM/h. (Die Werte sind reine Rechenwerte für das Beispiel!). Die restlichen Kosten im Fertigungsbereich werden über die Fertigungsgemeinkosten zugeschlagen. Der diesbezügliche Zuschlagsfaktor g_{FM} ist dann deutlich kleiner als bei der Arbeitsplatzkalkulation über Lohnstundensätze, für Drehen, Fräsen z.b. 60 %, für Bohren, Schneiden z.b. 40 %, für Sägen z.b. 25 %, für Schweißen z.b. 75 % und für Montieren z.b. 35 %.

Bei dieser Rechnung sind die Zeiten für die einzelnen Fertigungsverfahren zu ermitteln, die Lohn- und Maschinenstundensätze müssen bekannt sein.

Elektromechanische Konstruktion Universität Duisburg −Gesamthochschule− Prof. Dr.−Ing. E. Gerhard	FERTIGUNGSKOSTEN für: .... Verstellvorrichtung			zu Auftrag:
Ord. Nr.	Verfahren	Zeit T_k [min]	LK$_{Mk}$ [DM]	FGK−Faktor $(1+g_{FMk})$	FK$_k$ [DM]
1	Drehen	13,50			
2	Fräsen	5,75			
3	Bohren/ Schneiden	9,30			
4	Sägen	1,41			
5	Schweißen	1,95			
	Σ	31,91		*)	
9	Montieren	5,00			
				ΣFK_k	

*) Es ließe sich ein mittl. Gemeinkostenfaktor für alle Fertigungsverfahren ermitteln zu $\bar{g}_{FM} \approx 53\%$

Bild 4.40: Ermitteln der Fertigungskosten über Maschinenstundensätze für die Verstellvorrichtung (Werte sind reine Rechenwerte und beruhen auf den Kostenarten im Text!)

117

Die Fertigungskosten lassen sich dann über die Zeiten an den Arbeitsplätzen ermitteln (Bild 4.40)

$$FK = \sum_{k=1}^{S} (LK_{Mk}^{\prime} \cdot T_k) \cdot (1 + g_{FMk}) \ . \qquad (4.48)$$

4.5.5 Ermitteln der Herstellkosten *HK*

Die Herstellkosten *HK* sind die Summe aus Materialkosten *MK* und Fertigungskosten *FK*, Bild 4.41.

Elektromechanische Konstruktion Universität Duisburg —Gesamthochschule— Prof. Dr.—Ing. E. Gerhard	HERSTELLKOSTEN für:............Verstellvorrichtung.............	zu Auftrag:
Herstellkosten HK		

Bild 4.41: Herstellkosten für die Verstellvorrichtung
(Werte sind reine Rechenwerte !)

5 Methoden zum Abschätzen von Herstellkostenanteilen

Dieter Lowka

5.1 Einführung

In den verschiedenen Phasen des Entwicklungs- und Konstruktionsprozesses muß der Konstrukteur ständig prüfen, ob er das vorgegebene Herstellkostenziel einhalten kann. Ist mit einer Überschreitung der Vorgabe zu rechnen, sind die entsprechenden Stellen (z.B. der Vorgesetzte oder das Projektmanagement) zu informieren.

Für eine exakte Berechnung der Herstellkosten werden Informationen benötigt, die aber gerade in den Anfangsphasen einer Entwicklung noch nicht konkret vorliegen können. Erst nach und nach sind alle Daten verfügbar, so daß nicht vor dem Abschluß der Konstruktion (exakter: nach Fertigungsbeginn) die Herstellkosten kalkuliert werden können. Das heißt aber auch, daß man anfänglich die Herstellkosten nur mehr oder weniger grob abschätzen kann und jede Aussage mit entsprechender Unzuverlässigkeit behaftet ist.

In Bild 5.1 ist die Zuverlässigkeit der Herstellkosten-Bestimmung in den einzelnen Phasen des Entwicklungs- und Konstruktionsprozesses dargestellt.

Die Kostenbestimmung zwischen dem Planen und dem Vorbereiten der Fertigung wird typischerweise in einer Vorkalkulation vorgenommen. Nach dem Beginn der Serienfertigung erfolgt die Nachkalkulation. Dabei ist festzuhalten, daß die Herstellkostenangaben auch dann nur im Augenblick der Berechnung gültig sind, weil ständig u.a. von veränderten Beschaffungskosten, anderen Maschinenauslastungen, modifizierten Werkzeugen und Vorrichtungen ausgegangen werden muß.

Zur Berechnung der voraussichtlichen Herstellkosten oder Herstellkostenanteilen gibt es eine Reihe von Methoden, die, adäquat zu den je-

119

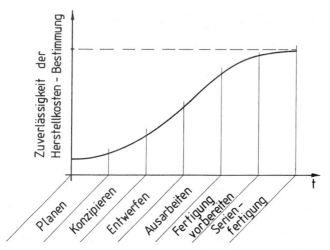

Bild 5.1: Zuverlässigkeit der Herstellkosten-Bestimmung in den Phasen des Entwicklungs- und Konstruktionsprozesses

weils verfügbaren Daten, unterschiedliche Genauigkeiten zur Folge haben: Das Ergebnis kann nicht genauer sein, als es die Ausgangsdaten waren.

Die zur möglichst frühzeitigen Abschätzung der Herstellkostenanteile vom Konstrukteur einsetzbaren Methoden werden ihrer Aussagequalität nach im folgenden beschrieben.

5.2 Kostenabschätzung über Indexzahlen

Indexzahlen im hier gebrauchten Sinne sind Kosten oder Preise bezogen auf eine bestimmte Kenngröße für ein bestimmtes Material, ein Fertigungsverfahren, zum Teil auch für Bauelemente und Baugruppen.

Ein Beispiel: Vergossener, jedoch unbearbeiteter Grauguß kostet für Gußteile mittlerer Größe etwa DM 2,60/kg.

Mit einer solchen Zahl lassen sich schon in der Konzeptphase zu erwartende Kosten verschiedender Alternativen abschätzen. Die Indexzahlen

120

sind keine Relativzahlen, sondern absolute Kostenangaben, die direkt zu einem ersten überschlägigen Berechnen von Herstellkostenanteilen verwendet werden können.

Die Indexzahlen, die man für den eigenen Arbeitsbereich zum Zwecke der Kostenabschätzung benutzen will, sollten möglichst aus mehreren durchgeführten Nachkalkulationen ermittelt worden sein; nur dann haben sie einen repräsentativen Charakter. Ferner ist es nicht ratsam, zu viele solcher Indexzahlen zu erarbeiten, da sie letztlich nur eine grobe, wenn auch sehr schnelle Möglichkeit bieten, zu einer Kostenaussage zu kommen.

Je nach eigenem Arbeitsbereich können z.b. die folgenden Indexzahlen hilfreich sein:

a) für Materialien:

Thermoplast, preisgünstig, verspritzt	... Pfg/g,
Thermoplast, Konstruktionswerkstoff, verspritzt	... Pfg/g,
Rotguß, Rg 5, gegossen, bearbeitet	... DM/kg,
Gold für galvanische Vergoldungen von el. Kontakten	... DM/g;

b) für Fertigungsvorgänge:

ein Handgriff in der Montage	... Pfg,
eine Klebestelle mit Dosiergerät	... Pfg,
Handarbeitsplatz je Fertigungsstunde	... DM/h,
CNC-Maschinenstunde	... DM/h,
Feuerverzinken	... DM/t,
Bestückungskosten für Leiterplatten,	
axiale Bauelemente	... Pfg/BE,
radiale Bauelemente	... Pfg/BE,
SMD	... Pfg/BE;

c) für Baugruppen:

Leiterplatte, einfache Digitaltechnik	... DM/dm²;

d) in der Organisation:

ein Beschaffungsvorgang	... DM,
ein Änderungsverfahren an laufendem Produkt	... DM;

121

So anschaulich Indexzahlen auch sind, so muß doch vor einer direkten Übernahme von publizierten Werten gewarnt werden. Indexzahlen sind sowohl branchen- als auch firmenspezifisch und deshalb stets nur als Beispiel anzusehen.

5.3 Kostenschätzung von Veränderungen

Einen Großteil seiner Zeit arbeitet der Konstrukteur an Anpassungs-, Varianten- oder Weiterentwicklungskonstruktionen, und sehr viel weniger oft an Neukonstruktionen.

Man kann dann mehr oder weniger umfassend auf bereits vorhandene Unterlagen (Zeichnungen und Teilelisten) sowie zugehörige Vor- und Nachkalkulationen zurückgreifen. Es liegen dann weiterhin vor: die Arbeitspläne mit den Arbeitsgängen, die Zeiten, die Werkzeug- und Vorrichtungskosten.

Die vorhandenen Unterlagen werden den neuen Gegebenheiten angepaßt

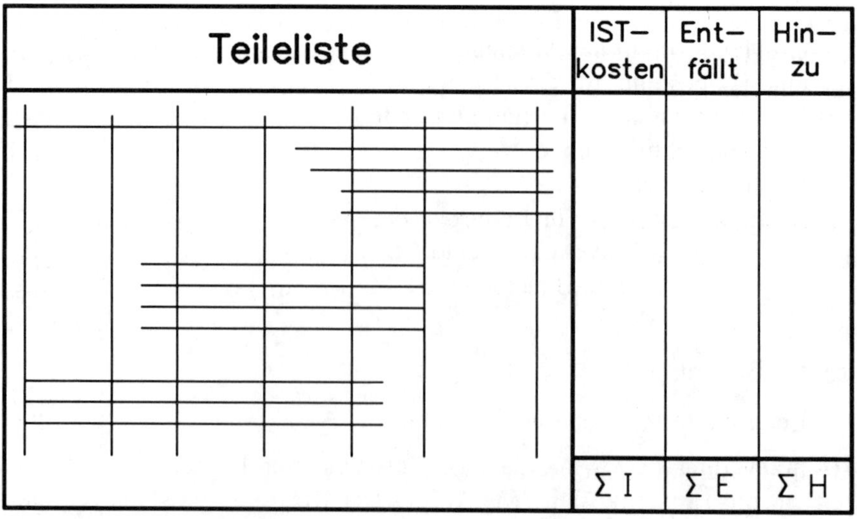

Teileliste	IST-kosten	Ent-fällt	Hin-zu
	ΣI	ΣE	ΣH

Bild 5.2: Zusammenstellung der Kostenanteile

oder es werden neue erstellt. Durch den Vergleich der beiden Unterlagensätze stellt man fest, was bei der neuen Ausführung gegenüber der alten wegfällt oder aber hinzukommt.

Ein der Teileliste zugefügtes (angeklebtes) Blatt mit den Spalten IST-KOSTEN, ENTFALLENDE KOSTENANTEILE und HINZUKOMMENDE KOSTENANTEILE, in die die entsprechenden Kosten eingetragen und spaltenweise aufaddiert werden, erlaubt die Kostenauswirkungen hinsichtlich der Veränderungen zu erfassen, Bild 5.2.

Die zu erwartenden Materialkosten sind dann gleich den Istkosten minus der entfallenden plus der hinzukommenden Kostenanteile. Mit dieser Vorgehensweise lassen sich bei den genannten Konstruktionsarten relativ früh recht schnelle und trotzdem hinreichend genaue Kostenvorhersagen machen; denn der größere Kostenanteil ist ja bereits exakt kalkuliert.

5.4 Kostenaussagen über das Verhältnis der prozentualen Kostenanteile

In der Richtlinie VDI 2225, Blatt 1 [5.01] ist u. a. ein Verfahren erläutert, das es erlaubt, bereits im frühen Stadium des Entwicklungs- und Konstruktionsprozesses die Herstellkosten abzuschätzen. Man geht dort aus von der Formel:

$$HK = MK + LK + FGK. \tag{5.01}$$

Es bedeuten hier: HK die Herstellkosten, die sich zusammensetzen aus den Materialkosten MK, den Lohnkosten LK und den Fertigungsgemeinkosten FGK. Dividiert man die Gleichung durch HK und multipliziert mit 100, so erhält man:

$$MK_\% + LK_\% + FGK_\% = 100\ \%. \tag{5.02}$$

$MK_\%$, $LK_\%$ und $FGK_\%$ sind damit die prozentualen Kostenanteile, bezogen auf die Herstellkosten HK. Ausgenutzt wird nun die statistisch gesicherte Erfahrung, daß die prozentualen Kostenanteile bei der Weiterentwicklung eines Produktes etwa gleich bleiben, soweit nicht der Aufbau und die Art der Fertigung wesentlich verändert werden.

Bei der Weiterentwicklung eines Produktes sollen die zu erwartenden Herstellkosten *HK* abgeschätzt werden. Es sind die prozentualen Materialkostenanteile $MK_\%$ der bisherigen Ausführung des Produktes sowie die Materialkosten *MK* der in Arbeit befindlichen Weiterentwicklung bekannt, so ergeben sich die zu erwartenden Herstellkosten *HK* sehr einfach über die Beziehung:

$$HK = \frac{MK}{MK_\%} \cdot 100\ \%. \tag{5.03}$$

In gleicher Weise können die Herstellkosten einer Neuentwicklung berechnet werden, vorausgesetzt, es sind die prozentualen Materialkostenanteile eines Produktes gleicher Erzeugnisgruppe (Lohnkosten und Fertigungsgemeinkosten ändern sich im gleichen Verhältnis wie die Materialkosten) bekannt.

In der genannten Richtlinie sind nach diesem Prinzip auch die Gleichungen zur Bestimmung der Herstellkosten abgeleitet für Produkte

- verwandter Erzeugnisgruppen (der Gemeinkostenfaktor bleibt gleich, die Lohnkosten ändern sich, die Materialkosten ändern sich nicht im gleichen Verhältnis wie die Lohnkosten),
- artfremder Erzeugnisgruppen (auch die Gemeinkostenfaktoren unterscheiden sich voneinander).

Diese Abschätzungsverfahren der Herstellkosten beruhen auf statistischen Gesetzmäßigkeiten und sind daher nur anwendbar, wenn die Produkte aus einer größeren Anzahl von Einzelteilen bestehen und zu ihrer Herstellung viele Arbeitsgänge benötigen.

5.5 Bemessungslehre

Ebenfalls in der Richtlinie VDI 2225, Blatt 1 ist die Berechnung der Herstellkosten mit Hilfe der Bemessungslehre dargestellt. Technische Produkte bzw. Einzelteile haben stets eine oder mehrere Funktionen zu erfüllen. Eine Schraube hat eine Kraft, ein elektrischer Leiter eine elektrische Leistung oder ein Signal zu übertragen, ein Wärmeaustauscher hat eine Wärmeleistung auszutauschen.

Diese geforderten und zu erfüllenden Funktionen lassen sich für die betrachteten Produkte oder Einzelteile in physikalisch-technischen Gleichungen darstellen: Diese werden *Beanspruchungsgleichungen* genannt.

Desgleichen können die Herstellkosten (oder auch die Betriebskosten, falls danach optimiert werden soll) in sogenannten *Kostengleichungen* ausgedrückt werden.

Da in beiden Gleichungen teilweise die gleichen Größen enthalten sind, ist es immer möglich, die Beanspruchungsgleichung mit der Kostengleichung zur sogenannten *Bemessungsgleichung* zusammenzufassen. Diese Gleichung enthält damit sowohl die technisch-funktionalen Zusammenhänge mit den Beanspruchungen und die die Kosten repräsentierenden Größen.

In der Richtlinie ist u.a. das folgende Beispiel dargestellt, Bild 5.3.

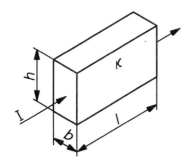

Bild 5.3:
Eigenerwärmte elektrische Leitung

Für eine elektrische Leitung sind die Herstellkosten zu minimieren. Es sei:

I = zu übertragender Strom,
$\varkappa$ = elektrische Leitfähigkeit,
l = Übertragungslänge der Leitung,

b = Leiterbreite,

h = Leiterhöhe,

α = Wärmeübergangszahl zwischen Leiteroberfläche und Umgebung,

$\Delta\vartheta$ = maximale Übertemperatur an der Leiteroberfläche,

k_V = Werkstoffkosten bezogen auf die Volumeneinheit,

g_w = mittlerer Gemeinkostenfaktor für den Werkstoff,

HK = Herstellkosten.

Für die elektrische Verlustleistung P_V gilt:

$$P_V = I^2 \cdot R \quad \text{oder} \quad P_V = I^2 \cdot \frac{l}{\kappa \cdot A} \tag{5.04}$$

mit A = Leiterquerschnitt ($b \cdot h$).

Die abgestrahlte thermische Leistung P_V ist

$$P_V = \alpha \cdot A_w \cdot \Delta\vartheta, \tag{5.05}$$

wobei $A_w = 2(b + h) \cdot l$ die Oberfläche des Leiters ist.

Im quasistationären Zustand, wenn die abgegebene thermische Leistung gleich der elektrischen Verlustleistung ist, wird durch Gleichsetzen der beiden Gleichungen (5.04) und (5.05) und Auflösen nach der Leiterquerschnittsfläche A:

$$A = \frac{I^2 \cdot l}{\kappa} \cdot \frac{1}{\alpha \cdot 2(b+h) \cdot l \cdot \Delta\vartheta} . \tag{5.06}$$

Für die Herstellkosten HK gilt unter Berücksichtigung des mittleren Gemeinkostenfaktors:

$$HK = (1 + g_w) \cdot A \cdot l \cdot k_V. \tag{5.07}$$

Die Beanspruchungsgleichung (5.06) mit der Kostengleichung (5.07) zusammengefaßt, ergibt die Bemessungsgleichung:

$$HK = (1 + g_w) \cdot \frac{I^2 \cdot l}{\Delta \vartheta} \cdot \frac{1}{\alpha} \cdot \frac{1}{2(b+h)} \cdot \frac{k_V}{\kappa} . \qquad (5.08)$$

Die einzelnen Terme der Bemessungsgleichung (5.08) beinhalten: die Gemeinkosten für den Werkstoff, die Ausgangsgrößen der Aufgabenstellung, die Wärmeabgabe, den Formfaktor für den Leiter sowie die wirtschaftlichen und technischen Kenngrößen für den Werkstoff.

Durch die Variation einzelner Parameter der Bemessungsgleichung erhält man eine unmittelbare Aussage, wie sich das Kostenbild verändert, so daß es möglich ist, auf das Kostenminimum hin zu konstruieren.

Die Bemessungslehre bietet sich als Schätzkalkulationsverfahren für einzelne, die Kosten wesentlich beeinflussende Teile oder Baugruppen an. Die erforderliche Vorbereitung ist nicht unerheblich; es müssen teilweise recht umfangreiche Gleichungen erarbeitet werden.

5.6 Vereinfachte Kalkulation - Kostenberatung

Wenn sich die Konstruktion eines Produktes in einem fortgeschrittenen Stadium befindet oder aber an einer Weiterentwicklung gearbeitet wird, liegen im Regelfall bezüglich des Kostenbildes schon relativ früh so detaillierte Informationen vor, daß eine im folgenden dargestellte "Vereinfachte Kalkulation" durchgeführt werden kann.

Für Vereinfachte Kalkulationen stellen Aufrisse, Zeichnungen sowie Stücklisten und/oder Funktionsmuster ein ausreichendes Datenmaterial dar. In der Praxis hat sich die folgende Vorgehensweise bewährt:

1. Es wird ein "Kostenteam" gebildet, bestehend aus Entwickler/ Konstrukteur, Kalkulator, Arbeitsvorbereiter, Arbeitsstudien-Sachbearbeiter und Einkäufer. Von der hierarchischen Stellung in der Unternehmung her sollten es Sachbearbeiter oder Gruppenleiter sein. Dieses Team kann, falls erforderlich, um Spezialisten wie z.B. Betriebsmittelkonstrukteur, Fertigungstechniker, Technologen erweitert werden. Ein Teilnehmer des Teams sollte eine "Autorität" sein, der die Diskussion leitet und die Entscheidungen herbeiführt.

2. Das Team wird einberufen.

3. Der Entwickler bzw. Konstrukteur erläutert die Aufgabenstellung für das Produkt und die vorgesehene Realisierung.

4. Das Team diskutiert kostensenkende Maßnahmen und deren praktische Umsetzbarkeit.

5. Der Kalkulator übernimmt die Informationen in sein Kalkulationsformblatt.

6. Fehlende Kostendaten werden vom Team geschätzt. Die Arbeit des Teams ist damit beendet.

7. Der Kalkulator führt die Kalkulation danach selbständig in der üblichen Weise durch; die zu erwartenden Herstellkosten liegen vor.

Die großen Vorteile der beschriebenen Arbeitsweise sind:

- Es muß keine neue Methode gelernt werden.
- Die noch nicht berechenbaren Kostendaten werden von den Spezialisten geschätzt.
- Die Genauigkeit der Vereinfachten Kalkulation ist hoch.
- Diese Art der Schätzkalkulation benötigt einen relativ geringen Zeitaufwand.
- Der Kalkulator geht anhand der ihm vertrauten Unterlagen vor; die Gefahr, daß etwas übersehen und später durch Rückfragen in Erfahrung gebracht werden muß, ist gering.
- Alle, die später das Produkt bearbeiten, sind vorinformiert.

Der einzige Nachteil der Vereinfachten Kalkulation sind Anforderungen an die Teamfähigkeit der Mitglieder und deren Bereitschaft zu kooperativem Arbeiten.

5.7 Schätzkalkulationsverfahren

Eine Vielzahl industrieller Branchen ist dadurch gekennzeichnet, daß vorwiegend ein technologisches Verfahren (z.B. Galvanisieren, Facondrehen) oder eine Werkstoffart (z.B. Kunststoff, Grauguß) zum Einsatz kommen.

In diesen Bereichen ist es dann sehr häufig möglich, jeweils gleiche Parameter zu isolieren, die die Herstellkosten wesentlich beeinflussen. Wenn es gelingt, den Einfluß dieser Parameter P_i auf die Herstellkosten mathematisch zu beschreiben, lassen sich Formeln angeben, die es erlauben, die Herstellkosten eines Teiles im Sinne einer Schätzkalkulation zu berechnen. Es gilt dann:

$$\text{Herstellkosten} = f (P_1 , P_2 , P_3 , \dots) \tag{5.09}$$

So sind beispielsweise die Herstellkosten einer Leiterplatte eine Funktion des Materials, der Anzahl der Bohrungen, der Verschiedenheit der Bohrungen, der Größe, des Formates, der Oberflächenbehandlung, der Losgröße, usw..

Auf dieses Prinzip aufbauend, wurden zwei Verfahren in der Literatur beschrieben, die es dem Entwickler und Konstrukteur ermöglichen, vorliegende Ausarbeitungen hinsichtlich der zu erwartenden Herstellkosten miteinander zu vergleichen und die kostengünstigste Alternative zu bestimmen oder durch begleitende Berechnungen die kostengünstigste Gestaltung direkt anzustreben.

Die eine Methode wurde von PACYNA [5.02] beschrieben; es sind die sogenannten "Richtpreisformeln für Gußstücke". Die andere stammt von KIEWERT [5.03], die er "Kurzkalkulationsformeln" bzw. "Schätzkalkulationen" nennt.

5.7.1 Kurzkalkulationsformeln

Die Kurzkalkulationsformeln dienen dem Abschätzen der zu erwartenden Herstellkosten von Einzelteilen. Dieses Hilfsmittel ist einsetzbar, wenn maßstäbliche Entwürfe vorliegen.

Der Aufwand zur Erstellung einer Kurzkalkulationsformel ist nicht unbeträchtlich; deshalb sollten sie nur erarbeitet werden, wenn häufig im weitesten Sinne artgleiche Teile konstruiert werden. Das könnten z.B. sein

129

- Kunststoffteile für die Feinmechanik, wenn die Anzahl der eingesetzten Kunststoffe nicht zu groß ist (von KIEWERT behandelt),
- Leiterplatten,
- Tiefziehteile (hülsenförmige Teile),
- Preßmessingteile für Armaturen (Ventile).

Mit Hilfe einer Kurzkalkulationsformel kann der Konstrukteur selbständig, d.h. ohne die Unterstützung anderer Abteilungen, die Herstellkosten abschätzen, das bis dahin Erarbeitete kritisch würdigen und entscheiden, ob das Herstellkostenziel erreicht werden wird oder eine Überarbeitung erforderlich ist.

Die Kurzkalkulationsformeln basieren auf der Vollkostenrechnung; sie werden in der folgenden Weise abgeleitet:

1. Im ersten Schritt ist eine Teilegruppe auszuwählen, die in sich häufig vorkommende, artgleiche Teile enthält; denn eine einmal erarbeitete Formel soll an möglichst vielen Teilen angewendet werden können.

2. Danach folgt eine Analyse der Herstellkosten von möglichst vielen Teilen aus der ausgewählten Teilegruppe. Es gilt zu erkennen, welche Parameter wesentlichen Einfluß auf die Herstellkosten haben und wie groß dieser Einfluß quantitativ ist; dazu bedient man sich statistischer Auswertemethoden.

3. Es ergeben sich damit sogenannte Regressionsgleichnungen, in denen die Herstellkostenanteile mit den sie beeinflussenden einzelnen Parametern verknüpft sind.

4. Die mathematische Zusammenfassung der Regressionsgleichungen führt zur Kurzkalkulationsformel, die für den Zweck der Schätzkalkulation ausreichend ist.

Von KIEWERT [5.03] wurde in seiner Dissertation das Erarbeiten der Formeln und ihre Anwendung umfassend beschrieben. Stets muß man sich vergegenwärtigen, daß die errechneten Herstellkosten nur das Ergebnis einer Schätzkalkulation darstellen und deshalb dem Konstrukteur nur zur Information dienen können.

5.7.2 Richtpreisformeln

Von PACYNA wurden für die Gießereitechnik sowohl für Modelle als auch für Gußstücke Richtpreisformeln angegeben; seine Arbeiten wurden vom Deutschen Gießereiverband mit Kostendaten aus Kalkulationsvergleichen unterstützt.

Unter Anwendung geeigneter mathematisch-statistischer Methoden untersuchte PACYNA die Selbstkosten einer großen Anzahl von Gußteilen in bezug auf ihre Abhängigkeit von einzelnen Parametern. Als entscheidend für die Kosten P erwiesen sich: die Losgröße L, das Werkstoffvolumen V_G , die Gestrecktheit G (das Verhältnis der Raumdiagonalen des zu konstruierenden Gußstückes zum gleichvolumigen würfelförmigen Vergleichskörper), die Dünnwandigkeit D (Verhältnis der Seitenlänge des Vergleichskörpers zur mittleren Wandstärke des Gußteiles), die Verpackungssperrigkeit V (Verhältnis des umhüllenden quaderförmigen Volumens des Gußteiles zum Vergleichskörper), die Zahl der Kerne je Gußstück Z_K , die Zugfestigkeit σ_B in N/mm^2 und der Schwierigkeitsfaktor für Sonderanforderungen S_S.

Aus den statistischen Kalkulationsvergleichen entstanden für verschiedene Gußwerkstoffe die überbetrieblich gültigen Richtpreisformeln in der Darstellung sogenannter Potenzgleichungen.

Eine solche Potenzgleichung lautet in allgemeiner Form:

$$P = c \cdot L^a \cdot V_G^b \cdot G^c \cdot D^e \cdot V^f \cdot Z_K^g \cdot \sigma_B^h \cdot S_S^i \qquad (5.10)$$

Einer Tabelle der Veröffentlichung [5.02] sind die Faktoren c und Exponenten a bis i der oben genannten Parameter für verschiedene Formverfahren und Gußwerkstoffe zu entnehmen.

Für Grauguß GG aus einer Handformerei ist beispielsweise mit folgender Preisforderung an den Gußverbraucher zu rechnen:

$$P = 7,1479 \cdot L^{-0,0782} \cdot V_G^{0,8179} \cdot G^{-0,1124} \cdot D^{0,1655}$$
$$\cdot V^{0,1786} \cdot Z_K^{0,0387} \cdot \sigma_B^{0,2301} \cdot S_S^{1,0000} . \qquad (5.11)$$

(Ist kein Kern erforderlich, das Gußstück also kernlos, wird $Z_K = 0,5$

gesetzt.)

Alle Gestaltungsmerkmale können variiert und die Auswirkungen bezüglich der Herstellkosten unmittelbar erkannt werden. Neben der Anwendung dieses Systems zur Kostenfrüherkennung sollte der Konstrukteur stets mit dem Gußteilehersteller über die verfahrensspezifischen Möglichkeiten bei der Gestaltung des Gußteiles sprechen.

Bei allen vorgestellten Vorgehensweisen und Methoden sind zwei Dinge unbedingt zu beachten: Zum einen muß vor der Anwendung eines jeden Verfahrens abgeschätzt werden, ob das zu erwartende Ergebnis in seiner Qualität den erforderlichen Aufwand rechtfertigt und zum anderen, daß alle Kostendaten zwingend der steten Pflege und Aktualisierung bedürfen; die dafür notwendige Zeit ist nicht zu unterschätzen.

6 Kosten bei der Realisierung von Hardware-Software-Funktionen

Peter Weber

6.1 Entwicklung und Konstruktion von Geräte-Funktionen

Die stetig abnehmende Innovationszykluszeit neuer Produkte bei gleichzeitig steigender Produktdiversifikation zwingt den Entwickler, immer schneller neue Ideen zu produzieren. Dabei finden kostenoptimale Gesichtspunkte für die Entwicklung und eine fertigungsgerechte Konstruktion eine besondere Berücksichtigung. Neben weiteren Kriterien wie technische Realisierbarkeit, Zuverlässigkeit, Termin und Qualität sind die Entwicklungskosten und die Herstellkosten für ein flexibles Just-In-Time-System von wesentlicher Bedeutung. Schon in der Definitionsphase ist es deshalb entscheidend, die Kostenfrage bei der Produktrealisierung entsprechend ihrer zentralen Bedeutung zu berücksichtigen. Ein grundsätzliches Problem stellt allerdings die Tatsache dar, daß die zu erwartenden Kosten (Entwicklungskosten und Herstellkosten) für eine Neukonstruktion zu diesem Zeitpunkt der Entwicklung nur sehr ungenau abgeschätzt werden können. In den nachfolgenden Konstruktionsphasen gehen die zu treffenden Entscheidungen bzw. die angewendeten Kriterien für die Bewertung von erarbeiteten Lösungsalternativen direkt und damit besser abschätzbar in die Herstellkosten des Produktes ein.

Im folgenden werden einige grundsätzliche Kriterien für ein kostenoptimales Vorgehen bei der Neukonstruktion von Geräten aufgezeigt. Besondere Berücksichtigung finden dabei die Probleme bei der Lösungssuche für einzelne Funktionsrealisierungen als Hardwarefunktion oder als Softwarefunktion [6.01].

Zur Veranschaulichung der Problematik bei der Berücksichtigung von Kostengesichtspunkten hinsichtlich der Neu-Konstruktion von Kommunikations-Produkten dient das exemplarische Fallbeispiel einer kurzschriftfähigen "Braille-Tastatur für Personal-Computer" [6.02].

133

6.2 Konstruktionssystematik für die Hardware-Software-Entwicklung

Die Entwicklung von Hardware- oder Software-Produkten kann mit Unterstützung einer einheitlichen Konstruktionssystematik effizient gestaltet werden [6.01; 6.03]. Ausgehend von einem formulierten Problem (Entwicklungsaufgabe) ist eine Präzisierung der Aufgabenstellung durch Erstellen einer Anforderungsliste zu erreichen. Gleichzeitig ist eine systemtechnische Darstellung durch Entwickeln einer Black-Box-Darstellung mit den allgemeinen Beziehungen der Eingangs- und Ausgangsgrößen zu entwerfen.

Eine erste abstrakte Funktionsstruktur, die aus der Black-Box erarbeitet wird, legt die prinzipielle, innere Struktur des Produktes fest, ohne Einschränkungen für die Realisierungsart der Funktionen vorzunehmen. Zu diesem Zeitpunkt der Lösungsfindung besteht keine Präferenz für eine Funktionserfüllung durch Hardware oder Software. Anhand einer differenzierten Funktionsstruktur sowie mit Hilfe von allgemeinen Kriterien und der Erfahrung des Entwicklers in Kombination mit Restriktionen aus der Anforderungsliste ist eine Entscheidung zu treffen, wie das geplante Produkt physikalisch zu realisieren ist.

Bei reinen Hardwarelösungen werden alle Funktionen (Haupt- und Nebenfunktionen) hardwaremäßig realisiert, also durch physikalisch existierende Bauelemente. Reine Softwarelösungen enthalten Programme oder Moduln, die ein Microcomputer direkt ausführen kann. Hybride (gemischte) Hardware-Software-Lösungen werden generiert, indem man einige Teilfunktionen hardwaremäßig und andere Teilfunktionen softwaremäßig realisiert. In Bild 6.1 ist dieser formale Konstruktionsablauf schematisch dargestellt.

6.3 Funktion und Kosten in den einzelnen Konstruktionsphasen

Aufgabenstellung
Die konventionelle alpha-numerische Tastatur eines MS-DOS/PC-DOS

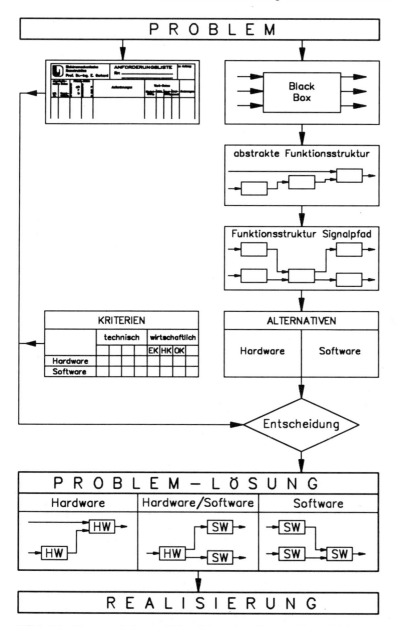

Bild 6.1: Konstruktions-Ablaufplan der Geräte-Entwicklung

kompatiblen Personal-Computers soll durch eine vollkommen neu zu entwickelnde Spezialtastatur für blinde Benutzer ersetzt werden. Diese Braille-Tastatur soll an der gleichen Schnittstelle wie die Original-Tastatur betrieben werden, so daß am Rechner weder eine hardwaremäßige noch eine softwaremäßige Änderung nötig wird. Der Benutzer muß also lediglich durch Einstecken der neuen Tastatur in die Tastaturbuchse des Rechners eine Betriebsbereitschaft des Systems herstellen können.

Die Eingabe von beliebigen Zeichen oder Fließtext z.b. für die Textverarbeitung soll entsprechend dem Standard-Braille-Alphabet und dem erweiterten Braille-Alphabet über neun mechanische Tasten in Brailleanordnung erfolgen (Bild 6.2). Eine Unterstützung des standardisierten Kurzschriftalphabetes für Blinde wäre sehr wünschenswert. Die Steuerung des Personal-Computers durch die Cursortasten und Funktionstasten ist in vollem Umfang über die Braille-Tastatur zu realisieren. Die

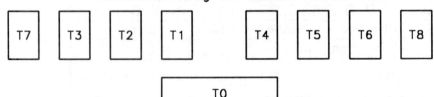

Definition der Braille−Punktschrift

6−Punkt Braille	8−Punkt Braille DIN 32980	Beispiel			
		D	B	H	W
1 ■ ■ 4	1 ■ ■ 4	■ ■	■ 0	■ 0	0 ■
2 ■ ■ 5	2 ■ ■ 5	0 ■	■ 0	■ ■	■ ■
3 ■ ■ 6	3 ■ ■ 6	0 0	0 0	0 0	0 ■
	7 ■ ■ 8	■ 0	■ 0	■ 0	■ 0
	Shift frei				

gesetzte (erhabene) Punkte sind dargestellt durch: ■
ungesetzte (flache) Punkte sind dargestellt durch: o

Tastenanordnung der Braille−Tasten

| T7 | T3 | T2 | T1 | T4 | T5 | T6 | T8 |

| TO |

Funktions− und Cursortasten links und rechts neben Braille−Tasten

Bild 6.2: Braille-Punktschrift und Benutzeroberfläche

Rechnersteuerung muß wahlweise über die Brailletasten oder über einen ausgelagerten Funktionstastenblock sowie einen separaten Cursortastenblock erfolgen können.

Alle Sonderfunktionen der alpha-numerischen Tastatur, die z.b. ein Programmierer für die Software-Entwicklung benötigt, oder auch Steuerzeichen, die bei Kopplungen von Personal Computern mit Host-Rechnern (DFÜ) verwendet werden, sollen gezielt über den Braille-Eingabeblock als ALTERNATE- oder CONTROL-Sequenz eingebbar sein. Die Benutzeroberfläche (Bild 6.2) ist einerseits durch eine vorausgegangene Analyse des bestehenden Quasi-Standards bei Braille-Schreibmaschinen und durch die bestehenden Vorgaben der konventionellen PC-Tastatur (Kompatibilität) für die Sondertasten des Cursor- bzw. Funktionstastenblockes definiert.

6.3.1 Definitionsphase

Zu dieser verbalen Aufgabenstellung ist eine Anforderungsliste (Bild 6.3) vom Produktmarketing und der Vorentwicklung formuliert worden, die außer den technischen Anforderungen an das Produkt auch die ergonomischen Aspekte enthält. Die Kostenseite des Produktes ist hier in Form der geforderten Herstellkosten HK_{gef} in der Anforderungsliste festgelegt. Diese für die Konstruktion restriktive, tolerierte Anforderung (Mindest-Soll-Ideal-Erfüllung) der geforderten Herstellkosten kann unter Umständen schon zu diesem Zeitpunkt später gefundene Lösungsalternativen aus Kostengründen unbrauchbar machen (Lösung sehr gut, aber zu teuer).

Als weitere direkte Kostenaussage enthält die Anforderungsliste den geschätzten und festgesetzten Marktpreis (Verkaufspreis). Die in Bild 6.3 wiedergegebene Anforderungsliste wurde mit dem EMK-CAE-Tool **AFL** der Universität -GH- Duisburg, Fachgebiet Elektromechanische Konstruktion, auf einem Personal-Computer unter DOS erstellt.

Der formblattgerechte Ausdruck enthält hier nur die wichtigsten der definierten Anforderungen der Liste. Aus den Anforderungen für die geforderten Herstellkosten HK_{gef} und für den Marktpreis P_e ist mit Hilfe der geschätzten Stückzahl des Produktes eine erste Grob-Kalkulation der

URSUS Dr.-Ing. Weber				Produkt: Braille-Tastatur für Personal Computer (Anschluß an PC-Tastaturbuchse)	Auftrag: BT/We-12/90			
Nr.	Nm.	Typ	K	Anforderungen	Mind.	Soll	Ideal	Einh.
				------------------FUNKTIONSPRINZIP------------------				
F01	We	F	P	Tastaturcode, Impulsfolge am Stecker nach IBM-Standard	PC konst	PC/AT konst	alle beliebig	
F02	We	F	P	Verarbeitungsgeschwindigkeit der Zeichen				
F03	We	J/N	K	Zeichenendeerkennung: alle Tasten wieder loslassen				
F04	We	W	K	Zusatz-Anschluß für alpha-numerische Tastatur	PC	PC/AT	diverse	
				--------TECHNOLOGIE (HERSTELLBARKEIT)---------				
T01	We	J/N	E	Alle Hardware-Baugrupen als Zukaufteil				
T02	We	J/N	E	Alle Gehäuseteile als Standard-Kaufteil				
T03	We	J/N	A	Endfertigung und Endtest	von Hand	von Hand	automatisch Testen	
				------------------WIRTSCHAFTLICHKEIT----------------				
W01	We	F	A	erwartete Stückzahl für Marktabsatz	100	150	200	Stk.
W02	We	F	K	Verkaufspreis für Unternehmen	990	1200	1400	DM
W03	We	F	K	geforderte Herstellkosten	900	700	<600	DM
W03	We	F	K	Vertriebsdauer	4	5	6	Jahre
				------------MENSCH/PRODUKT-BEZIEHUNG-----------				
M01	We	J/N	E	Tastatur-Layout (siehe Anlage)				
M02	We	J/N	K	Tastenkennung Braille-Alphabet				
M03	We	J/N	P	Zuordnung (Umkodierung) Braille/ASCII	VDE DIN 32 980			
M04	We	J/N	P	Benutzerschutz gegen Spannung	VDE DIN 0 100			
J/N-Ja/Nein; F-Forderung; W-Wunsch; P-Prinzip; K-Konzept; E-Entwurf; A-Ausarbeitung								
Ersetzt Ausgabe vom: 18.10.1990				Auszug der Anforderungsliste: BT/WE	Ausgabe vom: 05.01.1991 Blatt 01 von 03			

Bild 6.3: Anforderungsliste mit AFL für die Braille-Tastatur

Gesamtkosten bzw. des zu erwartenden Ertrages möglich. Die tatsächlichen Kosten lassen sich in dieser abstrakten Definitionsphase nur sehr schwer oder gar nicht abschätzen, da zu diesem Zeitpunkt noch keine konkreten Lösungskonzepte für die geforderte Gesamtfunktion vorliegen. Die Kostenanforderungen (Kostenzielsetzung) entstehen also ausschließlich durch eine Marktorientierung. Durch eine Meinungsumfrage oder Marktrecherche ist relativ genau ermittelbar, welcher Marktpreis ein Produkt dieser Art im Vertrieb erzielen kann, so daß die angestrebten Herstellkosten daraus pauschal ableitbar sind. Die geforderten Herstellkosten HK_{gef} lassen sich damit aus dem erwarteten Ertrag E_e (Umsatz) und den Gemeinkosten GK mit Hilfe des geforderten Marktpreises P_e aus folgendem Ansatz ermitteln [6.03; 6.10; 6.11]:

$$HK_{gef} = P_e - E_e - GK. \tag{6.01}$$

Die Vereinbarkeit von Kostenzielsetzung und den verursachenden Kosten der Funktionen durch die Anforderungsliste - jede als Funktion realisierte Anforderung geht in die Herstellkosten ein - läßt sich in dieser Konstruktionsphase noch nicht definitiv klären. Die zur Realisierung von Teilfunktionen entstehenden Kosten, die sogenannten Funktionskosten, ergeben in ihrer Gesamtheit (Summe aller Teilfunktionskosten) die Herstellkosten. Der objektive Vergleich und die Optimierung von Funktionskosten ist wesentlicher Bestandteil von wertanalytischen Methoden [6.07, 6.08].

Generell kann man formulieren:
Alle zu treffenden kostenoptimalen Entscheidungen müssen die geforderten Herstellkosten HK_{gef} minimieren, ohne die formulierten Anforderungen der Anforderungsliste (Pflichtenheft) bezüglich ihres Erfüllungsgrades wesentlich einzuschränken!

6.3.2 Konzeptphase

Aus der Anforderungsliste läßt sich eine Black-Box-Darstellung entwikkeln, die alle Eingangs- und Ausgangsbeziehungen der zu realisierenden Gesamtfunktion festlegt. In dieser Darstellung lassen sich auch die wichtigsten Störgrößen (störende Einflüsse auf die Haupt- und Nebenfunktionen) und die Restriktionen (z.B. die einschränkenden Randbedingungen aus der Anforderungsliste) formulieren. Durch die Festlegung der allgemeinen Stoff-, Energie- und Signal-Kommunikation ist es möglich, eine systemtechnisch vollständige Beschreibung für beliebige Gerätekonfigurationen durch die definierten Schnittstellen zu erzeugen, Bild 6.4.

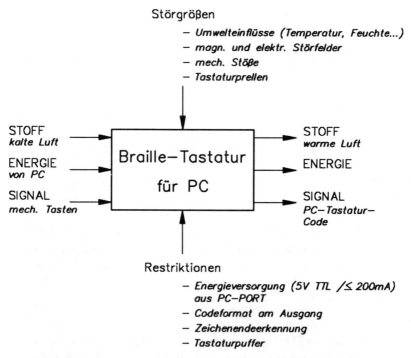

Bild 6.4: Black-Box-Darstellung der PC-Braille-Tastatur

Durch die Black-Box ist das System also in den wichtigsten Daten beschrieben. Die genaue Systembeschreibung durch die Black-Box und die Anforderungsliste bilden eine gesicherte Grundlage für alle weiteren technischen und wirtschaftlichen Entscheidungen sowie für die Auswahl der relevanten Kriterien der Konstruktionsaufgabe.

Der nächste formale Entwicklungsschritt ist die Erarbeitung der Systembeschreibung durch eine Funktionsstruktur mit allen festgelegten Ein-
gangs- und Ausgangsgrößen aus der Black-Box. Die Funktionsstruktur
beschreibt sowohl die äußeren Reaktionen des Gesamtsystems (Funktion
= makroskopische Betrachtungsweise) als auch die Topologie, den inneren Aufbau und die Vernetzung des Gesamtsystems (Struktur = mikro-
skopische Betrachtungsweise). In der ersten Funktionsstruktur-Darstel-
lung (Bild 6.5) werden in stark abstrahierter Form alle definierten Ein-
gangsgrößen durch die entsprechnd zu realisierenden oder die prinzipiell
auftretenden Funktionen mit den geforderten Ausgangsgrößen verbunden.

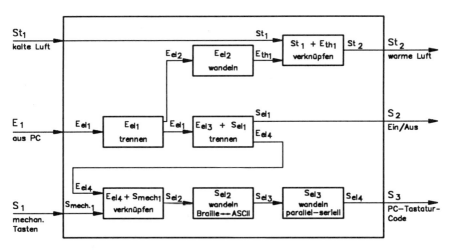

Bild 6.5: Abstrakte Funktionsstruktur der PC-Braille-Tastatur

Neben den noch zu realisierenden Funktionen wie "Braille-Code (Blin-
denpunktschrift) in ASCII-Code (Internationaler 8-Bit Zeichensatz) wandeln" oder "serielles Signal in paralleles Signal wandeln" findet man in
dieser abstrakten Darstellung auch die Funktionen wieder, die physikalisch bedingt sind und damit auch prinzipiell auftreten. So erinnert die
Verknüpfung von Energie und Stoff den Konstrukteur beispielsweise an
die eventuell notwendigen Maßnahmen zur Kühlung des Gerätes, die

141

z.B. durch freie Konvektion oder durch Zwangsbelüftung sicherzustellen ist. Die Umsetzung von elektrischer Energie (Verlustleistung = Wärme) ist zwar in diesem Fall keine gewünschte Funktion, tritt aber grundsätzlich auf, wenn Bauteile der Elektrotechnik eingesetzt werden. Die Gewinnung des Betriebssignals (Ein/Aus) ist hier auch als abstrakte Funktion berücksichtigt, wobei noch keine Festlegung bezüglich des zu verwendenden Kommunikationskanals (optisch, akustisch, taktil oder thermisch) vorgenommen worden ist.

Der für Geräte dieser Art (vorwiegend Signalumsatz) [6.06] wichtigste Struktur-Pfad ist die Signalumsetzung des mechanischen Signals S_1 (Tastendruck) in ein elektrisches, serielles Signal S_3 (Pulssignal im PC-Code-Format). Aus dieser sehr abstrakten Darstellung ist zu erkennen, daß die einzelnen eingezeichneten Funktionen auch in einer vollkommen anderen Reihenfolge und Anordnung denkbar wären. Eine systematische Variation der einzelnen Funktionen führt dann unter Umständen zu beliebig anderen Strukturen. Ein Vertauschen der Reihenfolge der beiden Wandler-Funktionen (Braille → ASCII und parallel-seriell) führt beispielsweise zu einer völlig anderen Funktionsstruktur und damit auch zu anderen Lösungsalternativen für die gesamte Konstruktion.

Mit der formalen Festlegung dieser abstrakten Funktionsstruktur werden also schon viele Lösungsalternativen, die sich aus einer anderen speziellen Anordnung der systemrelevanten Hauptfunktionen - z.B. durch systematische Variation - ergeben würden, aus der Lösungsvielfalt ausgeschlossen. Der Konstrukteur muß also schon in dieser sehr abstrakten Phase Entscheidungen über die innere Struktur des Systems treffen. Die Kriterien, die zu einer Entscheidung führen und eine große Lösungsvielfalt unter Umständen stark einschränken, muß der Entwickler entweder a priori kennen oder fallweise spezifisch formulieren.

Allgemeine Kriterien, die eine bestimmte Komposition (Anordnung und Reihenfolge) der Haupt- und Nebenfunktionen im Signalpfad der abstrakten Funktionsstruktur rechtfertigen, sind z.B.:

- Vorkenntnisse über die zu realisierenden Teilfunktionen (Know-How des Entwicklers/Unternehmens),
- Verfügbarkeit im eigenen Unternehmen oder am Markt von Lösungen für wichtige und entwicklungskostenintensive Haupt- und Neben-

funktionen,

- Grobabschätzung der Entwicklungskosten für bestimmte Funktionen in dieser speziellen Anordnung,
- Grobabschätzung der zu erwartenden Herstellkosten und des Fertigungsaufwandes (Fertigungstiefe) in der Produktion,
- Bestimmung des gewünschten Zeitverhaltens (Performance) des Systems (Parallelverarbeitung/Sequenzverarbeitung),
- Prüfung technischer Gesichtspunkte der Gesamtlösung (z.b. Stabilität, Dead-lock-Freiheit).

Die genannten Kriterien führen zur Auswahl der abgebildeten Funktionsstruktur nach Bild 6.6, die im folgenden die Grundlage für die weitere Dekomposition (schrittweise Verfeinerung) der Struktur bilden wird.

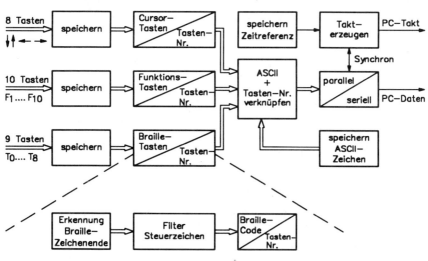

Bild 6.6: Dekomponierte Funktionsstruktur der Tastenerkennung

Bei Problemstellungen dieser Art (vorwiegend Signalumsatz) ist der Signalpfad von besonderer Relevanz. Eine weitere Dekomposition der bei dieser Konstruktion weniger interessanten Eingangs- und Ausgangsgrößen von Stoff und Energie erscheint in der jetzigen Phase der Entwick-

143

lung des Systems nicht sinnvoll.

Die jetzt einsetzende schrittweise Zergliederung der Funktionen im Signalpfad (Dekomposition der Hauptfunktionen) der abstrakten Funktionsstruktur verfolgt weiter die gezielte Vorgehensweise der Top-Down-Entwicklungsstrategie.

Es wird also der Versuch unternommen, die Signalfunktionen so zu dekomponieren, daß sich überschaubare, einfachere Teilfunktionen ergeben, die einer direkten Realisierung zugänglich erscheinen. Die dekomponierte Funktionsstruktur nach Bild 6.6 gibt eine sinnvolle Möglichkeit der Zergliederung wieder. Bis zu diesem Zeitpunkt ist noch keine Festlegung auf eine Hardware- bzw. Software-Realisierung getroffen.

Bei dieser Art der Dekomposition von Signalfunktionen finden natürlich die gleichen Regeln und Kriterien wie bei der ersten abstrakten Funktionsstruktur ihre Anwendung bezüglich der Variation der Funktionen. Die gewählte, spezielle Anordnung bzw. die durchgeführte Variation der Funktionen nimmt mit zunehmendem Konkretisierungsgrad der Haupt- und Nebenfunktionen Einfluß auf die Gesamtlösung des Systems. Es erscheint also immer wichtiger, die *"richtige"* d.h. die optimale Struktur bezogen auf definierte Kriterien für die zu realisierende Entwicklungsaufgabe zu finden. Die Kriterien können sich beispielsweise beziehen auf minimierte Funktionskosten (Wirtschaftlichkeit), optimale Funktionserfüllung (Funktionsprinzip) oder speziell optimierte Funktionsrealisierung (Technologie, Fertigungsoptimierung).

Durch die formalisierte Beschreibung des Problems mit Hilfe systemtheoretischer und kybernetischer Darstellungsformen gelingt es, eine relativ konkrete Beschreibung der Gesamtfunktion und deren einzelner Teilfunktionen zu erstellen.

Eine Lösungssuche für die einzelnen Funktionen der erarbeiteten Struktur kann sich auf verschiedene Verfahren stützen. Intuitive Methoden (Ideen-Spontanverfahren) zur Lösungsfindung sind z.B. Brainstorming, Brainwriting oder die Methode 635. Die diskursiven (schrittweise logischen) Verfahren wie Zielfunktionsorientierte Matrix-Methode, Ordnende Gesichtspunkte oder Systemtechnische Methode können je nach Problemstellung vorteilhaft eingesetzt werden. Welche dieser Methoden die

144

oder Einzelarbeit) ab. Bewährte Rahmenmethoden sind z.B. die 6-Stu-
fen-Methode nach REFA oder die Prozeßgestaltung durch Wertanalyse
(Wertgestaltung) entsprechend VDI (Bild 6.7). Durch dieses systematische Vorgehen wird eine analytische Prozeßgestaltung (z.b. Kostenbeob-
achtung oder andere Kriterien) durch ein definiertes Verfahren sichergestellt.

1.	Projekt vorbereiten	Moderator bennen, Grobziel festlegen, Einzelziele festlegen, Projektorganisation.
2.	Objektsituation analysieren	Objekt-, Umfeld-Informationen beschaffen, Funktionen ermitteln, Funktionskostenmatrix.
3.	SOLL-Zustand beschreiben	Informationen auswerten, Soll-Funktionen, Restriktionen festlegen, Kostenziele setzen.
4.	Lösungsideen entwickeln	Vorhandene Ideen sammeln (Auswertung). Neue Ideen entwickeln (Ideenfindung).
5.	Lösungen festlegen	Bewertungskriterien, Lösungen erarbeiten, Bewertung, Ausarbeitung, Entscheidung.
6.	Lösungen verwirklichen	Realisierung planen, einleiten, überwachen, Projekt dokumentieren, Zielannäherung prüfen.

Bild 6.7: Wertanalyse-Arbeitsplan nach DIN 69910

Es ist wichtig, in diesem Zusammenhang darauf hinzuweisen, daß eine
methodische Vorgehensweise in jedem Fall der bessere und schnellere
Weg zur Lösungsfindung ist. Es bleibt allerdings dem Konstrukteur
überlassen, ob er seine eigene Methode anwendet oder aber eines der
obengenannten Verfahren. Durch eine methodische Vorgehensweise
bleibt der laufende Entscheidungsprozeß immer nachvollziehbar und damit analytisch. Kreativität und Kritik ist hier weitestgehend zu trennen,
um ein zielgerichtetes Denken und eine Vermeidung von Denkfehlern
im Grundsatz zu ermöglichen.

Für die vorliegende Problemstellung bieten sich zwei prinzipiell unterschiedliche Realisierungswege direkt an. Die erarbeitete Funktionsstruk-

Für die vorliegende Problemstellung bieten sich zwei prinzipiell unterschiedliche Realisierungswege direkt an. Die erarbeitete Funktionsstruktur läßt noch vollkommen offen, ob die geforderten Funktionen hardwaremäßig oder softwaremäßig realisiert werden sollen. Vorab ist allerdings generell zu klären, was man unter den Begriffen "Hardware" und "Software" zu verstehen hat und ob man u.U. softwareoptimale oder hardwareoptimale Strukturen aus der allgemeinen Funktionsstruktur erarbeiten kann.

Hardware

Hardwarekomponenten sind aufgrund ihrer Signalverarbeitungsart prinzipiell in analoge und digitale Bauelemente zu gliedern. Eine digitale Hardwarelösung ist also eine funktionserfüllende diskret (aus Einzelbauelementen) aufgebaute Schaltung oder aber ein hochintegrierter Chip (TTL-Logik-Familie oder kundenspezifische Schaltkreise), der verschieden komplexe Einzelfunktionen zur Verfügung stellt. In jedem Fall sind hier die Funktionen auf physikalischer Ebene (Silizium) realisiert und stofflich faßbar (materieller Wert).

Hardwareschaltungen sind fest verdrahtet (Leiterplatte oder Chip) und als solche nur mit einigem Aufwand änderbar. Diese direkte Verschaltung und Verdrahtung der Bauelemente garantiert eine sehr schnelle Ausführungszeit. Ein gravierender Nachteil ist allerdings die Lieferabhängigkeit von Hardwareherstellern. Es sind nur die Funktionen (Bausteine, Baugruppen) einsetzbar, die auch als fertige Bauteile angeboten werden bzw. die zur Zeit am Markt erhältlich und in den entsprechenden Qualitäten und Stückzahlen disponierbar und lieferbar sind.

Jede realisierte Hardwarefunktion geht direkt proportional in die Herstellkosten ein, da bei jedem fertigen Exemplar des Produktes die Bauelemente und Baugruppen körperlich vorhanden sind. Die Entwicklungskosten lassen sich bei der Verwendung von Standard-Bauteilen und unter Heranziehen von Applikationsschaltungen der Hardware-Hersteller minimieren. Allerdings ist eine Kostenerhöhung bei der Fertigung und der bevorratenden Lagerhaltung als fixer Kostenfaktor in die Kalkulation einzubeziehen. Schwankungen des Marktpreises von verwendeten Bauelementen (besser 2nd-source) und deren Verfügbarkeitsdauer sind bei Silizium-Bauteilen langfristig nicht kalkulierbar und führen damit zu driftenden Anteilen im Fixkostenbereich.

Software

Ein Ansatz für eine allgemeine Begriffsbestimmung ist der, den Softwarebegriff auf eine konkrete EDV-Anwendung zu beziehen. Software ist in diesem Kontext eine Menge von Programmen oder Moduln für eine zielgerichtete Rechneranwendung. Diese Definition impliziert die Voraussetzung, daß eine bestimmte technische Einrichtung (Computerhardware) zur Ausführung der Befehle eines Programmes zur Verfügung steht. In diesem Sinne ist eine "reine Softwarelösung" nicht möglich, da zur Programmausführung immer eine Rechnerhardware, die unter anderem aus zentralem Prozessor, Speicher, Takterzeugung und I/O-Bausteinen besteht, zur Verfügung stehen muß.

Ein anderer Ansatz, den Softwarebegriff inhaltlich zu klären, ist die Auffassung der Software als Abstraktionsebene. Software wird hier als eine Kategorie der automatisierten Verarbeitung von Informationen verwendet. Die Softwarekosten und die damit eng verknüpfte Softwarequalität werden dabei von der konkreten EDV-Anwendung abstrahiert. Die entstehenden Kosten für eine bestimmte Rechnerhardware sind in eine Kostenkalkulation miteinzubeziehen. Für eine große Zahl von Anwendungen wird im allgemeinen die Hardware des Microcomputers unverändert bleiben können (Standard-Hardwarelösung) [6.09]. Für die diversen neuen Anwendungen ist es lediglich nötig, die spezielle Software neu zu entwickeln (oder vorhandene Softwaremoduln gezielt zu verändern) und die damit verbundenen Entwicklungskosten zugrundezulegen.

Softwarelösungen bieten den Vorteil sehr geringer Herstellkosten durch Kopieren eines Programm-Datenträgers (Diskette), eines internen Festwertspeichers (OTP, Eprom) oder durch Fertigung eines applikationsspezifischen Prozessors (Maskenprozessor). Die Entwicklungskosten für eine gute und ausgereifte Software, die entsprechende Debug-Zyklen durchlaufen hat, steigen allerdings überproportional gegenüber den Hardware-Entwicklungskosten an.

6.3.3 Entwurfsphase

Eine prinzipielle Entscheidung, ob eine Hardware- oder eine Softwarelösung anzustreben ist, muß unter Zugrundelegung der wichtigsten Kriterien getroffen werden.

	HARDWARE	SOFTWARE
Produktkategorie	materiell techn./phys.	immateriell geistig
Programmierung (Realisierung)	Verbindungsprogramm (interne Verbindungen)	Speicherprogramm (Quelltexte/Objekte)
Verarbeitungs- geschwindigkeit	sehr schnell (verdrahtet)	relativ schnell (step by step)
Schnittstellen- definition	sehr schwierig (Stecker, Pegel usw.)	relativ einfach (z.B. Parameterliste)
Integrations- fähigkeit	gut (z.B. Ein-Chip-IC) (bei hoher Stückzahl)	gut (z.B. Objektcode) (beliebige Stückzahl)
Modularität	u.U. schwierig realis.	einfach (C,Pascal usw.)
Komplexität der Funktion	bei diskretem Aufbau schwierig realisierbar	unproblematisch (durch Programmcode)
Flexibilität	gering	sehr hoch
Änderungs- möglichkeit	spezielle Anwengungen (Layout, Leiterplatte)	allgemeine Anwendung (Quellcode)
Entwicklungszeit	u.U. langfristig (Lieferabhängigkeiten)	meist kurzfristig (kapazitätsabhängig)
Entwicklungs- kosten	normal (Personal/Prototyp)	sehr hoch (hoher Testumfang)
Herstellkosten Stoff/Fertigung	hoch (Beschaffung/Lagerung)	sehr gering (Datenträger kopieren)
Folgekosten Wartung	normal/hoch (ggf. Austausch)	gering/sehr gering (ggf. Updates)
Qulitätskosten	gering	sehr hoch

Bild 6.8: Eigenschaften von Hardware- und Software-Teilfunktionen

Die Entscheidungskriterien werden sich abhängig von der speziellen Aufgabenstellung und damit auch in ihrer Formulierung in der Anforderungsliste ändern. Für die Entscheidungsfindung lassen sich darüberhinaus auch allgemeine Kriterien heranziehen, die sich aus einer direkten Gegenüberstellung der Eigenschaften von Software- und Hardwarelösungen (Bild 6.8) ergeben.

Die gezielte Auswahl der zu konzipierenden Hardware- und Software-Teilfunktionen ergibt sich neben den heuristischen Kriterien, die direkt aus der spezifischen Aufgabenstellung des einzelnen Gerätes abzuleiten sind (z.B. Anforderungsliste, Erfahrungshintergrund des Entwicklers), zusätzlich aus den grundlegenden Anforderungen

- technische Realisierbarkeit und Modellierbarkeit,
- Qualität und Zuverlässigkeit der technischen Funktionen,
- ökonomischer Aufwand zur Realisierung der Funktionen.

Eine endgültige Entscheidung, welche Lösung (Hardware/Software) weiterzuverfolgen ist, kann objektiv nur auf der Grundlage eines Bewertungsverfahrens (z.B. Punktbewertungsverfahren) getroffen werden. Die Entwicklungskosten und die Herstellkosten sind zwei von vielen anderen Kriterien. Die technische Realisierbarkeit und der Innovationswert der Entwicklung sind weitere Kriterien für die technische Wertigkeit und fließen in die Bewertung mit ein.

Eine grobe Abschätzung des zu erwartenden Kostenaufwandes sollte für beide Lösungsalternativen zumindest überschlagsmäßig vorher kalkuliert werden (Bild 6.9). Ein Beispiel für eine solche erste Grobabschätzung der zu erwartenden Software-Entwicklungskosten zeigt den ungefähren Entwicklungsaufwand für eine Softwarelösung. Die Software für die Steuerung der Braille-Tastatur, die mit einem Einplatinen-Microcomputer mit 8-Bit CPU vom Typ 6502 mit den entsprechenden Peripheriebausteinen realisiert wird, wird als Assembler-Code erzeugt. Der Standard-Einplatinen-Mikrocomputer ist als fertig geprüftes Bestellteil zu beziehen (Preis: 120,00 DM).

Es erscheint bei dieser Konstruktionsaufgabe sinnvoll, eine Lösung anzustreben, die viele Möglichkeiten für Sonderwünsche bezüglich der Gerätefunktionen offen läßt (große Funktions-Flexibilität). Aus technischer

HARDWARE		SOFTWARE	
Entwicklungskosten		**Entwicklungskosten**	
Schaltungsentwicklung		Assemblerprogramm 6502.	
(20 Mann-Tage)	16.000,--	„Sauberer Code" für ca. 400	
Bauteile für Labormuster	1.000,--	Zeilen Quellcode	32.000,--
Sonstiges	1.000,--	Softwareentwicklungstools	1.200,--
	18.000,--		**33.200,--**
Herstellkosten		**Herstellkosten**	
Leiterplattenfertigung		Einplatinenmikro-	
und LD-Bestückung;		computer (Zukaufteil)	120,--
TTL-Bauelemente ...	500,--	EPROM (Programm-	
		code)	10,--
Gehäuse (Zukaufteil)	100,--	Gehäuse (Zukaufteil)	100,--
Braille-Tasten mit		Braille-Tasten mit	
Sonderprägung	150,--	Sonderprägung	150,--
Endfertigung/		Endfertigung/	
Geräte-Endprüfung	270,--	Geräte-Endprüfung	270,--
	910,--		**540,--**

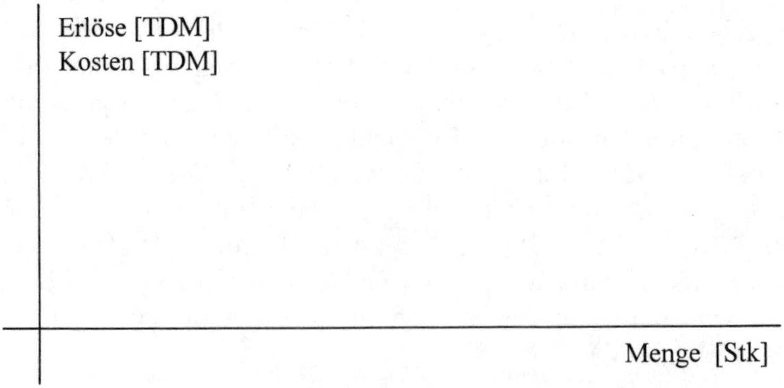

Erlöse [TDM]
Kosten [TDM]

Menge [Stk]

Bild 6.9: Grobkalkulation der Funktionen in Hardware und Software

150

Sicht sind einige mit "Wunsch" gekennzeichnete Anforderungen (Kurz-schrifttauglichkeit) mit einer Hardwarelösung nur bedingt realisierbar. Eine rein technische Entscheidung ist also klar zugunsten einer flexiblen Softwarelösung zu treffen.

6.3.4 Ausarbeitungsphase

In der Ausarbeitungsphase wird das Produkt bis zur Fertigungsreife ent-wickelt. Bei Hardwarelösungen sind hier neben der reinen Funktionsrea-lisierung auch Verbesserungen am Schaltungsprinzip (Schaltungsoptimie-rung) und der Integrationsdichte der Baugruppen erforderlich. Durch eine Erhöhung der Integrationsdichte und einer dadurch verringerten An-zahl der Lötstellen ist eine optimierte Flachbaugruppe wesentlich kosten-günstiger zu fertigen.

Ebenfalls sind Entscheidungen über die Fertigungstechnologie der Lei-terplatte zu treffen (Multilayer, Feinstleitertechnik, Fine Pitch Technolo-gie). Für die elektronische Flachbaugruppenfertigung und die mechani-sche Fertigung sind die Kosten für Betriebsmittel und Prüfmittel mit in Ansatz zu bringen. Bei größeren Stückzahlen ist ebenfalls eine Laborse-rie zur Kontrolle des Produktes und für die Beurteilung und Optimierung der verwendeten Betriebsmittel in eine Kostenbetrachtung einzubeziehen.

Softwareprodukte müssen in der Ausarbeitungsphase einer sehr genauen Funktions- und Fehlerprüfung unterzogen werden. Gerade Fehlerkosten sind nach einem Produktionsanlauf extrem hoch. Nachbesserungen an Softwareprodukten, die in Festwertspeichern abgelegt sind (Eprom-Be-triebssysteme, Maskenprozessoren), sind nur durch Update-Versionen möglich. Da das Austauschen von Software durch Update-Eproms ein Öffnen der Geräte durch fachkundiges Personal bedingt, sind Rückruf-aktionen durch den Hersteller notwendig, oder der Austausch wird durch externes qualifiziertes Fachpersonal kostenintensiv vorgenommen. Ein sehr gezieltes debbugging (Austesten) der Software erspart in den mei-sten Fällen einen überproportionalen Nachbesserungsaufwand.

Eine gute Dokumentation der gesamten Software ist in jedem Fall zwin-gend notwendig. Bei später erforderlichen Änderungen oder bei der Wiederverwendung von ausgetesteten Moduln der Software ist ein gut dokumentiertes Quellcode-Listing unabdingbare Voraussetzung.

6.3.5 Fertigungsphase

Eine Kostenoptimierung in der Fertigungsphase läßt sich für Hardware-Produkte erreichen durch optimale Automatisierung z.b. durch produktspezifische In-Line-SMD-Bestücklinien und durch robotergestützte Fertigungsanlagen (z.b. simultane Einzellötung als Ersatz für eine Wellenlötung). Eine vollautomatisierte SMD- und End-Fertigung, wie sie z.b. von der Firma Hagenuk für ihre schnurlosen Telefone und GSM-Handhelds für das digitale D2-Netz verwendet wird, kann im Drei-Schicht-Betrieb 24 Stunden täglich produzieren und eine hohe Stückzahl bei entsprechendem Yield (Geräte-Ausbeute) garantieren.

Bei Softwarelösungen beschränkt sich die Fertigung bei einer abgeschlossenen Entwicklung auf das vollautomatisierbare Kopieren von Disketten oder Eproms im Parallelverfahren bzw. auf die Verwendung von Maskenprozessoren, was im allgemeinen einen sehr geringen Fertigungsaufwand im eigenen Unternehmen darstellt. Die eventuelle Pflege der Software oder auftretende Einzelfehler sind im Rahmen einer Fertigungsbetreuung abwickelbar und damit nicht zwingend den Software-Entwicklungskosten zuzurechnen.

6.3.6 Schlußbetrachtung

Eine Optimierung eines irgendwie gearteten Produktes in einer bestimmten Dimension (Kosten, Qualität, Entwicklungszeit oder Funktionsumfang) geht immer zu Lasten der übrigen beteiligten Faktoren. Im sogenannten Teufelsviereck nach Sneed [6.04; 6.05] läßt sich diese Situation sehr plastisch veranschaulichen, Bild 6.10.

Eine Optimierung des Vierecks in Richtung von sinkenden Kosten bei gleichbleibendem Funktionsumfang des Produktes zieht zwangsläufig eine Verschlechterung der Produkt-Qualität bzw. eine Verlängerung der Entwicklungszeit nach sich. Eine Veränderung der Parameter führt also nicht zur Vergrößerung der Effektivitätsfläche des Produktes, sondern lediglich zu einer Verschiebung der Eckpunkte der aufgespannten Fläche.

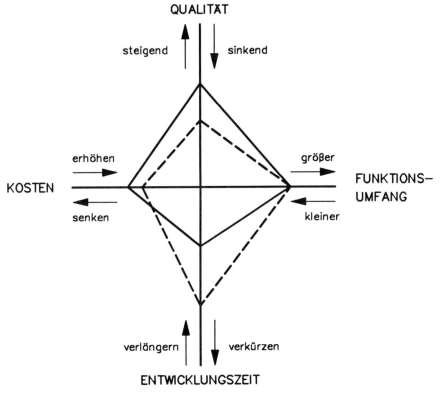

Bild 6.10: Teufelsviereck nach Sneed

6.4 Übungsbeispiel

Viele Funktionen des Signalpfades in einer Funktionsstruktur können in der Elektrotechnik wahlweise durch Hardware oder Software realisiert werden, wenn das gewünschte Zeitverhalten des Systems das zuläßt. Eines der wichtigsten Entscheidungskriterien sind die dabei anfallenden Kosten. Die Vorkalkulation für ein zu entwickelndes Kommunikationsgerät hat die Daten nach Bild 6.11 erbracht.

HARDWARE – Lösung (HW)	SOFTWARE – Lösung (SW)
Entwicklungskosten Schaltungsentwicklung (12 Mann-Tage) 9.600,- Bauelemente für Labormuster 840,-	**Entwicklungskosten** Assemblerprogramm 6502. "Sauberer Code" für ca. 300 Zeilen Quellcode 24.000.- Softwareentwick- lungstools 1.200.-
10.440,-	25.200.-
Sonstige fixe Gemein- **kosten (anteilig)** 1.560,-	**Sonstige fixe Gemein-** **kosten (anteilig)** 1.560,-
12.000,-	26.760,-
Herstellkosten Leiterplattenfertigung und SMD/LD-Bestückung Bauelemente ... 500,-	**Herstellkosten** Einplatinenmikro- computer (getestet) 120,- EPROM (Programmcode) 10,-
Gehäuse 100,-	Gehäuse 100,-
Mechan. Teile, Bedien- u. Anzeigeelemente 150,-	Mechan.Teile, Bedien- u. Anzeigeelemente 120,-
Endfertigung/ Geräte-Endprüfung 270,-	Endfertigung/ Geräte-Endprüfung 270,-
1.020,-	620,-
Erzielbarer Erlös pro Gerät E = 1.620,- DM	

Bild 6.11: Daten aus Vorkalkulation eines Kommunikationsgerätes

Anhand der abschätzbaren Entwicklungskosten und Herstellkosten läßt sich sowohl die Grenzstückzahl (Übergang von einer Art der Realisierung auf eine andere) als auch die Gewinnschwelle (Break-even-Point) nach der Deckungsbeitragsrechnung ermitteln.

Lösen Sie die folgenden Teilaufgaben:

a) Stellen Sie in einem Diagramm (Bild 6.12) die Verläufe

■ Kosten = f(Stückzahl),
■ Erlös = f(Stückzahl)

für beide Lösungsmöglichkeiten (HW, SW) dar und ermitteln Sie die Grenzstückzahl sowie die jeweiligen Gewinnschwellen BEP (Break-Even-Points)! Beschriften Sie die eingezeichneten Kurvenverläufe!

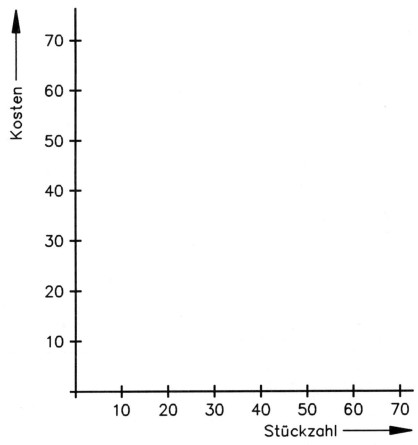

Bild 6.12: Kosten-Diagramm

Ermitteln der Stückzahlen:

	Stückzahl	Bedeutung dieser Stückzahl
Grenzstückzahl		
Gewinnschwelle HW bei Stückzahl ...		
Gewinnschwelle SW bei Stückzahl ...		

b) Tragen Sie in das erstellte Diagramm durch verschiedenfarbiges Schraffieren der Flächen die jeweils erzielbaren Gewinne ein! Welche Lösungsmöglichkeit (HW oder SW) wäre allein aus obiger Betrachtung abgeleitet sinnvoll, wenn

- der Markt nur 10 Stück der Geräte aufnimmt,
- der Markt ca. 25 Stück der Geräte aufnimmt,
- der Markt 35 Stück der Geräte aufnimmt,
- der Markt mehr als 50 Stück der Geräte aufnimmt?

Begründen Sie Ihre Entscheidungen!

Stückzahl und Gewinn:

... Stück auf Markt absetzbar	HW- oder SW-Lösung	Begründung der Entscheidung in Stichworten
10		
ca. 25		
35		
50		

7 Kostensenkung durch Wertanalyse und Qualitätsmanagement

Michael Möller

7.1 Zukunftssicherung

Die aktuellen Ereignisse in Deutschland und Europa zeigen deutlich, daß ein wirtschaftliches Überleben - sei es mit quantitativem wie auch mit qualitativem Wachstum - nur mit der sozialen Marktwirtschaft möglich ist. Tragende Säule dieser Ordnung ist das Streben aller Beteiligten nach Anerkennung durch privates Eigentum und wirtschaftlichem Wohlergehen. Diese Triebfeder ermöglicht auch ein ergebnisorientiertes Handeln der Mitarbeiter in den Unternehmen. Voraussetzung ist eine Kostentransparenz im Unternehmen und ein "geschulter Blick" des Mitarbeiters. Dieser Überblick gilt für das Kosten/Nutzen Verhältnis des Produktes im Markt und für das Kosten/Nutzen Verhältnis der eigenen Tätigkeit, Bild 7.1.

Langfristiger Erfolg ist nur dann gegeben, wenn beide Seiten, das Unternehmen wie auch der Kunde, einen "Gewinn" realisieren. Hier bietet die Wertanalyse, insbesondere die Wertgestaltung und die Qualitätssicherung, mit Schwerpunkt in der Entwicklung und Konstruktion, ein überaus lohnenswertes Potential. Erfolgreiche Anwendungen gibt es in allen Ländern und Branchen, unabhängig von der Größe und Struktur der Unternehmen [7.01; 7.02].

7.2 Wertgestaltung / Wertverbesserung

Unter Wertgestaltung WG versteht man den Einsatz der Wertanalyse WA in der Entwicklungs- und Konstruktionsphase eines Objektes. Obwohl der Arbeitsplan nach DIN 69910 (vgl. Bild 7.3) vollkommen unverändert übernommen wird, so sind doch einige Besonderheiten wich-

Situation der Unternehmen

- **Kostendruck**
  * erhöhte Lohnkosten, soz. Leistung
  * Material, Energie
  * Umweltschutz

- **Marktdruck**
  * gesättigte Märkte
  * internationale Wettbewerber

- **Vorschriftendruck**
  * Produkthaftung
  * Schutzgesetze
  * Umweltrecht

Strategische Maßnahmen

- **neue Ideen** (besseres Know-how)
  * Qualitätsverbesserungen
  * Produktinnovationen
  * Produktivitätssteigerung
  * Kostensenkung

- **neue Technologien**
  * CIM / CAD / CAQ

- **neue Methoden**
  * Total Quality Management
  * Teamarbeit
  * Simultaneous Engineering
  * **W e r t a n a l y s e**

    Wertgestaltung
    Wertverbesserung

Bild 7.1: Situation der Unternehmen und strategische Maßnahmen

tig:

> **Wertgestaltung ist besonders dazu geeignet,
> Kosten einzusparen.**

Dies liegt darin begründet, daß während der Entwicklungsphase eines Produktes noch leicht Veränderungen (d.h. Optimierung) eingebracht werden können, ohne die Kosten zu erhöhen [7.03]. Die Effizienz des Entwicklungsprozesses wird noch verstärkt durch zielgerichtete Teamarbeit (mehr und unterschiedlichere Ideen). Ein zusätzlicher Anreiz für die Mitarbeiter ist die Mitwirkung von Beginn an. Dies ergibt eine ganzheitliche Optimierungsmöglichkeit bereits mit der Aufgabenstellung.

Die IST-Daten haben eine andere Bedeutung, sie müssen aus der Aufgabenstellung abgeleitet werden. Bei Einmalfertigung (z.B. im Sondermaschinenbau) müssen die Kosten, die durch die Untersuchung verursacht werden, bereits voll durch das eine Produkt amortisiert werden.

Die Wertverbesserung WV findet Anwendung bei der Optimierung bestehender Leistungen. Anwendungsgebiete sind z.B. Produkte und Dienstleistungen, aber auch im Umweltschutz der Qualitätssicherung sowie bei der Optimierung von Organisationen und Abläufen.

7.3 Arbeitsplan

7.3.1 Vorbereitung

Die vorbereitenden Maßnahmen sind der erste Grundschritt des Wertanalyse-Arbeitsplanes. In ihm sind die Teilschritte auszuführen:

- Auswählen des WA-Objektes,
- Aufgabe stellen,
- Festlegen der Ziele,
- Bilden der Arbeitsgruppe,
- Planen des Ablaufs.

Bei der Auswahl des WA-Objektes ist zu beachten, daß es sich um ein wichtiges Objekt handelt. Man sollte nicht anstreben, in kleinen Dingen besonders groß zu sein, vielmehr ist eine Wertsteigerung bei wichtigen, d.h. z.B. umsatzstarken Produkten anzustreben. Grundsätzlich bietet die Wertgestaltung höhere Wertsteigerungschancen als die Wertverbesserung. Bei der Auswahl eines geeigneten Objektes kann eine sog. ABC-Analyse weiterhelfen, mit der geeignete Rationalisierungsschwerpunkte gebildet werden können.

Ein Objekt ist für den Hersteller um so wertvoller, je höher und langfristig gesicherter der Erfolg ist, für den Abnehmer, je niedriger der Aufwand ist, um es zu erwerben. Allgemein ist Wert ein Verhältnis von etwas, das man erreichen möchte, zu dem, was man für dieses Ziel aufzuwenden hat (meistens Kosten). WA ist eine Methode, um den Wert eines Objektes (im Sinne dieser Definition) zu steigern. Ein Hauptmerkmal der Wertanalyse besteht darin, daß der Untersuchung ein quantifizierbares Ziel vorgegeben wird, z.B. Herstellkostensenkung um 20%. Daneben können aber auch nicht quantifizierbare Ziele vorgegeben werden, wie etwa eine Verbesserung der Arbeitsplatzbedingungen.

Die Arbeitsgruppe (das Team) soll aus 3 bis 7 Personen bestehen. In der Gruppe müssen unbedingt folgende Kompetenzen vertreten sein:

- Machtkompetenz, vertreten durch die Firmenleitung oder deren Beauftragte, sonst besteht die Gefahr der Nichtverwirklichung der Lösung.
- Fachkompetenz, vertreten durch Spezialisten der beteiligten Abteilungen, z.B. Konstrukteur, Kostenfachmann, Vertriebsmann usw..
- Methodenkompetenz, vertreten durch einen Wertanalyse-Koordinator.
- Die Teammitglieder sollen gegenüber neuen Ideen aufgeschlossen sein und den Wunsch besitzen, gegen Betriebsblindheit anzukämpfen.
- Der Ablaufplanung kommt besondere Bedeutung zu, da durch unklare Terminvorstellungen sehr schnell eine Störung des Ablaufs eintreten kann. Wie schon oben begründet, droht dann oft ein Scheitern mit allen negativen Begleiterscheinungen.

7.3.2 Ermittlung des IST-Zustandes

Der IST-Zustands-Ermittlung kommt besondere Bedeutung zu. Oft wird dafür die Hälfte der Zeit einer Untersuchung benötigt. Es geht darum, den jetzigen Zustand des Objektes von einer logisch neu geordneten

Warte zu erkennen. Bei Innovationen muß natürlich der jetzige Zustand durch den Wunschzustand ersetzt werden.

Der IST-Zustand wird durch die Teilschritte ermittelt:

- Beschreiben des WA-Objektes,
- Beschreiben der Funktionen,
- Ermitteln der Funktionskosten.

Das Beschreiben des WA-Objektes dient dazu, den Wissensstand der Teammitglieder auf einen gemeinsamen Stand zu bringen. Hierzu dient das Sammeln aller verfügbaren Unterlagen und speziell der Kostendaten. Wichtig ist die Vollständigkeit und Zuverlässigkeit der Daten.

Die Kosten des Objekts werden in sog. Kostenträger aufgeteilt. Normalerweise sind dies die Einzelteile; ihre Kosten werden ermittelt und zusammengestellt.

Danach sind die Funktionen des Objektes zu ermitteln. Jedes Objekt übt Wirkungen auf den Anwender aus. Ohne Wirkungen ist ein Objekt nicht

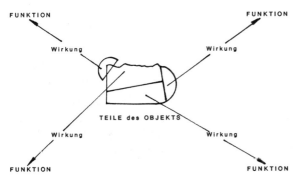

Bild 7.2: Denken in Teilen und Funktionen

vorhanden. Das Beschreiben dieser Wirkungen nennt man Funktionen, Bild 7.2.

Funktionen müssen möglichst knapp beschrieben werden, am besten durch ein Hauptwort und ein Tätigkeitswort. Eine Glühlampe erfüllt z.b. folgende Funktionen:

- Licht spenden,
- Wärme abgeben,
- Sicherheit geben,
- lange Lebensdauer gewährleisten.

Es wird dabei angestrebt, den IST-Zustand etwas zu verfremden, d.h. auf eine abstraktere Stufe zu heben, z.b. anstatt mit dem Auto zu fahren: Entfernung überbrücken. In der abstrakteren Form der Betrachtung fällt es leichter, Alternativmöglichkeiten zu erkennen.

Der IST-Zustand muß durch Funktionen vollständig beschrieben werden. Allein mit der Funktionsbeschreibung muß es ohne Kenntnis der IST-Lösung möglich sein, eine entsprechende Lösung zu finden, ohne daß später, weitere bei den Funktionen nicht berücksichtigte Bedingungen dagegenstehen.

Nun werden die Funktionen geordnet. Funktionen bilden verschiedene logische Abhängigkeitsklassen. Fragt man, wie eine Funktion verwirklicht wird, so erhält man als Antwort die nächst untergeordnete Nebenfunktion. Die übergeordnete Funktion erkennt man durch die Frage, warum. Man bezeichnet nun die höchste Stufe als Klasse der Hauptfunktionen, dann die Klasse der 1. Nebenfunktionen, der 2. Nebenfunktionen usw..

Abschließend werden der letzten Nebenfunktionsklasse in einem Matrixschema die Kosten der Kostenträger zugeordnet. Oft ist es nötig, von gewissen gefühlsmäßigen Schätzungen auszugehen. Dies ist jedoch nicht besonders nachteilig, da es nur darum geht, Kostenschwerpunkte der Funktionen zu ermitteln. Die Nebenfunktionskosten werden bis zu den Hauptfunktionen aufaddiert, so daß dann die Hauptfunktionskosten vorliegen.

7.3.3 Prüfung des IST-Zustandes

Nach der Ermittlung des IST-Zustandes wird der IST-Zustand geprüft. Man unterscheidet die Einzelschritte:

- Prüfen der Funktionserfüllung,
- Prüfen der Kosten.

Grundsätzlich muß das WA-Objekt nur die Hauptfunktionen erfüllen. Diese müssen jetzt darauf überprüft werden, inwieweit sie überhaupt realisiert werden sollen. Nicht benötigte Hauptfunktionen werden gestrichen. So entsteht das SOLL-Funktionen-Konzept. Die Nebenfunktionen werden alle nur `leider` im IST-Zustand verwirklicht, um die Hauptfunktionen zu erfüllen. Sie stehen später alle zur Disposition.

Eine weitere Betrachtung der Funktionen ist darauf gerichtet zu beurteilen, ob und wie die einzelnen Funktionen erfüllt sind (Funktionserfüllungsgrad). Oft werden Schwächen erkannt, die später zu Ideen Anlaß geben.

Bewertet man die Hauptfunktionen nach ihrer Bedeutung, z.B. durch ein Zahlensystem zwischen 1 und 10, so kann man im Vergleich dieser Bewertung mit den Funktionskosten evtl. starke Abweichungen finden. So werden Kostenschwachpunkte offengelegt. Es ist hier nochmals möglich, das zu Beginn vorgegebene Ziel zu verändern oder endgültig festzulegen. Auch die Nebenfunktionen werden nach ihren Kosten klassifiziert, um Schwerpunkte zu erkennen.

7.3.4 Ermittlung von Lösungen

Spätestens zu diesem Zeitpunkt muß der psychologische Gruppenprozeß abgeschlossen sein. Für die jetzt folgende Phase der Ideenfindung gelten folgende Regeln:

- Keine Idee darf kritisiert werden, weder durch Worte, noch durch Gesten.
- Jede Idee wird schriftlich festgehalten.
- Ideen sind noch keine Lösungen, sondern nur undurchdachte Anregungen.

- Jede Idee, auch wenn sie noch so unsinnig erscheint, kann als Zündfunken für weitere Anregungen dienen.
- Alle Ideen werden von dem Team als Ganzes vertreten.

Zur Ideenfindung können unterschiedliche Techniken eingesetzt werden, z.B.:

* Brainstorming,
* Brainwriting.
Spontane Ideenfindung aus der Gruppe, kann auch zunächst anonym durch Aufschreiben durchgeführt werden.

* Morphologische Methode.
Zu allen Haupt- und Nebenfunktionen werden denkbare Lösungen zusammengestellt, so daß ein Matrixschema entsteht; durch Kombinationen der Ideen können weitere Ideen gefunden werden. Es werden um so mehr Ideen entwickelt, je ausführlicher die Funktionen-Analyse durchgeführt worden ist.

Die Ideen werden daran anschließend durch das Team zu Lösungen verdichtet. Dabei scheiden solche Anregungen aus, die von allen als undurchführbar erkannt werden. Es werden aber auch neue Ideen geboren. Es spielt auch hier keine Rolle, von wem die gestrichenen oder entstandenen Ideen stammen.

7.3.5 Prüfung der Lösungen

Die so verdichteten Lösungen werden genauer untersucht und geprüft. Dies geschieht in zwei Teilschritten:

- Prüfen der sachlichen Durchführbarkeit,
- Prüfen der Wirtschaftlichkeit.

Es ist zu überprüfen, ob alle SOLL-Funktionen ausreichend verwirklicht werden. Die technische Realisierung muß gesichert sein. Eventuell müssen hier fremde Gutachten eingeholt werden.

Auch die Wirtschaftlichkeit muß berücksichtigt werden. Wird das Kostenziel erreicht? Welche Investitionen sind erforderlich? Können diese vom Unternehmen aufgebracht werden?

WA-Arbeitsplan (nach DIN 69910)

1. Grundschritt - Vorbereitung

- Objekt-Auswahl
- Zielfestlegung
- Teambildung
- Zeitplan

2. Grundschritt - Informationen

- Beschreibung des Objekts
- Funktionsbeschreibung
- Funktionskosten

3. Grundschritt - Funktionserfüllung

- Prüfung der Kosten
- Festlegung der SOLL-Funktionen

4. Grundschritt - Ermitteln von Lösungen

5. Grundschritt - Prüfen der Lösungen

- sachliche Durchführbarkeit
- Wirtschaftlichkeit
- Auswahl der Lösungen

6. Grundschritt - Durchführung der Lösungen

- Empfehlung der Lösungen
- Entscheidung
- Aufstellen des Aktionsplanes
- Verwirklichung der Lösung

Bild 7.3: Wertanalyse-Arbeitsplan nach DIN 69910

Normalerweise bleiben jetzt nur noch wenige Lösungen übrig, die im letzten Arbeitsschritt behandelt werden. Sollte keine Lösung übrig bleiben, so ist es erforderlich, entweder wieder in die Ideenfindung einzusteigen oder sogar wieder mit der IST-Analyse zu beginnen.

7.3.6 Vorschlag und Einführung

Der letzte Grundschritt umfaßt die Teilschritte:

- Empfehlen der Lösung,
- Entscheidung durch die Unternehmensleitung,
- Verwirklichung der Lösung.

Aus den verbleibenden Lösungen wird nun ein Vorschlag erarbeitet, der der Geschäftsführung präsentiert und zur Entscheidung vorgelegt wird (vgl. Bild 7.3).

Es muß dringend empfohlen werden, der Verwirklichung der Lösungen nach Möglichkeit zuzustimmen, andernfalls sollte das Team wieder zusammengerufen werden, um eine Alternative zu entwickeln. Das Liegenlassen in der "Schublade" ist sehr ungünstig, da die Teammitglieder enttäuscht und für andere Untersuchung kaum noch gewonnen werden können.

7.4 Teamarbeit

Bedingt durch die Einführung des Taylorismus, also der konsequenten Arbeitsteilung in der industriellen Produktion, wurde die ursprünglich vorhandene Zusammenarbeit von Arbeitsgruppen aus der industriellen Landschaft verdrängt.

Diese Entwicklung führt bei den Mitarbeitern zu einer Verhaltensweise, die sehr stark ICH-bezogen ist. Jeder fühlt sich nur für seinen eng begrenzten und genau bezeichneten Teilschritt verantwortlich. Diese Denkweise ist Grundlage vieler Entlohnungssysteme.

Die Komplexität der Technik, die Vielschichtigkeit der zu lösenden Probleme, insbesondere aber auch die Entwicklung des mündigen Mitarbeiters, erfordern immer stärker eine andere Form der Zusammenarbeit. Nicht mehr der Einzelkämpfer ist gefragt, sondern der kooperative, kommunikationsfreudige und kreative Mitarbeiter, Bild 7.4.

"Management by Team"
(gruppensynergetischer Effekt)

Leistungsvorteil von Gruppen durch folgende Faktoren:

IRRTUMSAUSGLEICHSMECHANISMUS

GROSSE INFORMATIONSSPEICHER
was A vergessen hat, hat B behalten

WECHSELSPIEL VON IDEEN und KRITIK

BREITE WISSENS- & ERFAHRENSBASIS

KOMPLEMENTÄREFFEKT
versch. Eigensch.,Charaktere usw. ergänzen sich

ASSOZIATIONSEFFEKT
A sagt etwas, B fällt dazu ergänzend etwas ein

Akzeptanzerhöhung der Entscheidungen
durch Gruppenarbeit

Bild 7.4: Management by Team

Die Japaner mit ihrer eigenen Mitarbeiterkultur haben diese Erkenntnis in konsequenter Weise umgesetzt. Qualitätszirkel auf allen Ebenen sind in Japan (und auch in japanischen Unternehmen außerhalb Japans) sehr weit verbreitet. Auch in der Bundesrepublik Deutschland gibt es mittlerweile eine Qualitätszirkel-Bewegung, allerdings überwiegend im Bereich der Werker.

Mit Ausnahme der Wertgestaltung/-analyse ist die interdisziplinäre, also die bereichsübergreifende Teamarbeit, in der Entwicklung und Konstruktion nur selten anzutreffen. Dies ist unverständlich, denn hier werden entscheidende Rationalisierungsvorteile verschenkt, Bild 7.5.

167

VORTEILE der TEAMARBEIT in ENTWICKLUNG und KONSTRUKTION sind:

* Verkürzung der Entwicklungs- und Konstruktionszeiten,
* Reduzierung der Produktplanungskosten,
* Reduzierung der Herstellkosten,
* Verbesserung des Produktkonzeptes,
* Ideenvervielfachung durch Gruppendynamik,
* Qualitätsverbesserung durch Nutzung der gemeinsamen Fähigkeiten,
* Einbeziehung von Kunden und externen Spezialisten möglich,
* Reduzierung von nachträglichen Konstruktionsänderungen,
* Wesentliche Akzeptanzverbesserung der entwickelten Produkte bei allen nachfolgenden Abteilungen,
* Ganzheitliches Denken aller Beteiligten wird auch bei anderen Problemstellungen gefördert,
* Starker Motivationseffekt durch die Einbeziehung aller Mitarbeiter,

usw..

Bild 7.5: Teamarbeit in Entwicklung und Konstruktion

Konsequent umgesetzt werden diese Vorteile in wenigen, in der Regel erfolgreichen, qualitätsbewußten Unternehmen [7.04]. In diesen Unternehmen erfolgt eine TEAMARBEIT in der Entwicklung und Konstruktion durch z.B.:

- Wertgestaltung,
- Konstruktions-FMEA,
- Simultaneous Engineering,
- Design-Reviews,
- Qualitätszirkel.

7.5 Qualitätsverantwortung

Entscheidungen in der Konstruktion sind die häufigsten Ursachen für Fehler und dadurch ausgelöste Schäden an industriellen Erzeugnissen. Sie ist für mehr Fehler und Schäden verantwortlich als alle anderen Unternehmensbereiche zusammen. Konstruktionsfehler sind in der Regel Serienfehler bzw. Gattungsfehler, sie sind in allen Produkten, die nach diesen Konstruktionsunterlagen gefertigt worden sind, wiederzufinden. Dieser Umstand unterscheidet den Konstruktionsfehler von Fehlern z.B. in der Fertigung. Unter Berücksichtigung der eingetretenen Haftungsverschärfung durch das neue Produkthaftungsrecht, gültig ab 01. Januar 1990, sowie den hohen Kosten einer Rückrufaktion sind besondere Anstrengungen bei der Qualitätssicherung in der Entwicklung und Konstruktion notwendig [7.05].

> **Qualität ist die Gesamtheit von Merkmalen einer Einheit bezüglich ihrer Eignung, festgelegte und vorausgesetzte Erfordernisse zu erfüllen.**

Die GESAMTHEIT DER MERKMALE werden in der ENTWICKLUNG und KONSTRUKTION festgelegt und mit allen Einzelheiten bestimmt. Erst danach wird die Qualität in allen folgenden Abteilungen, in diesem vorgegebenen Rahmen, gefertigt bzw. realisiert.

Das bedeutet, die Konstruktion trägt die Verantwortung für die nachfolgenden, wesentlichen Anteile der Qualitätskosten. Darüberhinaus trägt sie die Verantwortung für das Qualitätsniveau des Produktes. Die Planung, Lenkung und Überprüfung von qualitätssichernden Maßnahmen sind also wichtige Bestandteile der Entwicklungs- und Konstruktionsabteilung. Der kreativen Arbeitsweise müssen immer wieder Haltepunkte (Design Reviews) zugeordnet werden, die eine umfassende Beurteilung der Erfüllung der Qualitätsanforderungen, insbesondere aus Kundensicht, ermöglichen. Eine überlegene Qualität schafft und sichert den Erfolg eines Unternehmens [7.06].

Die Methoden der Qualitätssicherung in der Entwicklung und Konstruktion sind stark firmen- und produktabhängig. Einen Rahmen bietet die DIN ISO 9 004 (EN 29 004).

7.6 Qualitätskosten

Der Kunde wünscht ein Produkt, das seinen Anforderungen entspricht. Die gewünschten Produkteigenschaften, der Preis und die Verfügbarkeit bestimmen den Kauf. Der Hersteller möchte Produkte herstellen, die den Anforderungen der Kundschaft möglichst gerecht werden. Gleichzeitig ist es sein Ziel, das gewünschte Produkt mit möglichst niedrigen Kosten und größtmöglichem Ertrag zu verkaufen.

Angenommen, eine Zeitung, die DM 1,-- kostet und dem Leser täglich zur Verfügung steht, würde dem Leser folgendes mitteilen:

Ab nächsten Monat wird unsere Zeitung garantiert druckfehlerfrei geliefert. Um dies zu ermöglichen, muß der Preis leider auf DM 3,-- erhöht werden.

Die Reaktion des Lesers würde die sofortige Abbestellung der Zeitung sein. Seine Erwartungen liegen primär in der Versorgung mit aktuellen Informationen und nicht in der absoluten Druckfehlerfreiheit.

Die Zeitung wird, so schön wie sie ist, unverkäuflich.

Oder:

Ab nächsten Monat wird die Tageszeitung nur noch DM 0,20 kosten.

Diese beträchtliche Preissenkung wird erreicht, in dem die Druckstöcke einer vergleichbaren Konkurrenzzeitung einen Tag später übernommen werden können.

Kein Leser wäre mehr bereit, die Zeitung zu kaufen.

Ein weiteres Beispiel:

Ein Hersteller von Schmirgelpapier in den USA wunderte sich, daß ein wichtiger Kunde in Europa die Bestellungen drastisch reduzierte. Die Produkte entsprachen nach wie vor der vereinbarten Spezifikation. Beim Nachfassen ergab sich aber, daß der Kunde mittlerweile ein anderes Beurteilungskriterium für die Qualität gefunden hatte. Es hieß jetzt, wieviel qm Blech können mit wieviel qm Schmirgelpapier behandelt werden.

Die Beispiele machen deutlich, daß nicht der Hersteller, sondern der Markt die Anforderungen, den Preis und die Verfügbarkeit des Produktes bestimmt. Gibt es bei diesen drei Komponenten Abweichungen, so schwindet das Kaufinteresse zunehmend. Der Markt kann den Hersteller zwingen, ein Produkt zu verkaufen, das keinen Gewinn, vielleicht sogar nicht einmal eine Kostendeckung erreicht.

Da sich ein Hersteller dies auf Dauer nicht leisten kann, ist er gezwungen, durch Kostensenkung den Verlust zu eliminieren oder die Herstellung einzustellen [7.07]. Geht die Kostensenkung zu Lasten der Qualität, so ist dies eine kurzsichtige Lösung, wie die PIMS Studie nachgewiesen hat [7.06], Bild 7.6.

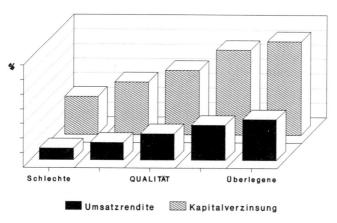

Bild 7.6: Auswirkung der Qualität auf Umsatzrendite und Kapitalverzinsung

Die Verärgerung über eine ungenügende Qualität ist noch lange in Erinnerung, wenn der Kunde den geringen Preis längst vergessen hat.

Die Frage lautet also:

Wie können Produkte besser und billiger werden?
Nach dem Motto,

" Qualität kostet nichts".
Was Qualität kostet, sind die Verstöße gegen die Qualität.
Zitat von PHILIP CROSBY [7.08].

Um Kosten, hier Qualitätskosten, senken zu können, ist die korrekte
Kenntnis und Erfassung eine Voraussetzung. Qualitätskosten sind nach
DIN 55350

1. Prüfkosten,
2. Fehlerkosten,
3. Fehlerverhütungskosten.

Zu den Prüfkosten gehören die Kosten der Wareneingangsprüfung, Prüfung in der Fertigung, Zwischen- und Endprüfungen, Labor- und Sonderprüfungen.

Zu den Fehlerkosten gehören die Kosten, die durch Ausschuß, Nachar-
beit, Fehleranalysen, Wertminderung sowie Gewährleistung entstehen.
Fehlerkosten sind generell ein Verlust, d.h. ertragsmindernd für jedes
Unternehmen.

Zu den Fehlerverhütungskosten zählen alle Kosten, die durch vorbeugen-
de und verhütende Tätigkeiten entstehen. Dies sind z.B. Prüfplanung,
Qualitätsförderung, Qualitätsschulung, Lieferantenbeurteilung, Qualitäts-
planung, Audit, Leitung des Qualitätswesens.

Inwieweit Kosten für qualitätsbedingte Untersuchungen in Entwicklung
und Konstruktion oder Kosten für Zeichnungsänderungen bzw. Kosten
für Werkzeugänderungen, Kosten für Planungs- und Dispositionsfehler
hinzugerechnet werden, muß jedes Unternehmen selbst entscheiden.

Festzuhalten ist, daß der Aufwand für Fehler wesentlich über dem Be-
trag der Fehlerkosten liegen wird. Die erste, statistisch gut abgesicherte
Qualitätskostenerhebung führte HAHNER 1980 [7.09] in der Deutschen
Maschinenbauindustrie durch. Die Selbstauskünfte der Firmen ergaben
Werte in Höhe von 2% - 10% des Umsatzes. Eine Umfrage des VDMA

von 1987 [7.10] ergab einen Durchschnitt von 3% mit einer Streubreite von 0,9% - 4,8% vom Umsatz. STEINBACH benennt sie im Handbuch der Qualitätssicherung zwischen 5% und 15% [7.11].

Ganz deutlich wird bei der VDMA-Umfrage, wie wenig die meisten Unternehmen über die Struktur und Höhe ihrer Qualitätskosten wissen. Dies wurde auch durch eine Umfrage der Unternehmensberatung RO-LAND BERGER & PARTNER bestätigt. Nur 17% der befragten Unternehmen kennen ihre Qualitätskosten exakt, 39% sind auf Schätzungen angewiesen und 44% haben überhaupt keine Kenntnis über die Höhe der Kosten. Dies gilt auch annähernd für die Zuordnung der Kosten zu den Kostengruppen. Um die Relation einmal besser abschätzen zu können, stelle ich ein Rechenbeispiel vor, das auf realistischen Werten aus dem Maschinenbau beruht.

GESAMTUMSATZ		= 140	Mio DM	
PRÜFKOSTEN	2,5% =	3,5	Mio DM	56%
FEHLERKOSTEN	1,5% =	2,1	Mio DM	33%
FEHLERVERHÜTUNGSK:	0,5% =	0,7	Mio DM	11%
QUALITÄTSKOSTEN	4,5% =	6,3	Mio DM	100%

Die 6,3 Mill. DM übersteigen bei weitem den Jahresgewinn und liegen etwa doppelt so hoch wie die Jahresinvestitionen.

Die Fehlerkosten liegen am unteren Rand der tatsächlichen Kosten für Fehlleistungen. Von CROSBY wird der Preis der Abweichung, das sind Kosten, die anfallen, weil etwas nicht gleich richtig gemacht wurde, in Produktionsbetrieben mit 25% des Umsatzes angenommen. Die realistischen Qualitätskosten liegen also zwischen 10 und 20 Mill. DM in dem oben angeführten Rechenbeispiel. Diese Zahlen machen deutlich, daß das gesamte Fehlergeschehen angegangen werden muß. Auch hier gilt natürlich, zuerst sinnvoll in die Verbesserung des vorhandenen QS-Systems zu investieren [7.12].

Diese Zahlen lassen weiter erkennen, welcher Spielraum noch vorhanden ist für die Beantwortung der eingangs gestellten Frage:

Wie können Produkte besser und billiger werden?

Konkrete Handlungsanweisungen ergeben sich, wenn man die Kostenverantwortung betrachtet:

> 80% der Kosten werden verursacht von:
> Vorbereitenden Stellen, Management, Geschäftsführung, Konstruktion, Arbeitsvorbereitung usw.,
>
> 20% der Kosten werden verursacht von:
> Ausführenden Stellen, Fertigung, Montage usw..

Nachfolgend einige Vorschläge zur Reduzierung der Qualitätskosten:

- Drastische Steigerung der vorbeugenden Maßnahmen in allen Bereichen, insbesondere in Entwicklung und Konstruktion, nach dem Motto "Mach`s auf Anhieb richtig".
- Bessere Organisation in Entwicklung und Konstruktion, bezogen auf zeitliche Vorgaben und methodische Begleitung (Design Review).
- Positive Behandlung der Mitarbeiter. Dies steigert das Qualitätsbewußtsein und verringert gleichzeitig die Anzahl der Mängel.
- Wegfall von Rechtfertigungstätigkeiten, von Prestigeentscheidungen, der Entmündigung der Mitarbeiter durch Vorgesetzte.

Aus der Sicht des Kunden, und hier schließt sich der Kreis, muß das Kostenziel lauten:

> Niedrige Kosten während der gesamten Nutzungsphase erreichen und nicht nur einen möglichst "günstigen" Verkaufspreis anstreben.

7.7 Qualitätsmanagementsystem

Die Entwicklung und Konstruktion trägt die wesentliche Verantwortung für die Produktqualität und die Qualitätskosten, sie ist somit eine tragende Säule innerhalb des Qualitätsmanagementsystems (bisher Qualitätssicherungssystems).

Ein Qualitätsmanagementsystem (QM-System) ist die Organisationsstruktur, Verantwortlichkeiten, Verfahren, Prozesse und erforderliche Mittel für die Verwirklichung des Qualitätsmanagements.

Ein QM-System verknüpft die, im Qualitätskreis dargestellten, Abteilungen und Tätigkeiten, Bild 7.7.

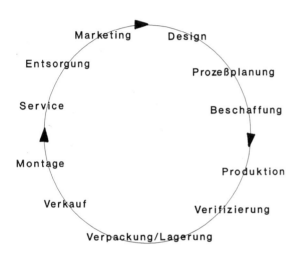

Bild 7.7: Qualitätskreis nach Masing [7.12]

Das QM-System hat zwei scheinbar konkurrierende Aspekte:

a) die Bedürfnisse und Interessen des Unternehmens.
   Für das Unternehmen besteht das Geschäftsinteresse, die Qualitätsforderung zu optimalen Kosten zu erfüllen und diesen Zustand aufrecht zu erhalten.

b) die Bedürfnisse und Erwartungen des Kunden.
   Für den Kunden besteht das Bedürfnis, auf die Fähigkeiten des Unternehmens zu vertrauen, sowohl die gewünschte Qualität zu erhalten

175

als auch diese Qualität über einen längeren Zeitraum zu beziehen.

Ein QM-System hat für den Kunden den Nutzen, immer Produkte mit gleicher vereinbarter Qualität zu erhalten. Dies erhöht die Zufriedenheit und das Vertrauen. Für den Hersteller liegt der Nutzen in der Zufriedenheit des Kunden und in der Möglichkeit, Gewinn- und Marktanteile zu verbessern.

Ein wirksames QM-System sollte so ausgelegt sein, daß es die Erfordernisse und Erwartungen des Kunden erfüllt, wobei gleichzeitig die Interessen des Unternehmens gewahrt bleiben. Ein passendes QM-System ist ein wertvolles Führungsmittel für die Gewährleistung einer geordneten Arbeitsweise in allen Abteilungen. Die Beschreibung des Systems findet sich im QM-Handbuch (bisher QS-Handbuch) wieder.

Alle Teile des QM-Systems sollten regelmäßig einem Audit unterzogen werden, mit dem Ziel, den Erfüllungsgrad jeder Qualitätsaktivität mit den vorgegebenen Qualitätszielen zu vergleichen.

Immer wieder sollte dieses QM-System und die daraus abgeleiteten Aktivitäten mit den Augen des Kunden betrachtet werden, dann ist auch die gewünschte Kundenbezogenheit gegeben.

8 Kostenbeeinflussende Faktoren und Regeln für ein kostengünstiges Konstruieren

Edmund Gerhard (8.1 bis 8.6) und Dieter Lowka (8.7 und 8.8)

8.1 Einleitung

Immer soll der zu konstruierende Gegenstand auf einem Markt verkauft werden, der recht genaue Vorstellungen hat, welchen Preis er dafür bezahlen will. Konkurrenzangebote und der Vergleich mit ähnlichen Geräten bzw. Maschinen helfen dem Abnehmer, diese Vorstellungen zu präzisieren.

Da letztlich alle Forderungen in der Anforderungsliste Kosten bedeuten, ist es möglich, daß die Realisierung dieser Forderungen und die Kostenzielsetzung unvereinbar sind. Während des Konstruktionsvorganges können sich außerdem Lösungen ergeben, die es erlauben, auf dem Markt einen höheren Preis durchzusetzen. Das bedeutet, daß über Änderungen entschieden werden muß. Bild 8.1 zeigt einen entsprechenden Ablauf für Geräte in Serienproduktion.

Viele Kostenarten kann der Konstrukteur mehr oder weniger stark beeinflussen, wie z.B.

- Konstruktionskosten / Kosten für Musterbau und Prototyp,
- Versuchskosten,
- Materialkosten,
- Lohnkosten und direkt lohnabhängige Gemeinkosten,
- verfahrensbedingte Gemeinkosten,
- Rüstkosten,
- Werkzeugkosten,
- Investitionen,
- Verbrauchskosten des Gerätes,
- Wartungskosten des Gerätes / Garantiekosten.

177

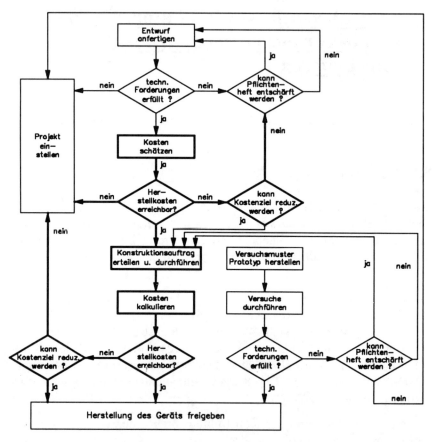

Bild 8.1: Flußdiagramm für das Anfertigen eines Entwurfs nach GRES-SENICH [8.1, 8.2]

Die kostenbeeinflussenden Faktoren sind in Bild 8.2 in ihrer Wirkung auf die Kosten eines Erzeugnisses dargestellt. Die Intensität der Konstruktionsarbeit muß sich, insbesondere bei Serienprodukten, vorwiegend auf den Einsatz der bestgeeigneten Fertigungsverfahren konzentrieren.

Die "stoffliche Verwirklichung eines Konzepts" legt die Lösung in funktionaler, struktureller und wirtschaftlicher Hinsicht fest. Dabei sind,

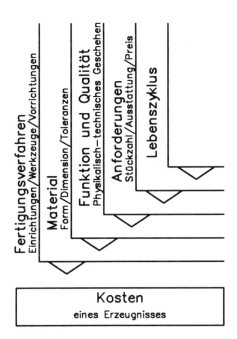

Bild 8.2:
Kostenbeeinflussende Faktoren

abhängig von Produkt, Branche und Unternehmung, ganz bestimmte Gestaltungsprinzipien wie z.b. das Prinzip vom minimalen Raumbedarf, das Prinzip vom minimalen Energieverbrauch bzw. höchsten Wirkungsgrad, das Prinzip von der maximalen Zuverlässigkeit u.v.a.m. einzuhalten. Das Grundprinzip schlechthin für Produkte, die auf dem freien Markt abgesetzt werden sollen, ist das Prinzip von den minimalen Herstellkosten. Oft kann es dabei ausreichen, die Minimalbedingung auf die Materialkosten (Minimierung des Werkstoffaufwandes) oder auf die Fertigungskosten (Minimierung des Arbeitsaufwandes) zu beschränken.

Für den Einzelfall finden sich in der Fachliteratur Regeln für die Teilegestaltung i.S. von "Regeln für kostengünstige Gestaltung von ...", insbesondere bezüglich Feingestalt, Toleranz und Fertigungsverfahren (vgl. auch Literatur zu Kapitel 1).

Besonders unterschieden werden muß dabei, ob Produkte des Maschinenbaus, der Feinwerk- und Elektrotechnik, der Mikromechanik, der Mi-

179

Fertigungsverfahren		Eisen-Werkstoffe		Nichteisen – Metalle			
		Stahl u.Leg.	Grau-Guß	Cu,Al,Mg u.Leg.	W,Ti,Ta,Nb,Mo u.Leg.	Sn,Pb u.Leg.	Au,Ag,Pt u.Leg.
Ur-formen	Feingießen/Spritzgießen	△	□	□	○	□	□
	Sintern	□		□	△		
	Pressen			□	○	□	○
Um-formen	Blasen						
	Drücken	△		□	△	□	□
	elektromagn. Umformen	△		□	△	○	○
	Explosionsumformen	△			△	□	□
	Fließpressen	△		△	□		
	Gewinde walzen	△		□	□	○	○
	Kalthämmern	△		□	○	□	□
	Kugeln	△		□	○	□	□
	Prägen	△		□	□	□	□
	Rollieren	□		□	○	□	□
	Schmieden	△		△	△		□
	Walzen	△		△	△	□	□
	Ziehen	△		△	△		□
Trennen und Abtragen	Bohren	□	□	□	△	△	□
	Drehen	□	□	□	△	△	□
	Elektronenstrahlbearb.	□	□	□	□	□	□
	Elysieren	□	□	□	□	△	□
	Fräsen	□	□	□	△	○	□
	Funkenerosion	□	□	□	□	○	○
	Hobeln	□	□	□	△	○	○
	Honen	□	○	□	△	○	□
	Läppen	□	○	□	△	○	
	Laserstrahlbearbeitung	□	□	□	□	□	□
	Mikrobohren	△	○	△	△		□
	Polieren, chemisch	△		△		△	□
	Polieren, elektrisch	△		△	□	△	□
	Polieren, mechanisch	△		□	△		□
	Räumen	□	□	□	○	○	○
	Reiben	□	□	□	△	○	□
	Sägen	□	□	□	□	□	□
	Schaben von Hand	□	□	□	□	□	□
	Schleifen	□	□	□	□	△	□
	Stanzen	△		△	△	□	□
	Trommelschleifen	□	○	□	□	○	△
	Ultraschall	□	□	□	□	□	□
Fügen	Schweißen	△	△	△	△	□	△
	Löten	□		△	△	□	□

□ Bearbeitung ist möglich
△ Bearbeitung ist unter Berücksichtigung bestimmter Einflußgrößen möglich
○ Bearbeitung ist unüblich

Verfahren	Kunststoffe			Sinterwerkstoffe		Mineralien u. Gemische		Kleinstes Nennmaß [µm] / Herstellen von Innenmaßen	Kleinste Toleranz [µm] / Herstellen von Außenmaßen
	Duro-plaste	Thermo-plaste	Elasto-mere	Keramik	Hartmetall	Glas	Edel-steine		
Fein|Spritz		□				□		1000 / 160	800 / 20
Sintern		□		□	□	□		1500 / 30	1000 / 10
Pressen	□	□	□			□			3000 / 35
Blasen		□				□			
Drücken	△								3000 / 54
el. Umf.									
Expl. Umf.	○								
Fließpr.	□		□	△				Wandstärke:	70(St),10(Al)/1
Gew. Walz.		□						Schaft-Φ:	300(Ms)/10
Kalthäm.									
Kugeln								400(St)/25	400 / 25
Prägen		□						../20	10/ 1
Rollieren								5000 / 10	60/ 5
Schmied.									3000(St)/83
Walzen		□				□		Band:	100/20
Ziehen		□				□		Draht:	70(Al),3,5(Cu)/3,0
Bohren	□	△	△	△	△	△	△	100(50)/5	
Drehen	□	△						1000(St),480(Ms)/15	80(St),>150(NE)/4
Elektron.	○	□	○	△	□	□	□	10/2...3	10/ 2
Elysieren					□			120/50	
Fräsen	□	△		△		△	△	St:500/100 / NE:E50/20	St:300/30 / NE:E500/10
Funkener.					□			10/2	200/10
Hobeln	○	○		○	○				1000/100
Honen	○	○		○	□	△	○	1520/1...2	
Läppen	○	○	○	△	□	△	□	500/2 (St)	100/2 (St)
Laserstr.	○	○	○	○	□	□	□	5/1,25	
Mikrobohr.	○			△	△		□	35,50(St)/4...5	
Pol. chem.									
Pol. el.									
Pol. mech.	□	△			□	□	□		50/0,4
Räumen	○	○		○				500/3...6	
Reiben	□	○		△	□		○	100; 800 (St)/5	
Sägen	□	○	△	△	□	□	□		100/20(GFK)
Schaben	□	○		○					10000 / 10
Schleifen	△	○		△	□	□	□	80/2	50/ 2
Stanzen	△	□	□					150/10	400...650/4
Trommeln				△	△				
Ultrasch.	○			△	△	△	△	100/10	
Schweiß.		□				□			
Löten					□		△		

Bild 8.3: Bearbeitbarkeit verschiedener Werkstoffe mit verschiedenen Fertigungsverfahren

181

kroelektronik oder Mikrosystemtechnik herstellungs- bzw. verfahrensgerecht zu gestalten sind.

8.2 Machbarkeit und Fertigungsverfahren

8.2.1 Werkstoffe und ihre Bearbeitbarkeit

Funktionen werden im Werkstoff bestimmter Geometrie realisiert. Dabei kann nicht jeder Werkstoff mit Hilfe jedes beliebigen Fertigungsverfahrens bearbeitet werden, Bild 8.3. Aus der großen Zahl der Werkstoffe sind bewußt nur die wichtigsten ausgewählt und in Gruppen zusammengefaßt, um den Umfang zu beschränken und die Übersichtlichkeit zu erhalten [8.11].

Während des Bearbeitungsvorganges haben gewisse Randbedingungen Einfluß auf Maßhaltigkeit, Form und Aussehen des Werkstückes. Diese Einflußgrößen sind von Verfahren zu Verfahren verschieden; sie reichen von der Arbeitsgenauigkeit der Maschine bei den verschiedenen Umweltbedingungen bis hin zur Zuverlässigkeit des Arbeiters und beinhalten alle Angaben über den Zustand von Werkstoff und Werkzeug sowie der Kühl- und Schmiermittel. Diese Randbedingungen werden bei dieser Betrachtung als optimal erfüllt angesehen [8.03].

8.2.2 Erreichbare Nennmaße und Toleranzen

Im allgemeinen wird der Konstrukteur versuchen, jeweils die funktional gerade noch zu vertretenden größten Toleranzen zur Herstellung seiner Bauteile anzugeben, um eine wirtschaftliche Fertigung zu gewährleisten. Dazu muß er das bei einem verlangten Nennmaß und zugehöriger Toleranz sowohl technologisch als auch wirtschaftlich richtige Fertigungsverfahren angeben können. Eine solche Aussage ist jedoch nur dann möglich, wenn man den Zusammenhang zwischen Nennmaß und zugehöriger Toleranz sowohl im Anwendungsbereich eines Verfahrens als auch beim Übergang von einem Verfahren zu einem anderen kennt. Eine solche Aussage würde sich erübrigen, wäre das Verhältnis von Toleranz zu Nennmaß bei allen Verfahren gleich.

Für ein bestimmtes Fertigungsverfahren sind im ISO-Toleranzsystem für die in DIN 7151 festgelegten Nennmaßbereiche, in die alle Nennmaße zwischen einer jeweiligen unteren Grenze N_1 und einer oberen Grenze N_2 eingeordnet sind, jeweils 20 Toleranzstufen, sogenannte Qualitäten, angegeben. Von der Qualität IT 5 an ist die Grundtoleranz T ein Vielfaches der Toleranzeinheit i, ab IT 6 ist der Stufensprung konstant.

Bezeichnet D das geometrische Mittel der beiden Grenzen N_1 und N_2 eines Nennmaßbereiches

$$D = \sqrt{N_1 \cdot N_2} \qquad (8.01)$$

so ist die Toleranzeinheit i definiert

$$\frac{i}{\mu m} = 0{,}45 \cdot \sqrt[3]{\frac{D}{mm}} + 0{,}001 \frac{D}{mm} . \qquad (8.02)$$

Bezieht man alle Nennmaße und Toleranzen auf die eines bekannten Bauteils, so lassen sich beim Aufstellen von Gesetzmäßigkeiten dimensionslose Größen benutzen, Bild 8.4.

Innerhalb eines bestimmten Fertigungsverfahrens kann man in der Praxis für den Zusammenhang von Nennmaß N und Toleranz T bei empirisch gefundenen Beziehungen drei Verfahrensklassen unterscheiden:

- *Spanabtragende Verfahren,*

wie Sägen, Schleifen, Drehen, Fräsen, Reiben, Räumen, Hobeln, Bohren, Läppen, Feinbohren, Honen und Polieren, Bild 8.5.

Hier folgt die Beziehung zwischen Toleranz und Nennmaß dem Gesetz

$$T^* = \sqrt[3]{N^*}, \qquad (8.03)$$

was dafür spricht, daß sich die seinerzeit empirisch aufgestellte Beziehung für die Toleranzeinheit i (Gleichung 8.02) auf spanabtragende Verfahren bezog.

ISO—Toleranzsystem für Qualitäten ab IT 5:

$$T = k \cdot i$$

$$\frac{i}{\mu m} = 0,45 \cdot \sqrt[3]{\frac{D}{mm}} + 0,001 \frac{D}{mm}$$

Näherung für Nennmaße $N \leq 50\,mm$:

$$\frac{i}{\mu m} \approx 0,45 \cdot \sqrt[3]{\frac{D}{mm}}$$

Bekanntes Bauteil	Unbekanntes Bauteil
Toleranz T: $T = k \cdot 0,45 \cdot \sqrt[3]{\frac{D}{mm}}$	Toleranz T': $T' = k \cdot 0,45 \cdot \sqrt[3]{\frac{D'}{mm}}$ Mit $T' = T^* \cdot T$ und $D' = D^* \cdot D$ ist $T^* \cdot T \approx k \cdot 0,45 \cdot \sqrt[3]{\frac{D^* \cdot D}{mm}}$

Das Toleranzverhältnis $(T^* = T'/T)$ zwischen unbekanntem und bekanntem Bauteil ist:

$$T^* = \sqrt[3]{D^*} \; .$$

Näherungsweise ändert sich $D^* \approx N^*$, so daß

$$T^* \approx \sqrt[3]{N^*} \; .$$

Bild 8.4: Abhängigkeit der Toleranz vom Nennmaß

184

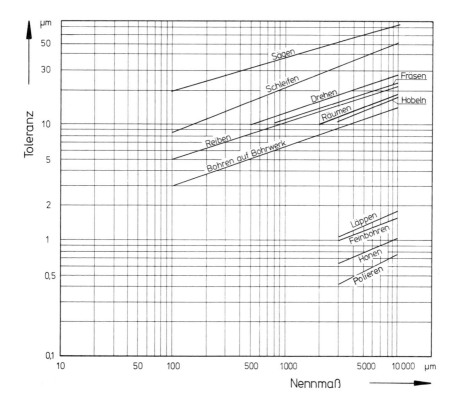

Bild 8.5: Zusammenhang zwischen Nennmaß und Toleranz bei spanabtragenden Verfahren

- *Verformende Verfahren*,

wie Prägen, Drucken, Stanzen, Walzen, Ziehen und Rollieren, Bild 8.6.

Hier folgt die Beziehung zwischen Nennmaß und Toleranz dem Gesetz

$$T^* = \sqrt[2]{N^*}.$$

(8.04)

185

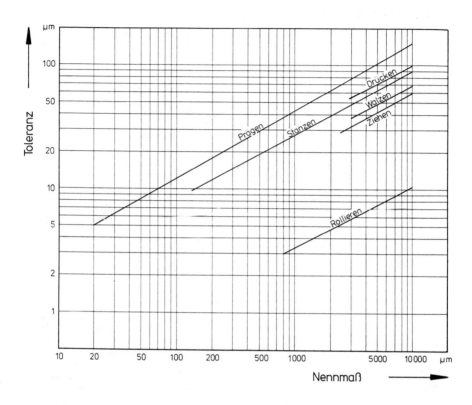

Bild 8.6: Zusammenhang zwischen Nennmaß und Toleranz bei verformenden Verfahren

- Formende Verfahren,

wie Gießen, Schmieden und Pressen , Bild 8.7.

Hier folgt die Beziehung zwischen Nennmaß und Toleranz dem Gesetz

$$T^* = \sqrt[5]{N^{*3}}. \qquad (8.05)$$

186

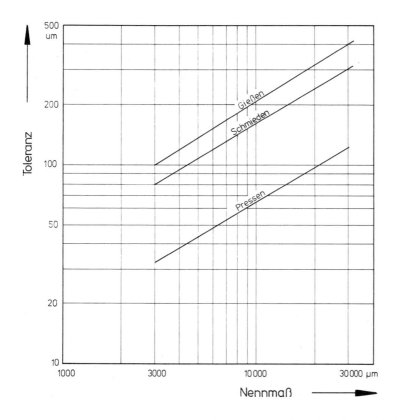

Bild 8.7: Zusammenhang zwischen Nennmaß und Toleranz bei formen-
den Verfahren

Beim *Übergang von einem Verfahren auf ein anderes*, z.B. wenn die
Grenzen der Machbarkeit oder der Wirtschaftlichkeit erreicht sind, lassen sich die erzielbaren Nennmaße und Toleranzen dann untereinander
vergleichen (Machbarkeitsgrenze!), wenn die Nennmaße zu Innenmaßen
und zu Außenmaßen zusammengefaßt und die Fertigungsverfahren entsprechend unterteilt werden.

187

■ Herstellen von Innenmaßen:

Um die kleinsten machbaren Nennmaße und die zugehörigen Toleranzen der verschiedenen Fertigungsverfahren zum Herstellen von Löchern miteinander vergleichen zu können, wird die Darstellung nach Bild 8.8 gewählt. Die Unterscheidung in abtragende Verfahren sowie Verfahren mit geometrisch bestimmter und geometrisch unbestimmter Schneide kann zufällig sein, die absolut erreichbaren Werte hängen vom Stand der Technik ab. Auffallend ist, daß beim Vergleich der Machbarkeitsgrenzen von Verfahren mit geometrisch bestimmter Schneide die gleiche Abhängigkeit auftritt wie bei spanabtragenden Verfahren einzeln (Gleichung 8.03).

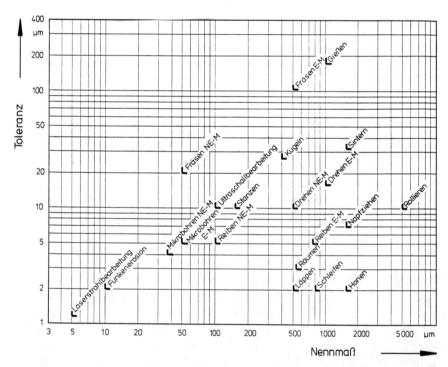

Bild 8.8: Kleinste erreichbare Nennmaße und zugehörige Toleranzen bei Fertigungsverfahren zur Herstellung von Innenmaßen

■ Herstellen von Außenmaßen:

Die in Bild 8.9 zusammengestellten Grenzen der Machbarkeit bei Verfahren zum Herstellen von Außenmaßen unterliegen selbstverständlich dem Stand der Technik. Eine Gesetzmäßigkeit läßt sich nicht ableiten.

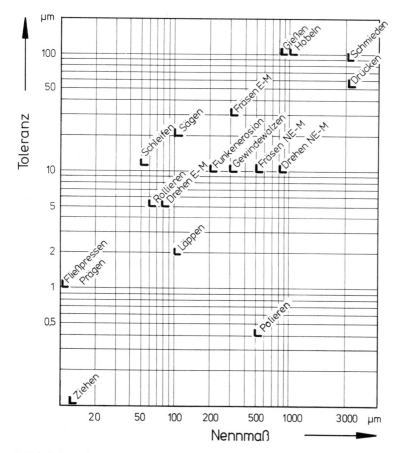

Bild 8.9: Kleinste erreichbare Nennmaße und zugehörige Toleranzen bei Verfahren zur Herstellung von Außenmaßen

8.3 Toleranzen, Passungen und Kosten

8.3.1 Toleranzfeldbreite und Kosten

Nach BRONNER [8.5] sind die Toleranzen in den wirtschaftlichen Bereichen verschiedener Fertigungsverfahren umgekehrt proportional zu den Kosten der toleranzbestimmenden Arbeitsgänge. Für die Bearbeitung eines bestimmten Werkstückes läßt sich daraus der Satz ableiten:

$$\text{Toleranz x Kosten} = \text{konstant} \qquad (8.06)$$

Diese Beziehung gilt allerdings nicht für Molekular-Technologien, Bild 8.10.

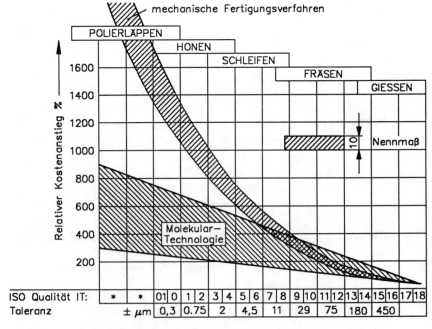

Bild 8.10: Einfluß der Toleranzen auf die Fertigungskosten

Daraus folgen unmittelbar die bekannten Regeln

- "Toleranzen so grob wie möglich und nur so fein wie nötig",
- "Grobtolerant fertigen - feintolerant montieren".

8.3.2 Passung und Kosten

Bereits die Vereinbarung über ein Auswahlsystem, d.h. aus der Vielzahl der nach DIN 7150 und 7151 genormten Toleranzfelder und ihrer paarweisen Kombination (Toleranzpaar - Passung) nur eine beschränkte Mehrzahl zu verwenden, ergibt unmittelbar eine Verringerung

- der Anzahl der vorzuhaltenden Werkzeuge,
- der Anzahl der vorzuhaltenden Meßzeuge und
- der Lagerhaltung (Typenverringerung für Austauschteile und Vorfabrikate).

Alle drei Gesichtspunkte wirken kostenmindernd.

Die Entscheidung für ein bestimmtes Passungssystem (z.B. Einheitsbohrung oder Einheitswelle) hängt davon ab, wie sich seine Merkmale in dem betreffenden Fertigungsbereich bzw. Produktbereich auswirken [8.6; 8.7]. Häufig ist es wirtschaftlich vorteilhaft, die Systeme Einheitsbohrung und Einheitswellen nebeneinander zu verwenden, wobei für Preß- und Übergangspassungen mit engen Toleranzen die teurere Innenbearbeitung durch Anwendung der Einheitsbohrung rationalisiert wird, während für Spielpassungen, bei denen meist gröbere Toleranzen zugelassen sind, durch Anwendung der Einheitswelle ein wirtschaftlicher Vorteil aus dem Einsatz von blank gezogenen Wellen gewonnen werden kann. Überall dort, wo Kräfte von einem Bauelement auf ein anderes übertragen werden und sich ein Spiel als "toter Gang" störend bemerkbar machen würde, kann ein Toleranzausgleich durch "Möglichkeiten der Spielbeseitigung" (Lösungskatalog in [8.8]) wirtschaftlich günstiger sein als ein hoher Passungsaufwand.

8.4 Stückzahl (Losgröße) und Verfahrensauswahl

Die Wahl eines Fertigungsverfahrens ist stark abhängig von der zu ferti-
genden Stückzahl. Fixkosten (z.b. Werkzeuge, Vorrichtungen, Meßzeuge, Kosten des eingesetzten Kapitals für Maschinen) und variable Kosten (stückzahlabhängige Aufwendungen) sind bei den verschiedenen
Verfahren unterschiedlich. Verfahren der spanenden Formgebung haben
niedrigere Fixkosten (Universalmaschinen, universell verwendbare
Werkzeuge), aber hohe variable Kosten (mehrere Arbeitsgänge, längere
Bearbeitungszeiten je Stück). Verfahren der spanlosen Formgebung
haben hohe Fixkosten (teure Einrichtungen, spezielle Werkzeuge) und
niedrige variable Kosten (ein Arbeitsgang, kurze Bearbeitungszeit je
Stück). Außerdem steigen die Fixkosten mit wachsendem Automatisierungsgrad eines Verfahrens.

Da die Fixkosten auf die Stückzahl umgelegt werden und die variablen
Kosten je Stück konstant bleiben, ergibt sich eine im Einzelfall zu er-
mittelnde "Grenzstückzahl" und damit die Entscheidung für das eine
oder andere Verfahren, Bild 8.11.

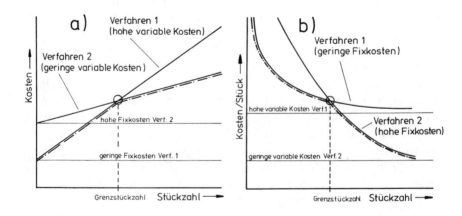

Bild 8.11: Stückkosten bei Verfahren mit verschiedenen Kostenanteilen
(a) Kosten = f (Stückzahl)
(b) Kosten/Stück = f (Stückzahl)

Damit müßte bei wesentlicher Stückzahländerung gegebenenfalls die Konstruktion geändert werden, um ein kostengünstigeres Fertigungsverfahren zu ermöglichen. Auch bei stückzahlgerechter Auswahl des Fertigungsverfahrens muß selbstverständlich noch der Kosteneinfluß der geforderten Herstellgenauigkeit beachtet werden.

8.5 Vereinheitlichung, Baukastensysteme

Da niedrige Herstellkosten nur bei hohen Stückzahlen gleicher Teile, gleicher Baugruppen oder gleicher Erzeugnisse möglich sind, muß eine *Vereinheitlichung* erfolgen, wenn unterschiedliche bestehende Teile, Teilegruppen oder Erzeugnisse zusammenfaßbar sind, und ein Baukastensystem konstruiert werden, wenn es sich um neue Erzeugnisse handelt. Gleichteile oder Gleichgruppen sowie "ähnliche Teile" ermöglichen es, kostengünstige Fertigungsverfahren einzusetzen und den Werkzeug- und Organisationsaufwand gering zu halten. Die "Schnittstellen", an denen z.B. die Kundenanpassung erfolgt, sind vom Konstrukteur sorgfältig festzulegen. Aus der Sicht der Fertigung sollten die Erzeugnisse im Fertigungsfluß möglichst lange gleichbleiben und eine Differenzierung erst spät in der Montage - durch Justieren, anderes Design, andere Kennzeichnung - erfolgen.

Die Teilegruppenfertigung nutzt die Möglichkeit, die in der Wiederholung nach "*Ähnlichkeit*" liegt. Von der Gesamtform der Teile aus betrachtet, ist Ähnlichkeit eine partielle Gleichheit, eine Wiederholverwendung von Formelementen. In der Endform ähnliche Teile haben im allgemeinen einen gleichen oder ähnlichen Fertigungsdurchlauf (Teilefamilien). Die Nutzung der Ähnlichkeit von Teilen, das "Denken in Teilegruppen" beginnt beim Konstrukteur, findet seine höchste Bedeutung in der Arbeitsplanung und endet in der Steuerung des Fertigungsdurchlaufs [8.9].

Das *Baukastenprinzip* ist ein Ordnungsprinzip, das den Aufbau einer i.a. begrenzten Zahl verschiedener Dinge aus einer Sammlung genormter Bausteine auf Grund eines Programmes oder Baumusterplans in einem bestimmten Anwendungsbereich darstellt [8.10]. Der Baukasten ist eine Sammlung von Bausteinen, aus denen sich durch unterschiedliche Auswahl und Anordnung viele verschiedene Gebilde kombinieren lassen.

Baureihen bestehen i.a. aus Produkten verschiedener Größe, Leistung, Drehzahl oder anderer Parameter, aber sonst gleicher Art (Konstruktionsmethode Ähnlichkeit) [8.11,8.12].

8.6 Qualität und Kosten

Qualität stellt heute ein Wertschöpfungspotential dar und ist zu einem Synonym für unternehmerischen Erfolg und zufriedenen Kunden geworden. Qualität ist einerseits eine unternehmensinterne Bewertungsgröße für Fehlleistungen, andererseits eine Art Erfolgsparameter, gemessen an Produkt, Unternehmen und Management. Qualität wird zunehmend als Führungsaufgabe verstanden (*Total Quality Management*), da davon auszugehen ist, daß nur qualitativ hochwertige Produkte in Kombination mit einem erfolgreichen Wettbewerbskonzept auf dem internationalen Markt bestehen können. Qualitätssicherungsystem und Qualitätsplan sind die Voraussetzung für eine hohe Produktqualität.

Qualitätskosten (Begriff Qualität siehe DIN 55 350, Blatt 11) sind alle Ausgaben zur Erhaltung (Sicherung, Erzielung) des erforderlichen Qualitätsniveaus, das gegenüber dem Kunden durch schriftlich fixierte oder implizit vorhandene Festlegungen bestimmter Eigenschaften eines Produktes als verbindlich erklärt wird [8.13]. Von den Qualitätskosten werden üblicherweise etwa

- 5 % bis 10 % von der Qualitäts-Planung verursacht,
- 10 % bis 20 % durch die Qualitäts-Steuerung verursacht,
- 85 % bis 70 % für Qualitäts-Fehler-Kosten anfallen.

Von allen Qualitätskosten (Verhütungs-Kosten, Prüf-Kosten, Kosten für Fehler, verbraucherseitige Qualitätskosten) gehen insbesondere die Kosten für Fehler sowie die Folge-Kosten zumindest teilweise auf die Arbeit des Konstrukteurs zurück.

Kosten für Fehler sind die Aufwendungen, die im eigenen Unternehmen anfallen oder dem Unternehmen in Rechnung gestellt werden. Folge-Kosten im Qualitätssinne entstehen dort, wo die hergestellten Produkte gebraucht oder verbraucht werden. Strenge Kontrollen der eingesetzten Materialien und Zulieferteile, laufende Überprüfungen während der Fertigung heben nicht nur die Produktqualität, sondern senken letztlich auch die Kosten. "Just-in-Time-Delivery" (termingerechte Anlieferung) kann ebenso Kosten senken wie eine regelmäßige Wertverbesserung. Bild 8.12 stellt einige, aus Fehlern resultierende Auswirkungen zusammen [8.13; 8.14].

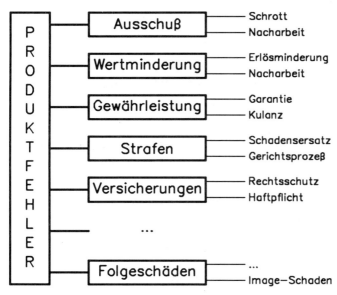

Bild 8.12: Auswirkungen und Kosten aus Qualitätsfehlern

8.7 Regeln für ein kostengünstiges Konstruieren

8.7.1 Einführung

Entwickler und Konstrukteure lernen während ihrer Ausbildung und ihrer beruflichen Tätigkeit eine Vielzahl von Gestaltungsregeln kennen, deren sinnvolle Nutzung das Kostenbild positiv beeinflußt. Solche Gestaltungsregeln sind z.B.: Fasen an zu fügende Teile anbringen, Abrundungsradien an Kunststoffteilen vorsehen, Toleranzen so grob wie möglich wählen usw.. Aus dem Vergleich seiner als optimal angesehenen und festgelegten Gestaltung und den späteren Rückmeldungen vor allem aus dem Kalkulations- und Fertigungsbereich (Arbeitsvorbereitung, Arbeitsstudienabteilung, Fertigung, Qualitätssicherung) vergrößert der Konstrukteur seinen Erfahrungsschatz. Er kann auf diese Weise seine Handlungen optimieren.

Erfahrungen dieser Art beinhalten vorwiegend qualitative Aussagen. Interessanter noch wären Angaben darüber, wie sich das Kostenbild verschiedener Alternativen für eine prinzipiell gleiche Gestaltung darstellt. Dazu sollen im folgenden einige Beispiele diskutiert werden.

8.7.2 Kosten als Funktion eines Gestaltungsmerkmals

Während es im Regelfall nicht problematisch ist, sich technische Informationen zu beschaffen, ist es weit schwieriger, Kostendaten zu erhalten. Aber erst mit technischen wie wirtschaftlichen Argumenten ausgestattet, kann der Konstrukteur tragfähige Entscheidungen treffen. In Form einiger Beispiele soll dargestellt werden, wie sich die Kosten mit einzelnen Gestaltungsmerkmalen verändern.

Beispiel 1: Montageaufwand beim Fügen

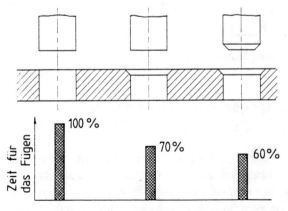

Bild 8.13: Benötiger Zeitaufwand für das Fügen [8.14]

196

Das Anbringen von Fasen an Stift und Bohrung reduziert die benötigte Zeit für das Fügen ganz wesentlich. Auch die Vergrößerung des Spiels erleichtert das Fügen. Da sich die Herstellkosten des Stiftes und die der Bohrung erhöhen werden, ist zwischen der Zeitersparnis (Fertigungslohnkosten) beim Fügen einerseits und den höheren Herstellkosten andererseits abzuwägen, Bild 8.13.

Beispiel 2: Erleichterung des Fügens durch die Schraubenkopfform

Die Schraubenkopfform verändert die Zeit für das Fügen sehr wesentlich, wie Bild 8.14 zeigt; deshalb wird eine Schraube mit Kreuzschlitzkopf häufig als wirtschaftlichste Lösung angesehen. Eine noch kostengünstigere Maßnahme jedoch ist eine entsprechende Vorrichtung für eine Schlitzschraube. Ein Übergang auf einen anderen Schraubentyp müßte sich darüberhinaus am Lagerbestand orientieren.

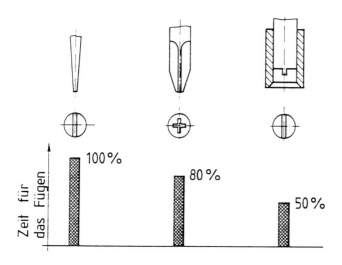

Bild 8.14: Benötigte Zeit für das Schrauben in Abhängigkeit von der Schraubenkopfform [8.14]

Beispiel 3: Relative Kosten und Oberflächengüte

Daß sich die Fertigungskosten mit steigender Oberflächengüte erhöhen, ist jedem Konstrukteur bewußt; selten sind allerdings die in Bild 8.15 dargestellten Abhängigkeiten bekannt. Insofern sollte man die Rauheit einer technischen Oberfläche so grob wie möglich vorgeben, da die Maschinenleistung steigt, während die Ausschußquote sinkt und da eine Nacharbeit (falls überhaupt möglich) reduziert werden kann.

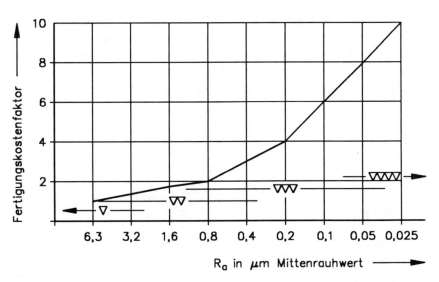

Bild 8.15: Relative Fertigungskosten als Funktion des Mittenrauhwertes [8.15]

Beispiel 4: Kosten und Toleranz

Kosten sind, wie Bild 8.16 zeigt, in hohem Maße von der geforderten Toleranz abhängig. Das gilt für Fertigungsverfahren [8.16] wie für elektrotechnische Bauteile: Die Reduzierung der Toleranz auf den halben Wert bedeutet eine Verdoppelung der Kosten. HÄNDEL [8.35] weist zu Recht darauf hin, daß die Toleranzfestlegung aber auch eine Frage des Betriebscharakters und der Arbeitsmoral sei und nicht nur eine Frage der

198

Kosten.

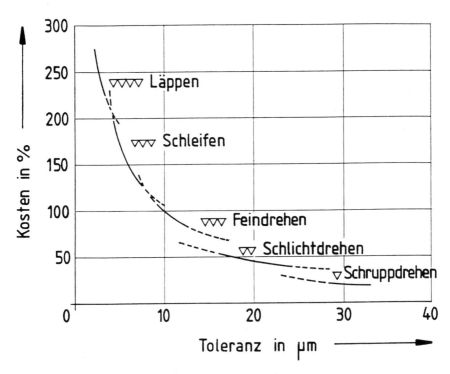

Bild 8.16: Kosten in Abhängigkeit von der Toleranz

Beispiel 5: Verbinden thermoplastischer Kunststoffteile

Häufig können für die Realisierung bestimmter Funktionen verschiedene Verfahren herangezogen werden. Die Auswahl des optimalen Verfahrens ist fast immer auch stückzahlabhängig. Als Beispiel ist in Bild 8.17 der Verfahrensvergleich für das nicht lösbare Verbinden von thermoplastischen Kunststoffteilen miteinander, das Kleben und das Ultraschallschweißen dargestellt. Die Kosten für eine Klebverbindung betragen bei einem bestimmten Beispiel für 150.000 Stück ca. 20.000,-- DM und bei Ultraschallschweißen ca. 15.000,-- DM. Kostengleichheit besteht für bei-

199

de Verfahren bei etwa 78.000 Stück. Sofern nicht übergeordnete Gesichtspunkte eine andere Auswahl erzwingen (z.B. Maschinenauslastung), wird man bei zu erwartenden Stückzahlen bis etwa 78.000 eine Klebverbindung, bei größeren Stückzahlen eine Ultraschallschweißverbindung aus Kostengründen bevorzugen. Entsprechende Diagramme sind für den Bereich der Elektrotechnik für den Vergleich der Lötverfahren und für SMD-bestückte Leiterplatten von GALLA [8.18] angegeben worden. Dort ist dargestellt, wann Handlöten, Impulslöten oder Dampfphasenlöten die optimale Wahl sind.

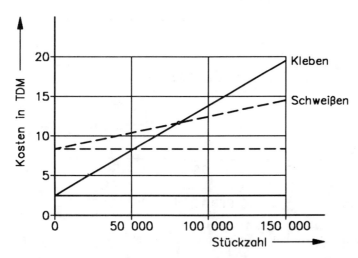

Bild 8.17: Vergleich der Verbindungstechniken Kleben und Ultraschallschweißen von thermoplastischen Kunststoffen [8.17]

Den Kostenangaben in den genannten Beispielen liegen teilweise ganz bestimmte Voraussetzungen zugrunde. Die Aussagen sollten deshalb nicht unmittelbar, sondern nur nach einer entsprechenden Kalkulation auf die firmenspezifischen Situationen übertragen werden. Sie dienen aber zur Anregung, Kostenabhängigkeiten von einzelnen Gestaltungsmerkmalen für den eigenen Arbeitsbereich zu erstellen, um so noch begründeter Entscheidungen treffen zu können und dadurch kostenbewußt

Ansatzpunkt	Gestaltungsregel	Auswirkung
Material	- Standard-Material verwenden - Werknorm-Material einsetzen - Passende Halbzeuge vorsehen	Handelsüblich; Lieferantenvielzahl Mengenrabatte; Qualität bekannt Schnellere Fertigung, weniger Abfall
Abmessungen	Bearbeitungszugaben reduzieren nicht überdimensionieren Toleranzen so grob wie möglich	weniger Abfall Materialersparnis kürzere Fertigungszeit
Fertigung	weniger Sonderbehandlungen (Härten, Galvanisieren) wenig Aufspannungen vorsehen eingeführte Fertigungsverfahren vorziehen	kürzere Durchlaufzeit, weniger Arbeitsgänge Rüstzeit verringern kein Anlernen, keine Qualitäts- probleme
Montage	bei Kunststoffteilen Klipsverbindungen anstreben geringe Gewichte der Teile anstreben symmetrische Teile, Fügehilfen einbeziehen	kurze Fügezeit einfache Handhabung (Transport) erleichtern das Fügen
Form	Integralbauweise, falls möglich Komplexitätsgrad beachten auf Design achten	Zusammenfassen von Funktionen ermöglichen Mehrfach-/Etagen formen Verkaufserleichterung
Kaufteile	nicht alles selbst herstellen wollen Wiederholteile/Normteile einsetzen evtl. Konstruktion an Kaufteil anpassen	keine Werkzeuge erforderlich/kürzere Lieferzeiten Mengenrabatt, Lagerhaltung reduziert Verkaufserleichterung
Qualitäts-sicherung	Kontrollmaße sorgfältig vorgeben Summentoleranzausgleich durch Justage vorsehen Regeln der Technik einhalten (z.B. VDE-Vorschriften)	eindeutige und schnelle Kontrolle erlaubt grobtolerante Fertigung reduziert Haftungsfragen

Bild 8.18: Gestaltungsregeln

zu handeln.

8.7.3 Gestaltungsregeln

Nicht immer ist es möglich, die Abhängigkeit der Herstellkosten von einzelnen Parametern anzugeben. Sehr häufig kann man dann jedoch zumindest Direktiven angeben, deren Befolgung die Herstellkosten positiv beeinflußt. Diese Handlungsanweisungen seien im folgenden Gestaltungsregeln genannt.

Die in Bild 8.18 in einer Auswahl zusammengestellten Gestaltungsregeln sind den erfahrenen Konstrukteuren sicher bekannt, wenn sie auch in der Praxis nur ungenügend berücksichtigt werden. Für Mitarbeiter in der Einarbeitungsphase stellen sie jedoch ein wertvolles Instrument für ein kostenbewußtes Konstruieren dar.

Für jede Konstruktionsabteilung sollte eine spezielle Liste mit Gestaltungsregeln erarbeitet werden. Diese Liste wäre dann auch sehr viel detaillierter und würde sich auf die für die zu konstruierenden Produkte besonders typischen Merkmale beziehen. Sie enthält alle Erfahrungen der Mitarbeiter und dient der positiven Veränderung der vom Konstrukteur direkt oder indirekt beeinflußbaren Kosten.

Neben den Gestaltungsregeln in Textform bieten sich Darstellungen an, in der eine zweckmäßige einer falschen Ausführung gegenübergestellt wird. Beispiele dafür enthält Bild 8.19 [8.19], hier wird z.B. darauf hingewiesen, schrägliegende Bearbeitungsflächen und Bohrungsansätze zu vermeiden, durchgehende Bohrungen anzustreben und Sacklöcher zu umgehen, Bearbeitungsflächen in gleicher Höhe und parallel zur Aufspannung anzuordnen, ungehindertes Schleifen durch zweckmäßige Anordnung der Bearbeitungsflächen anzustreben. Beispiele für werkstoff- und verfahrensgerechtes Konstruieren sind z.B. in [8.20] zu finden, Beispiele für montagegerechtes Konstruieren in [8.21].

8.8 Gestaltungsregeln in Form von Checklisten

Der wesentlichste Zweck einer Checkliste ist es, komplexe Konfiguratio-

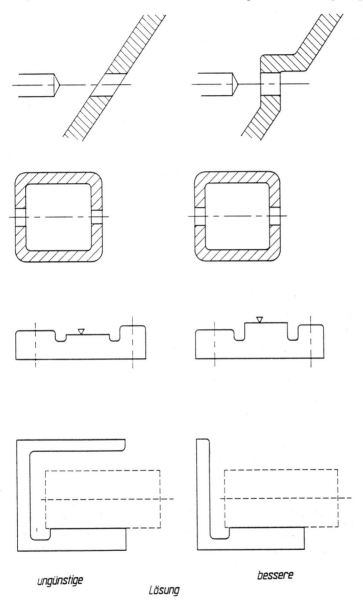

ungünstige   *bessere*

Lösung

Bild 8.19: Konstruktions-Beispiele

nen zu überprüfen, indem einzelne Merkmale auf spezielle Auswirkungen hin kontrolliert werden. Durch die Überprüfung anhand einer Checkliste ist die Gefahr deutlich reduziert, wichtige Merkmale zu übersehen. Um die Erarbeitung von abteilungsspezifischen Listen zu erleichtern, seien Beispiele für die Auswahl geeigneten Materials, für das Gestalten von Kunststoffteilen, von Leiterplatten-Layouts und von Verpakkungen beigefügt [8.22 bis 8.34]. Umfassende und auf die Produktpalette abgestimmte Checklisten machen einen Ablauf effektiver, also kostengünstiger und helfen Fehler zu vermeiden und dadurch Kosten zu sparen. Die Listen sollten für wiederkehrende, prüfende Tätigkeiten erstellt und ständig aufgrund gemachter Erfahrungen vervollständigt und überarbeitet werden.

8.8.1 Checkliste "Materialauswahl"

1. Preiswerteres Material einsetzen.
2. Anzahl der Materialien verringern.
3. Durch Formänderungen Material sparen.
4. Metalle durch Kunststoffe substituieren.
5. Material und Fertigung aufeinander abstimmen.
6. Bearbeitungsverfahren anpassen.
7. Lebensdauer des Materials prüfen.
8. Korrosionsprobleme beachten.
9. Veränderung der Ansprüche an das Material eingetreten?
10. Genormtes Material einsetzen.
11. Zugehöriges Normblatt studieren.
12. Zwischenbehandlung des Materials erforderlich?
13. Oberflächenbehandlungen erforderlich?
14. Schränkt das Material das Design ein?
15. Erfordert das Material besondere Sicherheitsvorkehrungen?
16. Hat das Material hohe Gemeinkosten-Anteile?
17. Fordert das Material Hilfsstoffe?
18. Aufwendige Lagerung erforderlich?
19. Spezielle Wareneingangskontrolle nötig?
20. Umweltschutzbedingungen beachten.
21. Halbzeuge verwenden.

22. Normmaße bevorzugen.
23. Physikalische und chemische Kenngrößen beachten.
24. Vorbehandlung des Materials erforderlich?
25. Geht die Materialherstellung in die Materialauswahl ein?
26. Behandlungszustand des Materials angeben.
27. Oberflächenbeschaffenheit des Materials festlegen.
28. Versendungszustand angeben.

8.8.2 Checkliste "Kunststoffteile"

1. Festlegen der Funktionen des Teils.
2. Festlegen der mechanischen Beanspruchung.
3. Klären der Umweltbedingungen.
4. Berücksichtigung der Fertigung.
5. Berücksichtigung von Vorschriften (VDE, DIN, UL, TÜV, ...).
6. Kosten des Kunststoffmaterials.
7. Toleranzfestlegung.
8. Kunststoffgerechte Gestaltung.
9. Nachbehandlungen erforderlich?
10. Bedrucken, Prägen notwendig?
11. Montage der Teile optimiert?
12. Demontierbarkeit beachten.
13. Festlegen von Qualitätsanforderungen.
14. Design (Form, Farbe, Oberfläche).
15. Gefahr der Spannungsrisse beachtet?
16. Brennbarkeit - Entflammbarkeit überprüfen.
17. Reinigungsmöglichkeit der Teile beachten (Oberfläche, Zugänglichkeit).
18. Beständigkeit gegen Ozon, UV-Licht.
19. Beständigkeit gegen Chemikalien.
20. Elektrostatische Aufladung.
21. Verbinden von Teilen: Schweißen, Kleben, Schrauben, Klipsen,...
22. Gewindeeinsätze, Einlegeteile erforderlich?
23. Beachten der Werkzeug-Gegebenheiten.
24. Anordnung von Firmenzeichen, Symbolen, Schriftzügen.
25. Angabe der Ansichtsflächen des Teiles.

26. Material der Gegenstücke.
27. Schieber, Backen erforderlich?

8.8.3 Checkliste "Leiterplatten-Layout"

1. Kürzeste Verbindung anstreben.
2. Keine spitzen Winkel bei Leiterbahnführung.
3. Leiterbahnbreite, -abstand beachten (VDE, DIN, Fertigung, ...).
4. Leiterbahn möglichst in Lötrichtung führen.
5. Packungsdichte nicht übertreiben.
6. Doppelseitige Platinen oder Multilayer zweckmäßiger?
7. Mechanische Beanspruchung durch schwere Bauteile beachten.
8. Kennzeichnungsaufdruck verringert Fehlbestückung, erleichtert Fehlersuche.
9. Lötstopplack, Lötlack, Überzug der Leiterplatten einbeziehen.
10. Stecksysteme standardisieren.
11. Für Unverwechselbarkeit am Steckverbinder sorgen.
12. Stecksystem mit Prüfsignalen belegen.
13. Kontaktflächen für Prüfadapter-Stifte vorsehen, kennzeichnen.
14. Zugänglichkeit zu Bauteilen im Reparaturfall gegeben?
15. Bedienelemente, Schalter, Anzeigen auf Testpunkte führen.
16. Trimmpotentiometer-Abgleich zweckmäßig?
17. Logiktiefe gering halten.
18. Analoge und digitale Funktionen trennen.
19. Modulbauweise erörtert?
20. Surface Mount Device- und Insert Mount Device-Technologie einbezogen?

8.8.4 Checkliste "Verpackungen"

1. Schutz gegen Transportschäden.
2. Schutz gegen Klimaeinflüsse.
3. Werbewirksamkeit.
4. Verletzungsmöglichkeit an Verpackung ausgeschlossen.
5. Produkteinheitliche Verpackung (Firmencodierung).
6. Einmal- / Pendelverpackung.

7. Gleiche Verpackung für ähliche Produkte einsetzbar?
8. Mehrfarbenaufdruck erforderlich?
9. Automatikboden vorteilhaft?
10. Verpackungsmaterial optimal?
11. Möglichkeit der Blister- bzw. Skinverpackung geprüft?
12. Schutz gegen Verlust von Einzelteilen.
13. Umweltschutzbestimmungen einhalten.
14. Möglichkeiten des Recycling beachten.
15. Verpackungsreste leicht zu beseitigen?
16. Verschluß der Verpackung (Stecken, Kleben, Klammern, ...).
17. Zahl der erforderlichen Verpackungsteile.
18. Verhältnis des Verpackungsvolumens zum Inhalt.
19. Schwerpunktlage in der Verpackung.
20. Verpackungsmaße auf Paletten bzw. Container abgestimmt.
21. Sind teilmontierte Teile verpackungsfreundlicher?
22. Verpackung für Rücktransport geeignet?
23. Inhalt auf Verpackung eindeutig und gut lesbar angeben.
24. Ist die Verpackung für andere Zwecke nach dem Transport geeignet?

9 Kostenwachstumsgesetze

Edmund Gerhard

9.1 Ähnlichkeitsdenken bei der Kostenbetrachtung

9.1.1 Verfahren der Kurzkalkulation

Kurzkalkulationsverfahren stellen relativ einfache, schnell handhabbare Beziehungen zwischen den kostenbeeinflussenden Größen eines Produktes und seinen Kosten dar. Solche Verfahren beruhen darauf, daß die Kosten des Kalkulationsobjektes (in seinen Kosten noch unbekanntes Bauteil oder Produkt) aus den bekannten Kosten eines, mehrerer oder vieler Bezugsobjekte abgeleitet werden [9.01]:

- Kostenwachstumsgesetze basieren auf der Ähnlichkeit einzelner geometrischer und/oder physikalischer Größen eines bekannten Bauteiles oder Produkts;

- Fertigungstechnische Ähnlichkeiten beziehen sich auf ähnliche Arbeitspläne, d.h. ein Neuentwurf wird nach fertigungstechnischen Kriterien mit den Daten mehrerer Bezugsobjekte auf Ähnlichkeit untersucht;

- Statistisch verknüpfte Einflußgrößen (geometrische, physikalische, fertigungstechnische und/oder organisatorische) einer Vielzahl von Bezugsobjekten und deren Kosten sind Ausgangspunkt für das Aufstellen von Kostenfunktionen.

Kostenwachstumsgesetze helfen, die aufwendige Einzelkalkulation bei ausreichender Genauigkeit zu vermeiden und die wichtigsten Kosteneinflüsse zu erkennen. Voraussetzung zur Anwendung von Kostenwachstumsgesetzen ist, daß die Herstellkosten für einen Grundentwurf oder ein Produkt (z.B. Vorgängerprodukt) bekannt sind, so daß sie auf geometrisch ähnliche oder teilähnliche, neue Entwürfe (Folgeentwürfe), Bauteile oder Produkte übertragen werden können.

Das Arbeiten mit Kostenwachstumsgesetzen ist gut einsetzbar in der Phase der Vorkalkulation insbesondere für Komponenten oder Produkte einer Baureihe sowie bei Anpassungs- und Variantenkonstruktionen. Bei Baureihen sind viele Teile der einzelnen Baugrößen bezüglich Form und Abmessungen ähnlich, entsprechend auch ihre Herstellung und Montage. Sie sind als Glieder einer gemeinsamen Reihe in einem geschlossenen Arbeitsgang berechen- und konstruierbar.

Wachstumsgesetze sind Ähnlichkeitsgesetze, die Vorgänge in Vergleichssystemen durch die gleiche mathematische Funktion, also durch das gleiche Gesetz zwischen reinen Zahlen beschreiben.

9.1.2 Wachstumsgesetz für ähnliche Teile

Ähnlichkeitsbetrachtungen dienen dazu, sowohl mathematisch formulierbare als auch experimentell an einem Grundentwurf (Mutterentwurf, Modell) oder einem bekannten Produkt gefundene Ergebnisse rein mathematisch auf Folgeentwürfe (Hauptausführungen) zu übertragen. Der Gültigkeitsbereich des Ähnlichkeitsprinzips erstreckt sich auf Probleme in allen Gebieten der phänomenologischen Physik, soweit sich die für den betreffenden Vorgang in Betracht kommenden physikalischen Gesetze als Produkt einzelner physikalischer Größen mit i.a. verschiedenen Exponenten (Exponentialgesetz) darstellen lassen und Fouriers Satz von der Dimensionsgleichheit aller Glieder einer Gleichung erfüllen [9.02].

Jede (physikalische) Größe einer Hauptausführung (Folgeentwurf; neues unbekanntes Bauteil bzw. Produkt) steht in einem ganz bestimmten Verhältnis zu der des zugehörigen Grundentwurfs (Modell, bekanntes Bauteil bzw. Produkt). Dieses Verhältnis ist stets ein fester Zahlenwert. Er wird hier als Ähnlichkeitsmaßstab bezeichnet mit der Definition

$$\text{Ähnlichkeitsmaßstab } G^* = \frac{\text{(physikalische) Größe } G' \text{ des Folgeentwurfs}}{\text{(physikalische) Größe } G \text{ des Grundentwurfs}} \cdot \quad (9.01)$$

Größen des unbekannten Folgeentwurfs sind im folgenden mit einem Strich gekennzeichnet; Größen des bekannten Mutterentwurfs bleiben ungestrichen; der Ähnlichkeitsmaßstab wird mit einem hochgestellten Stern kenntlich gemacht. Größen sind meßbare Eigenschaften physikalischer Objekte, Vorgänge oder Zustände.

In Bild 9.1 ist das Wachstumsgesetz für Volumina für einen Quader der Länge l, Breite b und Höhe h abgeleitet aus dem Vergleich:

Volumen des unbekannten, ähnlichen Bauteils:

$$V' = l' \cdot b' \cdot h', \tag{9.02}$$

Volumen des bekannten Bauteils:

$$V = l \cdot b \cdot h \tag{9.03}$$

mit den Beziehungen für die Ähnlichkeitsmaßstäbe:

Längenmaßstab $\quad l* = \dfrac{l'}{l},$ (9.04)

Breitenmaßstab $\quad b* = \dfrac{b'}{b},$ (9.05)

Höhenmaßstab $\quad h* = \dfrac{h'}{h},$ (9.06)

Volumenmaßstab $\quad V* = \dfrac{V'}{V}$ (9.07)

zu:

$$V* = l* \cdot b* \cdot h*, \tag{9.08}$$

das sich bei geometrischer Ähnlichkeit, also wenn sich alle geometrischen Abmessungen im gleichen Maßstab ändern ($l* = b* = h*$), ergibt zu

$$V* = l*^3. \tag{9.09}$$

Graphisch läßt sich das Ergebnis z.B. in Form eines Normzahlendiagramms darstellen.

Bekanntes Bauteil	Unbekanntes (ähnliches) Bauteil
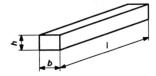	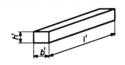
Volumen V: $$V = l \cdot b \cdot h$$	Volumen V': $$V' = l' \cdot b' \cdot h'$$ Mit $V' = V^* \cdot V$ und $\quad l' = l^* \cdot l$ $$b' = b^* \cdot b$$ $$h' = h^* \cdot h$$ ist $V^* \cdot V = l^* \cdot l \cdot b^* \cdot b \cdot h^* \cdot h$

Wachstumsgesetz für Volumina:

allgemein $\boxed{V^* = l^* \cdot b^* \cdot h^*}$

Wachstumsgesetz für Volumina bei geometrischer Ähnlichkeit:

Bedeutung: $\quad l^* = b^* = h^*$

Gesetz: $\qquad \boxed{V^* = l^{*3}}$

Graphische Darstellung

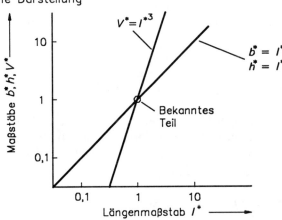

Bild 9.1: Wachstumsgesetz für Volumina

211

9.2 Wachstumsgesetze für die Herstellkosten ähnlicher Bauteile

9.2.1 Wachstumsgesetze bei bekannter und gleicher Kostenstruktur

Die Herstellkosten HK eines Erzeugnisses setzen sich aus den Fertigungsmaterialeinzelkosten MK, den Fertigungslohn(einzel)kosten LK und den Fertigungsgemeinkosten FGK zusammen:

$$HK = MK + LK + FGK, \tag{9.10}$$

wobei üblicherweise die Fertigungslohneinzel- und die Fertigungsgemeinkosten zu den Fertigungskosten FK zusammengefaßt werden. Die Ähnlichkeitsbedingung für die Herstellkosten von bekannten und unbekannten ähnlichen Bauteilen ergibt sich (vgl. Bild 9.2) allgemein aus folgender Überlegung:

Bekanntes Bauteil: $\quad HK = MK + LK + FGK, \tag{9.11}$

Unbekanntes Bauteil: $\quad HK' = MK' + LK' + FGK'. \tag{9.12}$

Nach der Definition des Ähnlichkeitsmaßstabes ist

$$HK^* = \frac{HK'}{HK}; \quad MK^* = \frac{MK'}{MK}; \quad LK^* = \frac{LK'}{LK}; \quad FGK^* = \frac{FGK'}{FGK}. \tag{9.13}$$

Für Gleichung (9.12) läßt sich somit schreiben:

$$HK^* \cdot HK = MK^* \cdot MK + LK^* \cdot LK + FGK^* \cdot FGK. \tag{9.14}$$

Die Gleichungen (9.11) und (9.14) beschreiben das gleiche Phänomen und unterscheiden sich nur in ihren absoluten Beträgen. Für Produkte gleicher Kostenstruktur, wenn also das Verhältnis der Kostenanteile konstant ist (vgl. auch VDI 2225):

$$MK : LK : FGK = \text{konst.}, \tag{9.15}$$

ergibt sich das Wachstumsgesetz zu (vgl. Bild 9.2)

212

$$HK^* = MK^* = LK^* = FGK^*. \qquad (9.16)$$

Die strenge Gültigkeit dieser Bedingung kann auch dann erwartet werden, wenn alle Kostenanteile von einer charakteristischen Größe, z.B. einer typischen Länge abhängen bzw. sich aus Werkstoffkennwerten ableiten lassen.

Bekanntes Bauteil/Produkt	Unbekanntes (ähnliches) Bauteil/Produkt
Herstellkosten HK: $HK = MK + LK + FGK$	Herstellkosten HK': $HK' = MK' + LK' + FGK'$ Mit $HK' = HK^* \cdot HK$ und $MK' = MK^* \cdot MK$ $\phantom{HK' = HK^* \cdot HK \text{ und } }LK' = LK^* \cdot LK$ $\phantom{HK' = HK^* \cdot HK \text{ und } }FGK' = FGK^* \cdot FGK$ ist $HK^* \cdot HK = MK^* \cdot MK + LK^* \cdot LK + FGK^* \cdot FGK$

Spezielles Wachstumsgesetz für Herstellkosten bei Produkten gleicher Kostenstruktur:

Die Herstellkosten des unbekannten ähnlichen Teiles sind denen des bekannten Teiles nur dann ähnlich, wenn

$$\boxed{HK^* = MK^* = LK^* = FGK^*}.$$

Wachstumsgesetz für Herstellkosten bei hohem Materialkostenanteil:

$$\boxed{HK^* = MK^*}$$

Wachstumsgesetz für Herstellkosten bei hohem Lohnkostenanteil:

$$\boxed{HK^* = LK^*}$$

Bild 9.2: Wachstumsgesetz der Herstellkosten bei Produkten gleicher Kostenstruktur

9.2.2 Materialkosten ähnlicher Bauteile

Die Materialkosten (Fertigungsmaterialeinzelkosten) lassen sich vom Konstrukteur relativ leicht über die Brutto-Werkstoffkosten WK_{br} und die Zulieferkosten ZK errechnen, denen die anfallenden Werkstoff- und Zuliefergemeinkosten in Form mittlerer Gemeinkostenfaktoren g_W bzw. g_Z zugeschlagen werden:

$$MK = WK_{br} \cdot (1 + g_W) + ZK \cdot (1 + g_Z). \tag{9.17}$$

Man ermittelt die Brutto-Werkstoffkosten anhand des maßstäblichen Entwurfs über das Brutto-Volumen V_{br} der Einzelteile und die volumenspezifischen Materialkosten k_V:

$$WK_{br} = k_V \cdot V_{br}. \tag{9.18}$$

Sind die Zulieferteile auch ähnlich oder ist ihr Kostenanteil gegenüber den Werkstoffkosten vernachlässigbar, so gilt für die Materialkosten von Werkstücken bestimmter Form aber unterschiedlicher Größe das Wachstumsgesetz

$$MK^* = k_V^* \cdot V_{br}^* \tag{9.19}$$

und bei geometrischer Ähnlichkeit (vgl. Gleichung 9.09)

$$MK^* = k_V^* \cdot l^{*3} \tag{9.20}$$

bzw. bei nicht-geometrisch ähnlichen runden Teilen (Bild 9.3)

$$MK^* = k_V^* \cdot d^{*2} \cdot l^*. \tag{9.21}$$

Bei gleichem Material für die ähnlichen Bauteile ist $k_V^* = 1$; ansonsten kann dieser Wert z.B. auch der Richtlinie VDI 2225 entnommen werden, z.B.

- beim Übergang von UST 37-2 mittlerer Abmessungen auf einen anderen Werkstoff: k_V^* entspricht k_V^* in VDI 2225,
- beim Übergang von einem Material A mit $k_{V\,2225,A}^*$ auf ein Material B

Bekanntes Bauteil/Produkt	Unbekanntes (ähnliches) Bauteil/Produkt
Materialkosten MK: (ohne Zulieferkosten ZK) $$MK = WK_{br} \cdot (1+g_w)$$ mit $WK_{br} = k_v \cdot V_{br}$.	Materialkosten MK': (ohne Zulieferkosten ZK') $$MK' = WK'_{br} \cdot (1+g_w)'$$ mit $WK'_{br} = k'_v \cdot V'_{br}$. Mit $MK' = MK^* \cdot MK$ und $k'_v = k_v^* \cdot k_v$ $$V'_{br} = V_{br}^* \cdot V_{br}$$ ist $MK^* \cdot MK = k_v^* \cdot k_v \cdot V_{br}^* \cdot V_{br} \cdot (1+g_w)'$

Wachstumsgesetz für Materialkosten (Brutto–Werkstoffkosten):
Im selben Unternehmen gelten – zumindest während einer Abrechnungsperiode – die selben prozentualen Zuschläge,

$$g'_w = g_w, \text{ also } (1+g_w)^* = 1$$

und somit

$$\boxed{MK^* = k_v^* \cdot V_{br}^*}$$

Wachstumsgesetz für Materialkosten
– für geometrisch ähnliche Teile ($V_{br}^* = l^{*3}$)

$$\boxed{MK^* = k_v^* \cdot l^{*3}}$$

– für teil–ähnliche runde Teile ($V_{br} = \frac{\pi d_2}{4} \cdot l$; $V'_{br} = \frac{\pi d'^2}{4} \cdot l'$)

$$\boxed{MK^* = k_v^* \cdot d^{*2} \cdot l^*}$$

– für geometrisch ähnliche Teile aus gleichem Material ($k_v^* = 1$)

$$\boxed{MK^* = l^{*3}}$$

Bild 9.3: Wachstumsgesetze für Materialkosten

215

mit $k^*_{V\ 2225,B}$ ergibt sich k^*_V aus

$$k^*_V = \frac{k^*_{V\ 2225,\,B}}{k^*_{V\ 2225,\,A}} .$$ (9.22)

9.2.3 Fertigungskosten ähnlicher Bauteile

Die Fertigungskosten werden üblicherweise durch Zuschlag der Fertigungsgemeinkosten über einen mittleren Gemeinkostenfaktor g_F auf die produktiven Lohnkosten LK (nicht bei Platzkalkulation!) bei Einzel- und Serienfertigung (nicht bei Massenfertigung) ermittelt,

$$FK = LK \cdot (1 + g_F),$$ (9.23)

wobei die Lohnkosten LK zeitproportional sind und aus der Hauptzeit t_h, den Nebenzeiten t_n und der Rüstzeit t_r resultieren. Sind K_L die Kosten pro Ausführungszeit, so ist [9.04,9.08]

$$FK = K_L \cdot (t_h + t_n + t_r) \cdot (1 + g_F).$$ (9.24)

Während die Hauptzeit im allgemeinen im Zusammenhang mit dem jeweiligen Fertigungsverfahren nur von der Geometrie und dem Werkstoff abhängt ("variabel"), sind Rüst- und Nebenzeiten - zumindest innerhalb eines Größenbereichs - als konstant anzusehen ("fest"). Dementsprechend können sich einfache Wachstumsgesetze nur auf die der Hauptzeit proportionalen Fertigungskosten beziehen. Nimmt man die Kosten pro Ausführungszeit K_L für den betrachteten Zeitraum als konstant an, $K^*_L = 1$, und schlägt die Fertigungsgemeinkosten prozentual zu, $(1 + g_F)^* = 1$, dann ergibt sich die Proportionalität der Fertigungskosten zu der Hauptzeit in Abhängigkeit von der Bearbeitungsart und der Stückzahl, Bild 9.4.

Wenn die Beziehung für die relativen Fertigungskosten

$$FK^* = f(l^*)$$ (9.25)

zumindest für die in einem Unternehmen wichtigsten Fertigungsverfah-

216

Bekanntes Bauteil/Produkt	Unbekanntes (ähnliches) Bauteil/Produkt
Fertigungskosten FK: $FK = LK \cdot (1 + g_F)$	Fertigungskosten FK': $FK' = LK' \cdot (1 + g_F)'$
Lohnkosten LK sind zeitproportional. $FK = K_L (t_h + t_n + t_r) \cdot (1 + g_F)$	Lohnkosten LK' sind zeitproportional. $FK' = K_L' (t_h' + t_n' + t_r') \cdot (1 + g_F)'$
Es ist t_h variabel, $(t_n + t_r)$ fest.	Es ist t_h' variabel, $(t_n + t_r)'$ fest.
Wenn $t_h \gg (t_n + t_r)$, dann $t_h = f$(Geometrie, Stoff).	Wenn $t_h' \gg (t_n + t_r)'$, dann $t_h' = f$(Geometrie, Stoff). Mit $FK' = FK^* \cdot FK$ und $K_L' = K_L^* \cdot K_L$, $$t_h' = t_h^* \cdot t_h$$ ist $$FK^* \cdot FK \approx K_L^* \cdot K_L \cdot t_h^* \cdot t_h \cdot (1 + g_F)'.$$

Wachstumsgesetz für Fertigungskosten:

Im selben Unternehmen gelten — zumindest während einer Abrechnungsperiode — die selben prozentualen Zuschläge;

$$g_F' = g_F, \text{ also } (1 + g_F)^* = 1$$

und somit
$$\boxed{FK^* = K_L^* \cdot t_h^*}$$

und bei gleichen Kosten pro Auftragszeit im betrachteten Zeitraum,

$$K_L' = K_L, \text{ also } K_L^* = 1,$$

$$\boxed{FK^* = t_h^* = f(l^*)}$$

Bild 9.4: Wachstumsgesetz für die Fertigungskosten

ren bekannt sind, lassen sich die Fertigungskosten für ähnliche unbekannte Bauteile oder Produkte aus charakteristischen Längen ableiten. PAHL und BEELICH [9.03] haben für einige Fertigungsverfahren Wachstumsgesetze erarbeitet, die in Bild 9.5 mit den von BRONNER [9.02] angegebenen Erfahrungswerten verglichen werden. Das Mitführen der Schnittzahl $i = (D_a - D_e)/2a$ (D_a Ausgangsdurchmesser, D_e Enddurchmesser, a Spantiefe) läßt durchaus eine Interpretation zur Losgrößenabhängigkeit zu.

Relat. Fertigungskosten für $FK^* = f(I^*_i)$	Wachstumsgesetze nach Pahl/Beelich allgemein	geometr. ähnlich	Erfahrungswerte nach Bronner
Zerspanungsarbeiten	(keine Aussagen über Losgrößen)		
Langdrehen	$D^* \cdot I^* \cdot i^*$	I^{*2}	Bei Einzelfertigung:
Plandrehen	$D^{*2} \cdot i^*$	I^{*2}	$I^{*2,2}$
Bohren	$D^* \cdot I^* \cdot i^*$	I^{*2}	Bei Serienfertigung:
Fräsen	$I^*(b^*/d^*) \cdot i^*$	I^{*2} bei $d^* = 1$	$I^{*2,0}$
D Durchmesser I Länge			Bei Massenfertigung: $I^{*1,8}$
b Breite d abzutragende Dicke i Schnittzahl	bei gleichem Vorschub und gleicher Schnittgeschwindigkeit		
Oberflächenbearbeitung			I^{*2}
Trennarbeiten Sägen	I^* bei gleicher Schnittgeschwindigkeit	I^*	

Bild 9.5: Abhängigkeit der Fertigungskosten von den Abmessungen ähnlicher Teile bei verschiedenen Fertigungsverfahren

Inwieweit "feste" Kostenanteile bei einer solchen Kostenbetrachtung berücksichtigt werden müssen, hängt von der gewünschten Genauigkeit und dem vertretbaren Aufwand ab.

9.2.4 Herstellkosten ähnlicher Bauteile

Die bisherigen Ausführungen sollen nachfolgend in eine geschlossene Darstellungsweise in Form eines Ähnlichkeitsgesetzes für die Gesamtherstellkosten gebracht werden.

Die Herstellkosten sind die Summe aus Material- und Fertigungskosten ($HK = MK + FK$). Ihr Ähnlichkeitsmaßstab lautet allgemein

$$HK^* = \frac{HK'}{HK} = \frac{\sum\limits_{k=1}^{S} HK_k'}{\sum\limits_{k=1}^{S} HK_k} \qquad (9.26)$$

mit HK als den Herstellkosten des bekannten und HK' als den Herstellkosten eines unbekannten Bauteils bzw. Produkts.

Für den allgemeinen Fall, daß Materialkosten und Fertigungskosten für Bauteile oder Produkte unterschiedlichen Wachstumsgesetzen gehorchen, gilt, aufsummiert über alle betroffenen Kostenstellen S:

$$HK^* = \frac{1}{HK}\left[MK^* \cdot MK + \sum\limits_{k=1}^{S} FK_k^* \cdot FK_k\right] \qquad (9.27)$$

bzw. nach der Aufspaltung der Fertigungskosten in einen variablen (FK_{vbl}) und einen festen bzw. quasifesten Anteil (FK_{fest})

$$HK^* = \frac{1}{HK}\left[MK^* \cdot MK + \sum\limits_{k=1}^{S} FK_{vbl,k}^* \cdot FK_{vbl,k}\right]$$
$$+ \frac{1}{HK}\left[\sum\limits_{k=1}^{S} FK_{fest,k}^* \cdot FK_{fest,k}\right]. \qquad (9.28)$$

219

Bekanntes Bauteil/Produkt	Unbekanntes (ähnliches) Bauteil/Produkt
Herstellkosten HK:	Herstellkosten HK':
$$Hk = MK + \sum_{k=1}^{S} FK_k$$	$$HK' = MK' + \sum_{k=1}^{S} FK'_k$$
mit	mit
$$\sum_{k=1}^{S} FK_k = \sum_{k=1}^{S} FK_{vbl,k} + \sum_{k=1}^{S} FK_{fest,k}$$	$$\sum_{k=1}^{S} FK'_k = \sum_{k=1}^{S} FK'_{vbl,k} + \sum_{k=1}^{S} FK'_{fest,k}$$
wobei	wobei
$$FK_{vbl,k} = K_{Lk} \cdot t_{hk} (1+g_F)$$	$$FK'_{vbl,k} = K'_{Lk} \cdot t'_{hk} (1+g_F)'$$
	$$= K^*_{Lk} \cdot K_{Lk} \cdot t^*_{hk} \cdot t_{hk} \cdot (1+g_F)'$$
$$FK_{fest,k} \ne f(t_{hk})$$	$$FK'_{fest,k} \ne f(t'_h)$$
	$$= FK^*_{fest,k} \cdot FK_{fest,k}$$

Wachstumsgesetz für Herstellkosten:

Zumindest während einer Abrechnungsperiode gelten in einem Unternehmen prozentuale Zuschläge

$$g'_F = g_F, \text{ also } (1+g_F)^* = 1$$

und mit $MK^* = k^*_v \cdot V^*_{br}$ folgt für zu bearbeitende Teile

$$HK^* = \frac{1}{HK} \left[k^*_v \cdot V^*_{br} \cdot MK + \sum_{k=1}^{S} K^*_{Lk} \cdot t^*_{hk} \cdot K_{Lk} \cdot t_{hk} + \sum_{k=1}^{S} FK^*_{fest,k} \cdot Fk_{fest,k} \right].$$

Bild 9.6: Wachstumsgesetz für die Herstellkosten

Unter Berücksichtigung der Gleichungen (9.19), (9.23) und (9.28) folgt bei gleichem Fertigungsgemeinkostenfaktor als Wachstumsgesetz für die Herstellkosten (vgl. Bild 9.6):

$$HK^* = \frac{1}{HK} \left[k_V^* \cdot V_{br}^* \cdot k_V \cdot V_{br} + \sum_{k=1}^{S} K_{Lk}^* \cdot t_{hk}^* \cdot K_{Lk} \cdot t_{hk} \right]$$

$$+ \frac{1}{HK} \left[\sum_{k=1}^{S} FK_{fest,k}^* \cdot FK_{fest,k} \right] .$$

(9.29)

Dabei wird der Zuschlagsfaktor g_Z für die Fertigungsgemeinkosten als für alle Ausführungen gleich angesehen.

9.3 Wachstumsgesetze für die Herstellkosten über Kostenanteilskoeffizienten

9.3.1 Kostenanteilskoeffizienten aus der Kostenstruktur

Ist die Kostenstruktur für bestimmte Bauteile, Baugruppen oder Geräte bekannt, so lassen sich Kostenanteilskoeffizienten ermitteln, die über die einzelnen Kostenanteile zu dem Wachstumsgesetz für Herstellkosten führen.

In Vereinfachung der Gleichung (9.28) sind die Herstellkosten für nichtbekannte Ausführungen

$$HK^* \cdot HK = MK^* \cdot MK + FK^*_{vbl} \cdot FK_{vbl} + FK^*_{fest} \cdot FK_{fest}.$$
(9.30)

Bezogen auf die Herstellkosten HK der bekannten Ausführung ergibt sich allgemein das Wachstumsgesetz für die Herstellkosten zu

$$HK^* = \left(\frac{MK}{HK} \right) \cdot MK^* + \left(\frac{FK_{vbl}}{HK} \right) \cdot FK^*_{vbl}$$

$$+ \left(\frac{FK_{fest}}{HK} \right) \cdot FK^*_{fest} .$$
(9.31)

Die Anteilskoeffizienten MK/HK, FK_{vbl}/HK und FK_{fest}/HK sind aus der

221

Kostenstruktur bekannt.

Die Wachstumsgesetze für die Materialkosten $MK^* = f(l^*)$ und für den variablen Anteil der Fertigungskosten $FK_{vbl}^* = f(l^*)$ folgen verschiedenen Abhängigkeiten vom Längenmaßstab l^*, der feste Anteil der Fertigungskosten ist unabhängig vom Längenmaßstab, $FK^*_{fest} \neq f(l^*) = 1$.

Betragen beispielsweise die Kostenanteile

- für die Materialkosten $MK_\% = 30\%$, d.h. $(MK/HK) = 0{,}3$,
- für den variablen Anteil der Fertigungskosten $FK_{vbl\%} = 60\%$, d.h. $(FK_{vbl}/HK) = 0{,}6$ und
- für den festen Anteil der Fertigungskosten $FK_{fest\%} = 10\%$, d.h. $(FK_{fest}/HK) = 0{,}1$,

so würde eine solche Gewichtung zu dem Wachstumsgesetz für die Herstellkosten

$$HK^* = 0{,}3 \cdot MK^* + 0{,}6 \cdot FK^*_{vbl} + 0{,}1 \cdot FK^*_{fest} \qquad (9.32)$$

führen.

Bei geometrisch ähnlichen, langgedrehten Wellen beispielsweise sind die Wachstumsgesetze für die Kostenanteile bekannt,

- für die Materialkosten $MK^* = l^{*3}$ (vgl. Gleichung 9.20 für $k_V^* = 1$),
- für den variablen Anteil der Fertigungskosten $FK_{vbl}^* = l^{*2}$ (vgl. Bild 9.5),

womit das Wachstumsgesetz für geometrisch ähnliche, langgedrehte Wellen lautet:

$$HK^* = 0{,}3 \cdot l^{*3} + 0{,}6 \cdot l^{*2} + 0{,}1 \qquad (9.33)$$

Für $l^* = 1$ (bekannte Welle) ist $HK^* = 1$, für eine doppelt so große Welle mit $l^* = 2$ sind die Herstellkosten 4,9 mal so groß $(HK^* = 4{,}9)$.

Bezieht man eine Änderung der Losgröße m in das Wachstumsgesetz für die Herstellkosten mit ein, so sind die nicht von der Fertigungszeit und

damit einer charakteristischen Länge abhängigen Rüstkosten losgrößen-
unabhängig.

DIELS [9.12] gibt bei variabler Losgröße *m* an

$$HK_m^* = a_A \cdot l^{*E_A} + a_B \cdot l^{*E_B} + \ldots + \frac{a_R}{m^*} , \qquad (9.34)$$

wobei *E* ein i.a. nicht ganzzahliger Exponent ist, der über eine Analyse
der Einzelkostenanteile ermittelt wird. EHRLENSPIEL, KIEWERT und
LINDEMANN [9.06] geben für den Fall, daß die Kostenanteile für die
Losgröße m = 1 bekannt sind, an:

$$
\begin{aligned}
HK_m^* &= \left(\frac{MK_1}{HK_1} \right) \cdot l^{*3} + \left(\frac{FK_{vbl,1}}{HK_1} \right) \cdot l^{*2} \\
&+ \left(\frac{EK_1}{HK_1} \right) \cdot \frac{1}{m} \cdot l^{*0,5} .
\end{aligned}
\qquad (9.35)
$$

Für Zahnräder spezifizieren EHRLENSPIEL und FISCHER [9.10] das
Wachstumsgesetz:

$$
\begin{aligned}
HK_m^* &= \left(\frac{MK_1}{HK_1} \right) \cdot d^{*1,8} \cdot b^* + \left(\frac{FK_{vbl,1}}{HK_1} \right) \cdot d^* \cdot b^* \\
&+ \left(\frac{EK_1}{HK_1} \right) \cdot \frac{1}{m^*} ,
\end{aligned}
\qquad (9.36)
$$

wobei *EK* Einmalkosten, *d* Kopfkreisdurchmesser und *b* Zahnbreite bedeuten.

9.3.2 Kostenanteilskoeffizienten bei Bauteilen

Zum Aufstellen von Kostenwachstumsgesetzen ist ein allgemeiner Po-
tenzansatz sowohl für die Betrachtung geometrisch ähnlicher als auch

halbähnlicher Baureihen sinnvoll.

Von PAHL, BEELICH und RIEG [9.03; 9.04; 9.05] wurden, ausgehend von den Modellgesetzen für technisch-physikalische Beziehungen geometrisch ähnlicher Teile, Kostenwachstumsgesetze abgeleitet. Die Ähnlichkeitsfunktion für die Herstellkosten ist ein Polynom 3. Grades, denn die Herstellkosten können mit der 3., 2. oder 1. Potenz des Längenverhältnisses $l*$ wachsen oder längenunabhängig sein.

Beispielsweise wachsen mit

$l*^3$: gewichtsabhängige Kosten (Materialkosten),
$l*^2$: flächenabhängige Kosten (Feindrehen, Verchromen),
$l*^1$: längenabhängige Kosten (Bohren, Nutenfräsen),
$l*^0$: längenunabhängige Kosten (Rüsten).

Die Herstellkostenanteile (das Verhältnis, in dem die Herstellkosten in den verschiedenen Potenzen in das Kostenwachstumsgesetz eingehen) werden durch Kostenanteilkoeffizienten a_i angegeben.

Das Kostenwachstumsgesetz erhält damit die Form:

$$HK* = a_3 \cdot l*^3 + a_2 \cdot l*^2 + a_1 \cdot l* + a_0. \tag{9.37}$$

Da die Koeffizienten a_i Kostenanteile repräsentieren, gilt:

$$\Sigma\, a_i = 1 \text{ und } 0 \leq a_3, a_2, a_1, a_0 \leq 1. \tag{9.38}$$

Die Koeffizienten a_i können nach folgender Beziehung bestimmt werden:

$$a_i = \frac{\text{Summe aller mit } l*^i \text{ wachsender Herstellkostenanteile des Grundentwurfs}}{\text{Herstellkosten des Grundentwurfs}}. \tag{9.39}$$

Zur Ermittlung der Kostenanteilskoeffizienten $a_3 \ldots a_0$ im konkreten Fall schlägt RIEG [9.05] ein Vorgehen nach dem Schema in Bild 9.7 vor.

Aus der Kalkulationsunterlage des bekannten Bauteils werden alle Positionen (OP-Nr.), das sind die Material- und Fertigungskosten, in ent-

OP-Nr.	Operation	Kosten mit l^{*3} steigend	Kosten mit l^{*2} steigend	Kosten mit l^{*1} steigend	konstante Kosten
—	—	— —	— — —	— — —	— — —
—	—	— — —	— — —	— — —	— — —
HK		$\Sigma_3:$	$+\Sigma_2:$	$+\Sigma_1:$	$+\Sigma_0:$
$a_i\ (\Sigma a_i = 1)$		$a_3 = \dfrac{\Sigma_3}{HK}$	$a_2 = \dfrac{\Sigma_2}{HK}$	$a_1 = \dfrac{\Sigma_1}{HK}$	$a_0 = \dfrac{\Sigma_0}{HK}$
HK^*	$=$	$a_3 \cdot l^{*3}\ +$	$a_2 \cdot l^{*2}\ +$	$a_1 \cdot l^{*1}\ +$	a_0

Bild 9.7: Schema zum Ermitteln der Kostenanteile a_3 bis a_0 der bekannten Ausführung

sprechende Spalten eingetragen, je nachdem, ob die Kostenanteile mit l^{*3}, l^{*2}, l^{*1} oder l^{*0} eingehen. Die Summe dieser vier Spalten ergibt die gesamten Herstellkosten des bekannten Bauteils. Durch Division der Kostenanteile durch die Herstellkosten erfolgt eine Normierung; dadurch entsteht für den betrachteten Fall das Kostenwachstumsgesetz.

Zum Bestimmen des Wachstumsgesetzes für die Herstellkosten ähnlicher Bauteile müssen die Wachstumsgesetze für die einzelnen Kostenanteile, also Kosten für Material und Zukaufteile sowie für die Fertigungskosten der einzelnen Fertigungsschritte bzw. -verfahren bekannt sein. RIEG [9.05] ermittelt für verschiedene Fertigungsoperationen bei geometrischer Ähnlichkeit die Exponenten für die unterschiedlichen Fertigungsgrundzeiten je Einheit, vgl. Bild 9.8, und bewertet sie. Das Wachstumsgesetz der Rüstzeit gibt EHRLENSPIEL [9.06] an mit $t_r^* = l^{*0,5}$.

Maschinentyp	Verfahren	Exponent	
		errechnet	gerundet
Universal– Drehbank	Außen– und Innendrehen	2	2
	Gewindedrehen	≈ 1	1
	Abstechen Nuten drehen	≈ 1,5	1
	Fasen drehen	≈ 1	1
Karussell– Drehmaschine	Außen– und Innendrehen	2	2
Radialbohr– maschine	Bohren Gewindeschneiden Senken	≈ 1	1
Bohr– und Fräswerke	Drehen Bohren Fräsen	≈ 1	1
Nutenfräs– maschine	Paßfedernuten fräsen	≈ 1,2	1
Universal– Rundschleifmaschi.	Außen– rundschleifen	≈ 1,8	2
Kreissäge	Profile sägen	≈ 2	2
Tafelschere	Bleche scheren	1,5...1,8	2
Kantmaschine	Bleche kanten	≈ 1,25	1
Presse	Profile richten	1,6...1,7	2
Fasmaschine	Bleche fasen	1	1
Brennmaschine	Bleche brennen	1,25	1
MIG– und Elektro– Handschweißen	I–,V–,X–Nähte Kehl–,Ecknähte	2 2,5	2 2
Glühen		3	3
Sandstrahlen (je nach Verrechnung über Gewicht oder Oberfläche)		2 oder 3	2 oder 3
Montage		1	1
Heften zum Schweißen		1	1
Verputzen von Hand		1	1
Lackieren		2	2

Bild 9.8: Exponenten für Zeiten je Einheit bei geometrischer Ähnlichkeit verschiedener Fertigungsoperationen [9.05]

Während das Wachstumsgesetz für die Materialkosten entsprechend den gegebenen Randbedingungen leicht zu ermitteln ist (vgl. Gleichungen 9.19 bis 9.22, Bild 9.3), unterliegen Zukaufteile sehr unterschiedlichen Wachstumsgesetzen, die von Fall zu Fall bestimmt oder geschätzt werden müssen, z.b. [9.05] ist für Wälzlager $ZK^* \approx l^{*3}$, für Schrauben $ZK^* \approx l^{*3}$, für Sicherungsringe nach DIN 471 $ZK^* \approx l^{*2}$.

Operation	Kosten mit l^{*3} steigend	Kosten mit l^{*2} steigend	Kosten mit l^{*1} steigend	konstante Kosten
Material	800			
Brennen			60	15
Fasen			35	
Heften			105	
Schweißen		500		
Glühen	80			
Sandstrahlen	40			
Anreißen			40	
Bohrwerk			100	70
Raboma			30	15
1890 DM = H_0	$\Sigma_3(=920)$	$+\Sigma_2(=500)$	$+\Sigma_1(=370)$	$+\Sigma_0(=100)$
	Σ_3/H_0 (=0,49)	Σ_2/H_0 (=0,26)	Σ_1/H_0 (=0,20)	Σ_0/H_0 (=0,05)

Wachstumsgesetz

$$HK^* = 0.49 \cdot l^{*3} + 0,26 \cdot l^{*2} + 0,20 \cdot l^{*1} + 0,05$$

Beispiel

Mit diesem Kostenwachstumsgesetz würde sich für eine 1,6−fach größere Variante HK' ergeben ($l^* = 1,6$):

$$HK^* = 0,49 \cdot 1,6^3 + 0,26 \cdot 1,6^2 + 0,20 \cdot 1,6 + 0,05 = 3,04$$

und damit

$$HK' = HK^* \cdot H_0 = 3,04 \cdot 1890,- \text{DM}$$

$$HK' = 5.750,- \text{DM}.$$

Bild 9.9: Standardablaufplan und ermitteltes Wachstumgesetz für ähnliche Schweißteile

Bild 9.9 zeigt beispielsweise das Erstellen des Wachstumsgesetzes für ähnliche Schweißteile nach RIEG [9.05].

9.3.3 Kostenanteilskoeffizienten bei Baugruppen

Zur Bestimmung des Kostenwachstumsgesetzes einer Baugruppe geht man so vor, daß für die wesentlichen Einzelteile, die Kleinteile und die Montage, die Kostenwachstumsgesetze wie oben beschrieben, einzeln aufgestellt werden. Die Zusammenfassung der Kostenanteilskoeffizienten führt dann zum "Gesamt-Kostenwachstumsgesetz" für eine Baugruppe.

Besteht eine Baugruppe B aus E Komponenten (Einzelteilen), so gilt (vgl. Kap. 9.3.2)

für Komponente 1: $\quad HK^*_1 = a_{31} \cdot l^{*3} + a_{21} \cdot l^{*2} + a_{11} \cdot l^* + a_{01}$,

für Komponente j: $\quad HK^*_j = a_{3j} \cdot l^{*3} + a_{2j} \cdot l^{*2} + a_{1j} \cdot l^* + a_{0j}$. $\qquad$ (9.40)

Aus diesen Einzelwachstumsgesetzen wird ein Wachstumsgesetz für die komplette Baugruppe ermittelt, in dem Kostenkoeffizienten für die Baugruppe durch eine Art Gewichtung der Einzelteil-Koeffizienten ermittelt werden.

Die Herstellkosten für die komplette Baugruppe sind HK_B. Sie setzen sich aus den Herstellkostenanteilen der Komponenten zusammen:

$$HK_B = \sum_{j=1}^{E} HK_j \qquad (9.41)$$

Die Kostenanteilskoeffizienten a_{3B}, a_{2B}, a_{1B}, a_{0B} für die Baugruppe lauten dann:

$$a_{3B} = \frac{HK_1 \cdot a_{31} + \dots + HK_j \cdot a_{3j} + \dots + HK_E \cdot a_{3E}}{HK_B}, \qquad (9.42)$$

$$a_{2B} = \frac{HK_1 \cdot a_{21} + \ldots + HK_j \cdot a_{2j} + \ldots + HK_E \cdot a_{2E}}{HK_B}, \qquad (9.43)$$

$$a_{1B} = \frac{HK_1 \cdot a_{11} + \ldots + HK_j \cdot a_{1j} + \ldots + HK_E \cdot a_{1E}}{HK_B}, \qquad (9.44)$$

$$a_{0B} = \frac{HK_1 \cdot a_{01} + \ldots + HK_j \cdot a_{0j} + \ldots + HK_E \cdot a_{0E}}{HK_B}. \qquad (9.45)$$

Das Kostenwachstumsgesetz der Baugruppe B wird damit:

$$HK_B^* = a_{3B} \cdot l^{*3} + a_{2B} \cdot l^{*2} + a_{1B} \cdot l^* + a_{0B}. \qquad (9.46)$$

Die Kostenwachstumskoeffizienten für Baugruppen werden also nach folgender Vorgehensweise bestimmt:

1. Aufstellen der Wachstumsgesetze für alle Komponenten einer Baugruppe,
2. Gewichten aller Koeffizienten durch Multiplikation mit den Herstellkosten ihrer Komponente,
3. Addition aller dieser Produkte und
4. Division dieser Summe durch die Gesamt-Herstellkosten der bekannten Baugruppe.

Eine Abweichung von der strengen geometrischen Ähnlichkeit kommt relativ häufig vor, sog. *Halbähnlichkeit*. Sie tritt stets dann auf, wenn Normteile eingesetzt werden, die nicht im gewünschten Stufensprung (Ähnlichkeitsmaßstab) zur Verfügung stehen.

9.4 Arbeiten mit Wachstumsgesetzen

9.4.1 Ablaufplan

(1) Die Anwendung der Kostenwachstumsgesetze ist dann sinnvoll, wenn zu einem vorliegenden Grundentwurf bzw. Bauteil eine geometrisch ähnliche oder zumindest weitgehend ähnliche Variante erarbeitet werden soll. Das zu beachten ist wichtig, wenn im konkreten

Fall darüber entschieden wird, ob das Hilfsmittel Kostenwachstumsgesetz herangezogen wird.

(2) Für das bekannte Bauteil muß eine vollständige, richtige und dem
aktuellen Stand entsprechende Kalkulation vorliegen und dem Entwickler oder Konstrukteur komplett zugänglich sein (was erfahrungsgemäß durchaus nicht in jeder Unternehmung üblich ist).

(3) Da man im Regelfall keine streng geometrisch ähnlichen Varianten
konstruieren wird, ist es erforderlich, eine sogenannte "charakteristische Größe", typischerweise eine Länge, festzulegen, die dann
[9.07]:

- den Kostenverlauf der gesamten Baureihe widerspiegelt,
- eine Hauptabmessung darstellt,
- einfach, d.h. ohne Umrechnungen den vorliegenden Unterlagen
entnommen werden kann.

Charakteristische Größen können sein:

* bei Wellen: Außendurchmesser, Gesamtlänge (mm),
* bei Armaturen: Nennweite (Zoll; mm),
* bei Transformatoren: die zu übertragende elektrische Leistung
(Watt).

(4) Ableiten des Kostenwachstumsgesetzes aus dem Grundentwurf bzw.
dem bekannten Bauteil.

(5) Berechnen der Kosten *HK'* für die unbekannte/ähnliche Ausführung
über den ermittelten Ähnlichkeitsmaßstab/Längenmaßstab *l**.

9.4.2 Genauigkeit und Grenzen

Aussagen über die Genauigkeit des Verfahrens findet man bei RIEG
[9.05]. Die Abweichungen zur herkömmlichen Kalkulation lagen in
vielen Fällen deutlich unter 10%. RADEMACHER [9.07] und DIELS
[9.12] nennen - wenn auch unter anderen Voraussetzungen - Fehler zwischen ± 5% und ± 12%. Eigene Erfahrungen bestätigen diese Werte
[9.11]. Im allgemeinen ist auch damit zu rechnen, daß sich Fehler bei
der Berechnung der Komponenten statistisch bei der Zusammenfassung

zu Baugruppen bzw. Geräten ausgleichen werden.

Die Genauigkeit ist dann natürlich größer, wenn eine Baureihe existiert, deren Kalkulation vorliegt und man eine innerhalb dieser Reihe liegende Variante zu konstruieren hat.

Die Ähnlichkeitsmaßstäbe l^{*x} wurden bisher stets mit ganzzahligen Exponenten, also mit $x = 3, 2, 1, 0$ angenommen. Das ist nur bedingt richtig. Vor allem bei der Analyse von Baureihen ist festzustellen, daß die Kostenanteile mit gebrochenen Exponenten eingehen. Während PAHL und RIEG [9.04] die Genauigkeit für ausreichend erachten, versuchen DIELS [9.12] und RADEMACHER [9.07] die dadurch auftretenden Ungenauigkeiten durch gebrochene Exponenten noch zu reduzieren.

Grenzen des Verfahrens sind darin zu sehen, daß man in der Praxis teilweise von der geometrischen Ähnlichkeit abweichen muß. Vor allem beim Auslegen von Baugruppen kommt der Aufwand für die Anwendung der Kostenwachstumsgesetze in einen Bereich, der dem einer konventionellen Kalkulation nahekommt.

Sehr vorteilhaft beim Arbeiten mit Kostenwachstumsgesetzen ist die Möglichkeit, Kostenstrukturen auf einfache Weise abzuleiten, weitere Einzelheiten finden sich bei DIELS [9.12].

9.5 Herstellkosten bei ähnlichen Bauteilen und Baugruppen
Beispiel: Verstellvorrichtung einer Meßobjekthalterung zum Messen von Massenträgheitsmomenten

9.5.1 Aufgabenstellung

Die technische Aufgabenstellung ist in Kapitel 4.5.1 beschrieben (Bild 4.23); ein Entwurf befindet sich als Zusammenstellungszeichnung in Bild 4.24 mit den Einzelteilen in Bild 4.25 und Bild 4.26. Er dient als Grundentwurf bzw. Modell.

Zu ermitteln sind die Kostenwachstumsgesetze für

- die Einzelteile derartiger Verstellvorrichtungen,
- derartige Verstellvorrichtungen im Ganzen.

Beispielhaft sind die Herstellkosten HK' für eine 2-fach größere Variante zu bestimmen.

Gefragt ist jeweils

$$HK_j^* = ?$$

9.5.2 Wachstumsgesetze für die Herstellkosten der Einzelteile

Ermittelt werden die Wachstumsgesetze für die Herstellkosten der Einzelteile über die Kostenanteilskoeffizienten. Dadurch läßt sich für jedes Einzelteil ein Wachstumsgesetz ermitteln, vgl. Gleichung (9.37):

$$HK^* = a_3 \cdot l^{*3} + a_2 \cdot l^{*2} + a_1 \cdot l^* + a_0$$

mit a_i als Anteilskoeffizienten und l^* als Maßstabsfaktor für charakteristische Längen.

Die Herstellkosten setzen sich zusammen aus den Materialkosten und der Summe aller Fertigungskostenanteile. Da die Fertigungskostenanteile bei verschiedenen Fertigungsverfahren bzw. Arbeitsplätzen verschiedenartig von einer charakteristischen Länge des Werkstücks abhängen, geschieht die Ermittlung der Kostenanteilskoeffizienten für die Herstellkosten in den Schritten

- Ermitteln der Fertigungskostenanteile,
- Ermitteln der Kostenanteilskoeffizienten für die Herstellkosten

für jedes Einzelteil getrennt.

□ Ermitteln der Fertigungskostenanteile

Die Fertigungskostensätze können entweder über die Lohnstundensätze LK_{FL}/h mit den entsprechend hohen Gemeinkostenzuschlägen oder über die Maschinenstundensätze (incl. Lohnstundensätze) LK_{FM}/h mit relativ geringen Gemeinkostenzuschlägen ermittelt werden, je nach Kalkulationsschema im Unternehmen, Bild 9.10.

a)

Ord. Nr.	Fertigungs-verfahren	Lohnstundensatz LK_{FL}/h	Gemeinkostenanteil g_{FL}
1	Drehen	38,– DM/h	300 %
2	Fräsen	38,– DM/h	300 %
3	Bohren/Schneiden	35,– DM/h	300 %
4	Sägen	35,– DM/h	250 %
5	Schweißen	25,– DM/h	250 %
6	Montieren	16,– DM/h	170 %

b)

Ord. Nr.	Fertigungs-verfahren	Maschinenstundensatz LK_{FM}/h	Gemeinkostenanteil g_{FM}
1	Drehen	95,– DM/h	60 %
2	Fräsen	95,– DM/h	60 %
3	Bohren/Schneiden	100,– DM/h	40 %
4	Sägen	98,– DM/h	25 %
5	Schweißen	50,– DM/h	75 %
6	Montieren	32,– DM/h	35 %

Bild 9.10: Fertigungskostensätze
  a) über Lohnstundensatz ermittelt
  b) über Maschinenstundensatz ermittelt

Ein Formblatt zum Ermitteln der Kostenanteilskoeffizienten für Einzelteile zeigt Bild 9.11.

Firma	FERTIGUNGSKOSTENANTEILE für:				zu Auftrag:
Ord. Nr.	Fertigungsverfahren/ Vorgang	Maß– stab	Zeit T_k [min]	Fertigungsstunden– satz $LK(1+g_F)$ [DM]	FK_k [DM]
Fertigungskosten				$\sum FK_k =$	

Bild 9.11: Formblatt zum Ermitteln von Kostenanteilskoeffizienten

Zu ermitteln sind die Fertigungskostenanteile FK_k sowie die gesamten Fertigungskosten für ein ausgewähltes Einzelteil, Bild 9.12. Die Fertigungszeiten T_k sind aus Kapitel 4.5 bekannt.

Elektromechanische Konstruktion Universität Duisburg —Gesamthochschule— Prof. Dr.–Ing. E. Gerhard	FERTIGUNGSKOSTENANTEILE für: ....Führungsklemmstück............ ....9301.09..................				zu Auftrag:
Ord. Nr.	Fertigungsverfahren/ Vorgang	Maß– stab	Zeit T_k [min]	Fertigungsstunden– satz $LK(1+g_F)$ [DM]	FK_k [DM]
Fertigungskosten				$\Sigma\,FK_k =$	

Bild 9.12: Ermitteln der Fertigungskostenanteile für das Führungsklemmmstück (Werte sind Rechenwerte aus Kapitel 4.5)

Die Fertigungskostenanteile für die anderen Einzelteile werden in gleicher Weise und unter gleichen Randbedingungen ermittelt, Bild 9.13 bis 9.17.

Elektromechanische Konstruktion Universität Duisburg —Gesamthochschule— Prof. Dr.–Ing. E. Gerhard	FERTIGUNGSKOSTENANTEILE für: ....Stativstange........................ ....9301.08....................				zu Auftrag:
Ord. Nr.	Fertigungsverfahren/ Vorgang	Maß– stab	Zeit T_k [min]	Fertigungsstunden– satz $LK(1+g_F)$ [DM]	FK_k [DM]
1	Drehen	I *2	1,0	152,–	2,53
2	Fräsen	I *1	1,0	152,–	2,53
3	Spannen/Messen beim Drehen, Fräsen	I *1	1,7	152,–	4,31
4	Zwischen– und Verteilzeiten beim Drehen, Fräsen	konst.	1,5	152,–	3,80
5	Rüstzeiten	konst.	6,6/10	152,–	1,67
Fertigungskosten				$\Sigma FK_k =$	14,84

Bild 9.13: Fertigungskostenanteile für die Stativstange
(Werte sind Rechenwerte aus Kapitel 4.5)

236

Elektromechanische Konstruktion Universität Duisburg —Gesamthochschule— Prof. Dr.—Ing. E. Gerhard	FERTIGUNGSKOSTENANTEILE für: ....Tragarm............................... ....9301.10..............................				zu Auftrag:
Ord. Nr.	Fertigungsverfahren/ Vorgang	Maß— stab	Zeit T_k [min]	Fertigungsstunden— satz $LK(1+g_F)$ [DM]	FK_k [DM]
1	Fräsen	I^{*1}	1,3	152,—	3,29
2	Bohren/Schneiden	I^{*1}	0,9	140,—	2,10
3	Sägen	I^{*2}	0,8	122,50	1,63
4a	Spannen/Messen beim Fräsen	I^{*1}	0,6	152,—	1,52
4b	Spannen/Messen beim Bohren/Schneid.	I^{*1}	0,4	140,—	—,93
4c	Spannen/Messen beim Sägen	I^{*1}	0,2	122,50	—,41
5a	Zwischen— und Verteilzeiten beim Fräsen	konst.	0,4	152,—	1,01
5b	Zwischen— und Verteilzeiten beim Bohren/Schneiden	konst.	0,3	140,—	—,70
5c	Zwischen— und Verteilzeiten beim Sägen	konst.	0,3	122,50	—,61
6a	Rüstzeiten beim Drehen, Fräsen	konst.	2,2/10	152,—	—,56
6b	Rüstzeiten beim Bohren/Schneiden	konst.	2,2/10	140,—	—,51
6c	Rüstzeiten beim Sägen	konst.	1,1/10	122,50	—,22
Fertigungskosten				$\Sigma\,FK_k$ =	13,49

Bild 9.14: Fertigungskostenanteil für den Tragarm
(Werte sind Rechenwerte aus Kapitel 4.5)

237

Elektromechanische Konstruktion Universität Duisburg —Gesamthochschule— Prof. Dr.-Ing. E. Gerhard	FERTIGUNGSKOSTENANTEILE für: .... Feineinsteller 9301.11				zu Auftrag:
Ord. Nr.	Fertigungsverfahren/ Vorgang	Maß– stab	Zeit T_k [min]	Fertigungsstunden– satz $LK(1+g_F)$ [DM]	FK_k [DM]
1	Drehen	1^{*2}	1,6	152,–	4,05
2	Bohren/Schneiden	1^{*1}	0,4	140,–	–,93
3a	Spannen/Messen beim Drehen	1^{*1}	0,9	152,–	2,28
3b	Spannen/Messen beim Bohren/Schneid.	1^{*1}	0,3	140,–	–,70
4a	Zwischen– und Verteilzeiten beim Drehen	konst.	0,9	152,–	2,28
4b	Zwischen– und Verteilzeiten beim Bohren/Schneiden	konst.	0,2	140,–	–,47
5a	Rüstzeiten beim Drehen	konst.	4,4/10	152,–	1,11
5b	Rüstzeiten beim Bohren/Schneiden	konst.	1,1/10	140,–	–,26
Fertigungskosten				$\Sigma FK_k =$	12,08

Bild 9.15: Fertigungskostenanteil für den Feineinsteller
(Werte sind Rechenwerte aus Kapitel 4.5)

Elektromechanische Konstruktion Universität Duisburg —Gesamthochschule— Prof. Dr.—Ing. E. Gerhard	FERTIGUNGSKOSTENANTEILE für: .... Grobeinsteller 9301.12				zu Auftrag:
Ord. Nr.	Fertigungsverfahren/ Vorgang	Maß— stab	Zeit T_k [min]	Fertigungsstunden— satz $LK(1+g_F)$ [DM]	FK_k [DM]
1	Drehen	I^{*2}	1,4	152,—	3,55
2	Bohren/Schneiden	I^{*1}	1,8	140,—	4,20
3a	Spannen/Messen beim Drehen	I^{*1}	3,4	152,—	8,61
3b	Spannen/Messen beim Bohren/Schneid.	I^{*1}	1,6	140,—	3,73
4a	Zwischen— und Verteilzeiten beim Drehen	konst.	1,0	152,—	2,53
4b	Zwischen— und Verteilzeiten beim Bohren	konst.	0,9	140,—	2,10
5a	Rüstzeiten beim Drehen	konst.	2,2/10	152,—	—,56
5b	Rüstzeiten beim Bohren/Schneiden	konst.	5,5/10	140,—	1,28
Fertigungskosten				$\Sigma\, FK_k =$	26,56

Bild 9.16: Fertigungskostenanteil für den Grobeinsteller
(Werte sind Rechenwerte aus Kapitel 4.5)

239

Elektromechanische Konstruktion Universität Duisburg —Gesamthochschule— Prof. Dr.—Ing. E. Gerhard	FERTIGUNGSKOSTENANTEILE für: ....Verstellvorrichtung.................... Verbindung / Montage			zu Auftrag:
Ord. Nr.	Fertigungsverfahren/ Vorgang	Maß— stab	Zeit T_k [min]	Fertigungsstunden— satz $LK(1+g_F)$ [DM]	FK_k [DM]
	Verbinden				
1	Schweißen Führungsklemmstück mit Tragarm	l^{*2}	0,5	87,50	—,73
2	Spannen/Messen beim Schweißen	l^{*1}	0,5	87,50	—,73
3	Zwischen— und Verteilzeiten beim Schweißen	konst.	0,4	87,50	—,58
4	Rüstzeiten beim Schweißen	konst.	5,5/10	87,50	—,80
				$\Sigma \, FK_k =$	2,84
1	Montieren	l^{*1}	5,0	43,20	3,60

Bild 9.17: Fertigungskosten für Verbindung und Montage
(Werte sind Rechenwerte aus Kapitel 4.5)

☐ Ermitteln der Kostenanteilskoeffizienten

Aus den vorangegangenen Kalkulationsunterlagen lassen sich die Kostenanteilskoeffizienten ermitteln. Die Herstellkosten des Grundentwurfs **HK** sind die Bezugsgröße, vgl. Gleichung (9.39). Bild 9.18 zeigt ein Schema zum Ermitteln der Kostenanteilskoeffizienten.

Firma	HERSTELLKOSTEN für:				zu Auftrag:
Operationen	Kosten mit I^{*3} steigend	Kosten mit I^{*2} steigend	Kosten mit I^{*1} steigend	konst. Kosten	
$HK =$ DM	$\sum 3:$	$\sum 2:$	$\sum 1:$	$\sum 0:$	
$\sum a_i = 1$	$a_3 = \sum 3 / HK$	$a_2 = \sum 2 / HK$	$a_1 = \sum 1 / HK$	$a_0 = \sum 0 / HK$	

Wachstumsgesetz

$$HK^* = \quad \cdot I^{*3} + \quad \cdot I^{*2} + \quad \cdot I^{*1} +$$

Herstellkosten für die Variante mit $I^* = \underline{\;\;\;\;\;\;\;\;\;\;\;\;\;\;}$

$$HK^* = \qquad\qquad HK' =$$

Bild 9.18: Schema zum Ermitteln der Kostenanteilskoeffizienten a_i sowie des Wachstumsgesetzes der Herstellkosten für ein Bauteil

241

Zu ermitteln sind die Kostenanteilskoeffizienten für das Führungsklemmstück (Pos. 9) für die Verstellvorrichtung, Bild 9.19.

Elektromechanische Konstruktion Universität Duisburg —Gesamthochschule— Prof. Dr.—Ing. E. Gerhard	HERSTELLKOSTEN für: ....Führungsklemmstück............... ....9301.09........................			zu Auftrag:
Operationen	Kosten mit I^{*3} steigend	Kosten mit I^{*2} steigend	Kosten mit I^{*1} steigend	konst. Kosten
$HK =$ DM	$\sum 3:$	$\sum 2:$	$\sum 1:$	$\sum 0:$
$\sum a_i = 1$	$a_3 = \sum 3/HK$	$a_2 = \sum 2/HK$	$a_1 = \sum 1/HK$	$a_0 = \sum 0/HK$
Wachstumsgesetz $HK^* = $ $\cdot I^{*3} + $ $\cdot I^{*2} + $ $\cdot I^{*1} + $				
Herstellkosten für die Variante mit $I^* = 2$ $HK^* = $ $HK' = $				

Bild 9.19: Kostenanteilskoeffizienten, Wachstumsgesetz und Herstellkosten für ähnliche Führungsklemmstücke

Die Kostenanteilskoeffizienten, die zugehörigen Wachstumsgesetze für die Herstellkosten sowie die Herstellkosten für die anderen mit $l^* = 2$ vergrößerten eigengefertigten Bauteile der Verstellvorrichtung sind zusammengestellt in Bild 9.20 bis 9.24.

Elektromechanische Konstruktion Universität Duisburg —Gesamthochschule— Prof. Dr.-Ing. E. Gerhard	HERSTELLKOSTEN für: ....Stativstange....................... ....9301.08.............................			zu Auftrag:
Operationen	Kosten mit l^{*3} steigend	Kosten mit l^{*2} steigend	Kosten mit l^{*1} steigend	konst. Kosten
Material	1,21			
Drehen		2,53		
Fräsen			2,53	
Spannen/Messen			4,31	
Zwischen– und Verteilzeiten				3,80
Rüstzeiten				1,67
HK = 16,05 DM	$\sum$ 3: 1,21	$\sum$ 2: 2,53	$\sum$ 1: 6,84	$\sum$ 0: 5,47
$\sum a_i = 1$	$a_3 = \sum 3/HK$ 0,075	$a_2 = \sum 2/HK$ 0,158	$a_1 = \sum 1/HK$ 0,426	$a_0 = \sum 0/HK$ 0,341

Wachstumsgesetz

$HK^* = 0,075 \cdot l^{*3} + 0,158 \cdot l^{*2} + 0,426 \cdot l^{*1} + 0,341$

Herstellkosten für die Variante mit $l^* = 2$

$HK^* = 2,425$ $HK' = 38,92$ DM

Bild 9.20: Kostenwachstumsgesetz für ähnliche Stativstangen

Kostenwachstumsgesetze

Elektromechanische Konstruktion Universität Duisburg —Gesamthochschule— Prof. Dr.—Ing. E. Gerhard	HERSTELLKOSTEN für: ....Tragarm............... ....9301.10...............			zu Auftrag:
Operationen	Kosten mit I^{*3} steigend	Kosten mit I^{*2} steigend	Kosten mit I^{*1} steigend	konst. Kosten
Material	−,62			
Fräsen			3,29	
Bohren/Schneid.			2,10	
Sägen		1,63		
Spannen/Messen				2,86
Zwischen— und Verteilzeiten				2,32
Rüstzeiten				1,29
$HK = 14,11$ DM	$\sum 3$: 0,62	$\sum 2$: 1,63	$\sum 1$: 5,39	$\sum 0$: 6,47
$\sum a_i = 1$	$a_3 = \sum 3/HK$ 0,044	$a_2 = \sum 2/HK$ 0,116	$a_1 = \sum 1/HK$ 0,382	$a_0 = \sum 0/HK$ 0,459

Wachstumsgesetz

$$HK^* = 0,044 \cdot I^{*3} + 0,116 \cdot I^{*2} + 0,382 \cdot I^{*1} + 0,459$$

Herstellkosten für die Variante mit $I^* = 2$

$$HK^* = 2,039 \qquad\qquad HK' = 28,77 \text{ DM}$$

Bild 9.21: Kostenwachstumsgesetz für ähnliche Tragarme

244

Elektromechanische Konstruktion Universität Duisburg —Gesamthochschule— Prof. Dr.—Ing. E. Gerhard	HERSTELLKOSTEN für: .... Feineinsteller 9301.11			zu Auftrag:
Operationen	Kosten mit I^{*3} steigend	Kosten mit I^{*2} steigend	Kosten mit I^{*1} steigend	konst. Kosten
Material	−,97			
Drehen		4,05		
Bohren/Schneid.			−,93	
Spannen/Messen			2,98	
Zwischen— und Verteilzeiten				2,75
Rüstzeiten				1,37
HK = 13,05 DM	$\sum$ 3: 0,97	$\sum$ 2: 4,05	$\sum$ 1: 3,91	$\sum$ 0: 4,12
$\sum a_i = 1$	$a_3 = \sum 3 / HK$ 0,074	$a_2 = \sum 2 / HK$ 0,310	$a_1 = \sum 1 / HK$ 0,300	$a_0 = \sum 0 / HK$ 0,316

Wachstumsgesetz

$$HK^* = 0,074 \cdot I^{*3} + 0,310 \cdot I^{*2} + 0,300 \cdot I^{*1} + 0,316$$

Herstellkosten für die Variante mit $I^* = 2$

$$HK^* = 2,748 \qquad\qquad HK' = 35,86 \text{ DM}$$

Bild 9.22: Kostenwachstumsgesetz für ähnliche Feineinsteller

245

Kostenwachstumsgesetze

Elektromechanische Konstruktion Universität Duisburg —Gesamthochschule— Prof. Dr.–Ing. E. Gerhard	HERSTELLKOSTEN für: ....Grobeinsteller................ ....9301.12..................			zu Auftrag:
Operationen	Kosten mit I^{*3} steigend	Kosten mit I^{*2} steigend	Kosten mit I^{*1} steigend	konst. Kosten
Material	−,70			
Drehen		3,55		
Bohren/Schneid.			4,20	
Spannen/Messen			12,34	
Zwischen– und Verteilzeiten				4,63
Rüstzeiten				1,84
$HK = 27,26$ DM	$\sum 3$: 0,70	$\sum 2$: 3,55	$\sum 1$: 16,54	$\sum 0$: 6,47
$\sum a_i = 1$	$a_3 = \sum 3/HK$ 0,026	$a_2 = \sum 2/HK$ 0,130	$a_1 = \sum 1/HK$ 0,607	$a_0 = \sum 0/HK$ 0,237

Wachstumsgesetz

$$HK^* = 0,026 \cdot I^{*3} + 0,130 \cdot I^{*2} + 0,607 \cdot I^{*1} + 0,237$$

Herstellkosten für die Variante mit $I^* = 2$

$$HK^* = 2,179 \qquad HK' = 59,40 \text{ DM}$$

Bild 9.23: Kostenwachstumsgesetz für ähnliche Grobeinsteller

246

Elektromechanische Konstruktion Universität Duisburg —Gesamthochschule— Prof. Dr.-Ing. E. Gerhard	HERSTELLKOSTEN für: ....Verstellvorrichtung.................. ....Verbindung. / .Montage..............			zu Auftrag:
Operationen	Kosten mit I^{*3} steigend	Kosten mit I^{*2} steigend	Kosten mit I^{*1} steigend	konst. Kosten
Schweißen		$-,73$		
Spannen/Messen			$-,73$	
Zwischen— und Verteilzeiten				$-,58$
Rüstzeiten				$-,80$
Montieren			$3,60$	
$HK = 6,44$ DM	$\sum 3:$	$\sum 2: 0,73$	$\sum 1: 4,33$	$\sum 0: 1,38$
$\sum a_i = 1$	$a_3 = \sum 3/HK$ 0	$a_2 = \sum 2/HK$ $0,113$	$a_1 = \sum 1/HK$ $0,672$	$a_0 = \sum 0/HK$ $0,214$

Wachstumsgesetz

$$HK^* = 0 \cdot I^{*3} + 0,113 \cdot I^{*2} + 0,672 \cdot I^{*1} + 0,214$$

Herstellkosten für die Variante mit $I^* = 2$

$$HK^* = 2,01 \qquad\qquad HK' = 12,94 \text{ DM}$$

Bild 9.24: Kostenwachstumsgesetz für Verbinden und Montieren

9.5.3 Kostenwachstumsgesetz für die Baugruppe Verstellvorrichtung aus den Kostenanteilskoeffizienten für die Einzelteile

Das Kostenwachstumsgesetz für die Baugruppe ergibt sich durch eine Gewichtung der für die Einzelteile ermittelten Kostenwachstumskoeffizienten (Gleichungen 9.42 bis 9.45). Mit den so ermittelten Kostenanteilskoeffizienten a_{iB} für die Baugruppe folgt ihr Kostenwachstumsgesetz zu (vgl. Gleichung 9.46)

$$HK_B^* = a_{3B} \cdot l^{*3} + a_{2B} \cdot l^{*2} + a_{1B} \cdot l^* + a_{0B} \, ,$$

wobei

$$a_{iB} = \frac{HK_1 \cdot a_{i1} + \dots + HK_j \cdot a_{ij} + \dots + HK_E \cdot a_{iE}}{HK_B}$$

bei $j = 1 \dots E$ Einzelteilen (Komponenten) und $i = 0 \dots 3$.

Da bei der Ermittlung der Kostenanteilskoeffizienten a_i für die Einzelteile zwangsläufig die Zulieferkosten nicht berücksichtigt worden sind, gilt das Kostenwachstumsgesetz für die Baugruppe Verstellvorrichtung nur für den eigengefertigten Anteil, also ohne Zulieferteile. Das Bestimmen der Kostenanteilskoeffizienten a_{iB} für die Baugruppe sowie des Kostenwachstumsgesetzes erfolgt nach Bild 9.25.

9.5.4 Kostenwachstumsgesetz für das "Bauteil" Verstellvorrichtung

Sieht man den eigengefertigten Anteil der Verstellvorrichtung (ohne Zulieferteile) als ein Bauteil an, so lassen sich über die Fertigungskostenanteile (Bild 9.26) für ähnliche Verstellvorrichtungen die Kostenanteilskoeffizienten in einem einzigen Arbeitsschritt ermitteln, Bild 9.27.

Elektromechanische Konstruktion Universität Duisburg —Gesamthochschule— Prof. Dr.–Ing. E. Gerhard	KOSTENANTEILKOEFFIZIENTEN für: ....die.Baugruppe................. ....Verstellvorrichtung................	zu Auftrag:
Rechengang		a_{iB}
		$a_{3B} =$
		$a_{2B} =$
		$a_{1B} =$
		$a_{0B} =$
Wachstumsgesetz $HK_B^* = \quad \cdot I^{*3} + \quad \cdot I^{*2} + \quad \cdot I^{*1} +$		
Herstellkosten für die Variante mit $I^* = 2$ $HK_B^* = \qquad HK_B' =$		

Bild 9.25: Kostenanteilskoeffizienten und Kostenwachstumsgesetz für die Baugruppe Verstellvorrichtung

Elektromechanische Konstruktion Universität Duisburg —Gesamthochschule— Prof. Dr.—Ing. E. Gerhard	FERTIGUNGSKOSTENANTEILE für: .... Verstellvorrichtungen (ähnliche Baugruppen)				zu Auftrag:
Ord. Nr.	Fertigungsverfahren	Maß— stab	Zeit T_k [min]	Fertigungsstunden— satz $LK(1+g_F)$ [DM]	FK_k [DM]
1	Drehen				
2	Fräsen				
3	Bohren/Schneid.				
4	Sägen				
5	Schweißen				
6	Montieren				
7a	Spannen/Messen beim Drehen, Fräsen				
7b	Spannen/Messen beim Bohren/Schneid.				
7c	Spannen/Messen beim Sägen				
7d	Spannen/Messen beim Schweißen				
8a	Zwischen— und Verteilzeiten beim Drehen, Fräsen				
8b	Zwischen— und Verteilzeiten beim Bohren/Schneid.				
8c	Zwischen— und Verteilzeiten beim Sägen				
8d	Zwischen— und Verteilzeiten beim Schweißen				
9a	Rüstzeiten beim Drehen, Fräsen				
9b	Rüstzeiten beim Bohren/Schneid.				
9c	Rüstzeiten beim Sägen				
9d	Rüstzeiten beim Schweißen				
Fertigungskosten				ΣFK_k	

Bild 9.26: Fertigungskostenanteile für die Verstellvorrichtung
(Werte sind Rechenwerte nach Kapitel 4.5)

Elektromechanische Konstruktion Universität Duisburg —Gesamthochschule— Prof. Dr.-Ing. E. Gerhard	HERSTELLKOSTEN für: ......Verstellvorrichtung als "Bauteil"........ ....(ohne Klein– und Zulieferteile)........			zu Auftrag:
Operationen	Kosten mit I^{*3} steigend	Kosten mit I^{*2} steigend	Kosten mit I^{*1} steigend	konst. Kosten
Material				
Drehen				
Fräsen				
Bohren/Schneid.				
Sägen				
Schweißen				
Montieren				
Spannen/Messen				
Zwischen– und Verteilzeiten				
Rüstzeiten				
$HK =$ DM	$\sum 3:$	$\sum 2:$	$\sum 1:$	$\sum 0:$
$\sum a_i = 1$	$a_3 = \sum 3/HK$	$a_2 = \sum 2/HK$	$a_1 = \sum 1/HK$	$a_0 = \sum 0/HK$

Wachstumsgesetz

$$HK^* = \quad \cdot I^{*3} + \quad \cdot I^{*2} + \quad \cdot I^{*1} +$$

Herstellkosten für die Variante mit $I^* = 2$

$$HK^* = \qquad\qquad HK' =$$

Bild 9.27: Kostenwachstumsgesetz für das "Bauteil" Verstellvorrichtung

9.5.5 Vergleich der Kosten ähnlicher Baugruppen bei verschiedenen Ermittlungsverfahren

Laut Kalkulation in Kapitel 4.5 betragen die Herstellkosten des eigengefertigten Anteils der Verstellvorrichtung (ohne Zulieferkosten)

$$HK = 83,69 \text{ DM}.$$

Die nach verschiedenen Kostenwachstumsgesetzen ermittelten Herstellkosten für ähnliche Verstellvorrichtungen werden vergleichend betrachtet, Bild 9.28.

Berechnungsverfahren	HK' für $l^* = 2$
Kostenwachstumsgesetz als Summe der HK' der Einzelteile	
Kostenwachstumsgesetz für die Baugruppe Verstellvorrichtung	
Kostenwachstumsgesetz für das "Bauteil" Verstellvorrichtung	

Bild 9.28: Herstellkosten der ähnlichen Verstellvorrichtung

Das Ergebnis ist zu kommentieren bezüglich der Fragestellungen:
- Gibt es einen "wahren" Betrag der Herstellkosten HK' ? (Kalkulation nach Randbedingungen des Unternehmens !)
- Welches Ermittlungsverfahren erscheint am ehesten glaubhaft ?
- Woher kommen die Abweichungen der verschieden ermittelten Beträge und sind eventuell solche "Fehler" zulässig ?

10 Relativkostenkataloge

Werner Busch

10.1 Relativkosten beim wirtschaftlichen Konstruieren

10.1.1 Wirtschaftliches Konstruieren

Bis vor wenigen Jahren hatte der Konstrukteur beim Konstruieren ausschließlich die vorgegebenen Funktionsforderungen zu erfüllen. Die Kostenseite war dem Kaufmann vorbehalten, obwohl der Kaufmann nur noch wenig Einfluß auf die Produktkosten nehmen kann.

Heute muß der Konstrukteur schon in der Entwurfsphase eines Produktes die Wirtschaftlichkeit, die Umweltverträglichkeit, den Termin bzw. die Lieferzeit und die Betriebskosten berücksichtigen.

Vor allem stark exportorientierte Unternehmen müssen ihre angestammten Märkte behaupten und permanent neue Märkte erschließen, und dies ist bei der starken internationalen Konkurrenz nur durch kurze Lieferzeiten und kostengünstige Produkte möglich. Bei hohem Lohnniveau muß der Erlös steigen und die Kosten müssen gesenkt werden.

Durch den hohen Anteil der Kostenbeeinflussung im Konstruktionsbereich ist es naheliegend, bereits in der Entstehungsphase eines Produktes eine Kostensenkung durchzuführen, da zu diesem Zeitpunkt noch keine fertigen Teile vorhanden sind und ein kostengerechtes Konstruieren am besten Wirkung zeigt. Deshalb sollte man in dem Bereich Entwicklung/Konstruktion nicht mit Information sparen, die ein kostengünstiges Konstruieren ermöglichen. Gerade im Anlagenbau (Einzelfertigung) ist dies notwendig, da hier keine Zeit für eine konsequente, nachgeschaltete Wertanalyse möglich ist, denn durch die kurzen Lieferzeiten wird direkt in die Fertigung konstruiert. Aus diesem Grunde sind Kosteninformationen im Vorfeld der Konstruktion notwendig. Ein Mittel dazu können Relativkosten sein, die mit anderen Maßnahmen und Kosteninformationen zu einer kostengerechten Konstruktion führen können.

10.1.2 Kostenbetrachtung in den verschiedenen Bereichen

Der Konstrukteur trägt die Kostenverantwortung vor allem für die Herstellkosten. Er legt durch seine Konstruktion die Herstellkosten bis zu 70% fest, wobei die Entwicklungs- und Konstruktionsabteilungen nur etwa 6% der Kosten verursachen.

Dagegen kann die Arbeitsvorbereitung und die Fertigung nur noch etwa 15% der Herstellkosten beeinflussen, verursacht jedoch etwa 36% der Kosten, Bild 10.1.

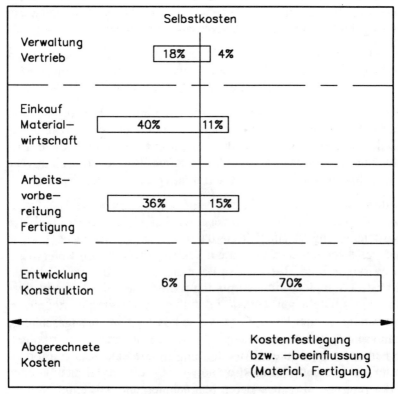

Bild 10.1: Kostenverursachung und Kostenverantwortung der verschiedenen Unternehmensbereiche

10.1.3 Relativkosten als Hilfe zur Kostenbetrachtung

Als Informationshilfen zur Kostenreduzierung können Relativkosten Verwendung finden.

Relativkosten sind Bewertungszahlen, mit denen das Kostenverhältnis alternativer, möglicher Lösungen untereinander oder in Bezug zu einer Basiszahl dargestellt sind. Relativkosten, Checklisten und Gestaltungshinweise dienen dem Konstrukteur zur Kosteninformation bereits bei der Produktentwicklung. Sie können über Jahre unverändert bleiben, wenn die Fakten konstant bleiben.

Ändern sich jedoch Produktionsmittel, Fertigungsverfahren oder Werkstoffpreise erheblich, wie dies teilweise bei Kupfer und Kunststoffen vorkommt, so müssen die Relativkosten neu errechnet und auf den aktuellen Stand gebracht werden.

Weitere Hilfen zur Kosten-Früherkennung wären:

- Kostenstrukturen,
- Ähnlichkeitsgesetze für Kosten,
- Kurzkalkulationen,
- Analyse der Vor- und Nachkalkulation,
- Wertanalyse.

10.2 Vorteile und Nachteile sowie Grenzen des Hilfsmittels "Relativkostenkatalog"

10.2.1 Vorteile

Mit der Bereitstellung solcher Relativkosten-Kataloge und eines entsprechenden Kosteninformationssystems können sich folgende Vorteile ergeben:

- Kostenoptimale Konstruktionen,
- Verbesserte Fertigungs- und Beschaffungsmöglichkeiten,
- Verkürzung der Auftragsdurchlaufzeiten,
- Erleichterung bzw. Ausbau des Technologietransfers,
- Optimalere Ausnutzung der Rohstoffe,
- Steigerung der Wettbewerbsvorteile der Firma.

Bei der Einführung von Relativkosten in einem Maschinenbauunternehmen des Anlagenbaues mit Einzelfertigung haben die Kostenunterlagen im Konstruktions- und Betriebsbereich zu einem Umbruch im Kostendenken geführt.

Die Konstrukteure beginnen mehr und mehr ihre Konstruktion so auszulegen, daß die Qualität nur so gut wie nötig und nicht so gut wie möglich ist.

Es werden dadurch Einsparungen bei den Herstellkosten erzielt. Durch den Vergleich und die klare Darstellung von Norm- und Kaufteilkosten zu den Eigenfertigungskosten beschränken sich die Anwendungen der Konstrukteure gezielter auf bevorratete Norm- und Kaufteile.

Es werden kürzere Konstruktions- und Durchlaufzeiten erreicht. Nach den ersten Ausarbeitungen von Relativkostenunterlagen waren die Anfragen von der Konstruktion nach mehr Kostenvergleich und Funktionskosten so stark, daß ein Team bestehend aus Konstruktion, Einkauf, Arbeitsvorbereitung, Fertigung, Kalkulation und Normung für die Kostenberatung der Konstruktion bei spezifischen kostenintensiven Werkstücken gebildet wurde. Dieses Team erarbeitet unter der Federführung der Normung Relativkostenunterlagen und deckt damit einen Teil der Kostentransparenz ab.

10.2.2 Nachteile

- Für die Kalkulation sind die Relativkosten zu ungenau.
- Der Konstrukteur braucht mehr Suchzeit.
- Die Aktualisierung der Unterlagen ist aufwendig.

Mit den Relativkosten kann nicht kalkuliert werden. Doch es steht auch nicht die Kalkulationsgenauigkeit im Vordergrund, sondern die Aussagefähigkeit im Hinblick auf konkret zu fällende Entscheidungen. Dies ist der primäre Zweck für den Konstrukteur. Die zusätzliche Informationszeit und somit die zusätzlichen Kosten beim Konstruieren sind unbedeutend gegenüber den durch kostenbewußtes Konstruieren reduzierten Folgekosten.

10.2.3 Grenzen der Relativkosten

- Ersetzt kein Kalkulationssystem;
- Bei Einzelfertigung oder Kleinserien sinnvoll;
- Bei Serienfertigung ist eine Wertanalyse-Untersuchung optimal. Doch auch hier sind Relativkosten in der Vorphase der Konstruktion einsetzbar.

Die Anwendung von Realtivkosten ist von der Betriebsgröße unabhängig. Unterschiedliche Bedeutung hat der Einsatz von Relativkosten bei den verschiedenen Konstruktionsarten; die höchste bei Entwicklungs-/Neukonstruktionen, doch auch bei der Anpassungskonstruktion, der Produktpflege und Weiterentwicklung. Verstärkt eingesetzt werden sollten Relativkosten bei der Einzel- und Kleinserienfertigung.

Bei der Serienfertigung und Massenfertigung ist der Einsatz von Relativkosten kaum notwendig, da hier eine Wertanalyse optimal ist. Jedoch kann auch der Einsatz von Relativkosten im Vorfeld der Konstruktion sinnvoll sein und bereits Einsparungen erbringen.

10.3 Einführen und Anwenden der Relativkosten in der Konstruktion

10.3.1 Motivation und Vorbereitung

Dem Konstrukteur wurden in der Vergangenheit in der Regel die Kosten seiner Konstruktionen vorenthalten. Somit entwickelte sich eine Konstruktionsdenkweise, die ausschließlich auf Funktionen unabhängig von den Kosten ausgerichtet war.

Erst mit dem Bekanntwerden der Wertanalyse wurde im Konstruktionsbüro stärker an Kosten gedacht. Der Versuch, jeden Konstrukteur zum Wertanalytiker zu machen, scheiterte. Trotz dieses Scheiterns mußte ein Umdenken in Richtung kostengerechte Konstruktion in der Konstruktion erfolgen, hierzu braucht der Konstrukteur Informationen, die er benutzen kann, ohne genaues kalkulatorisches Wissen zu besitzen. Es kann auch nicht Ziel und Aufgabe eines Konstrukteurs sein, den Kostenrechner, den Arbeitsplaner und den Wertanalytiker zu ersetzen. Aufgabe für ihn ist es, funktionell wie kostenmäßig so optimal wie möglich zu konstruieren.

Die der Konstruktion zur Verfügung gestellten Kosteninformationen sollen überschaubar, aussagefähig aber nicht zu detailliert sein. Dazu eignen sich Relativkostendarstellungen, wie sie in den aufgeführten Beispielen und Ausarbeitungen gezeigt sind.

Vor Einführen von Relativkosten-Unterlagen muß der Konstrukteur natürlich durch betriebsinterne Schulungen mit den Unterlagen vertraut gemacht werden. Jeder Konstrukteur erhält nach der Schulung und dem Einführungslehrgang Relativkosteninformationen zur Verfügung gestellt. Die Anwendung dieser Kostenunterlagen wird in der Konstruktion von den Vorgesetzten geprüft und zusätzlich bei der Zeichnungsnormprüfung überwacht.

10.3.2 Information über Relativkosten mit Hilfe der EDV

Relativkostenangaben können über Bildschirm in Verbindung mit den einzelnen Stammsätzen von Teilen, die als Stückliste gespeichert sind, abgerufen werden. Auch ist es durch die Datenverarbeitung möglich, Absolutkosten von Teilen über Schlüsselsysteme in Relativkosten und in Relativkosten-Schaubildern, Kurven usw. selbständig zu übertragen und diese am Bildschirm sichtbar zu machen.

Voraussetzung hierfür ist jedoch ein umfassendes Schlüsselsystem (Klassifizierung) für alle zu erfassenden Teile und Baugruppen, damit ein nahtloses Ineinandergreifen der einzelnen Daten ermöglicht wird. Auch bei CAD-Konstruktionen können Relativkosten als Entscheidungshilfen direkt beim Abrufen von Einzelelementen, Ausführungen und Konstruktionsdetails eingebaut werden, die während des Konstruierens Hinweise auf die Kosten geben und dem Konstrukteur ein schnelles kostengerechtes Konstruieren ermöglichen.

10.4 Relativkostenkataloge

Die Relativkostenkataloge sollen so aufbereitet sein, daß der Konstrukteur schnell und zuverlässig die kostengünstigste Lösung für vorgege-

bene funktionale und fertigungstechnische Problemstellungen erkennt.
Der Konstrukteur erwartet von einem Relativkostenkatalog Kosteninformationen über die Objekte, die er häufig zu bearbeiten hat. Dabei muß vor allem ein schneller Zugriff zu bestimmten Funktionen, Gestaltformen oder Fertigungsverfahren mögich sein, eine benutzerfreundliche Handhabung ist selbstverständlich.

10.4.1 Anforderungen an das Informationssystem

Um ein solches Informationssystem einzusetzen, wünschen sich die Anwender eine genügend genaue Aussagefähigkeit solcher Unterlagen, hierbei sind Abweichungen von ± 20 % akzeptabel, da in der Regel gleiche Funktionen nur mit anderem Kostengefüge untereinander verglichen werden. Weitere Anforderungen sind:

- einheitlicher und logischer Katalogaufbau,
- eindeutige Suchstrategie,
- gute Zugriffsmöglichkeit,
- übersichtliche Darstellung möglichst in Graphik,
- Ergänzungsfähigkeit,
- Aktualisierbarkeit,
- Integrierbarkeit möglichst in vorhandene Unterlagen wie Normen, Konstruktionsrichtlinien usw.,
- EDV-gerechte, standardisierte Programmbausteine.

10.4.2 Katalogaufbau

Jedes Unternehmen kann nach den jeweiligen spezifischen Gegebenheiten den Inhalt und die Gliederung des Kataloges individuell gestalten. Eine Möglichkeit ist nachstehend aufgeführt:

- Eigenfertigungsteile,
- Norm- und Kaufteile,
- Werkstoffe, Halbzeuge,
- Formelemente, Gestaltzonen,
- spanende Bearbeitung,

- spanlose Bearbeitung,
- spezifische Baugruppen.

In der Anlage 1 ist ein Deckblatt eines Relativkostenkataloges dargestellt.

10.4.3 Katalogobjekte

Die Auswahl geeigneter Relativkosteninformationen sollten in Zusammenarbeit mit der Konstruktion, der Arbeitsvorbereitung und der Normung erfolgen.

Eine Zusammenfassung über mögliche Relativkostenobjekte ist in Anlage 2 enthalten.

10.5 Erstellen von Relativkostenkatalogen

10.5.1 Arbeitsplan

Anwenderfreundliche Relativkostenkataloge müssen systematisch vorgeplant, aufgebaut und nach den Bedürfnissen der Anwender erstellt werden. Die Kostenangaben sollen nicht zu ungenau, aber auch nicht zu differenziert sein.

Der Konstrukteur soll nicht zum Kalkulator oder Kostenrechner werden, sondern seine Aufgabe und Pflicht ist es, kostenbewußt zu konstruieren. Um einen Relativkostenkatalog zu erstellen, der dem Konstrukteur eine Hilfe ist, kann nach folgendem Arbeitsplan vorgegangen werden:

- Zuerst müssen die Produkte auf geeignete und kostenintensive Baugruppen, Funktionsgruppen, Einzelteile, Norm- und Kaufteile, Fertigungsverfahren, Werkstoff, Toleranzen usw. analysiert werden.
- Nach Auswahl der Katalogobjekte wird der Katalogaufbau festgelegt.
- Ermitteln der kostenbestimmenden technischen Parameter. Dabei müssen besonders die Auswahlkriterien des Anwenders beachtet werden.
- Festlegen der verschiedenen, vergleichbaren Alternativen.
- Zusammentragen aller vorhandenen Kostenunterlagen, z.B. Arbeitspläne, Preislisten, Herstellkosten, Zeitrichtwerte, Lagerkosten, Normen,

Stücklisten usw..
- Berechnen der Herstellkosten bzw. Grenzkosten.
- Errechnete Kosten zusammenführen und aufeinander abstimmen.
- Die effektiven Kosten in Relativkosten umwandeln, so daß sich brauchbare Relativzahlen ergeben.
- Zeichnen der Diagramme und Schreiben der Tabellen für die Dokumentation der Relativkosten.

10.5.2 Ermitteln der Basiswerte

Sobald eine Teileart zur Relativkosten-Errechnung ausgesucht wurde, müssen Alternativteile zusammengetragen werden. Alle Teile gleicher Funktion werden miteinander verglichen, Anlage 11.

Parameterauswahl

Die Parameterauswahl ist ein entscheidender Arbeitsgang beim Erstellen von Relativkosten. Zuerst werden sämtliche in Frage kommenden Parameter vergleichbarer Alternativlösungen zusammengestellt, um dann die für den Anwender zutreffenden Parameter auszuwählen, Anlage 12.

10.5.3 Erstellen von Berechnungsformeln für Norm- und Kaufteile

Bei der Berechnung der Relativkosten sind folgende Kostenarten zu berücksichtigen:

- Einstandskosten (K_E),
- Lagerkosten (K_L),
- Allgemeinkosten (K_A).

Die Einstandskosten (K_E) hängen ab von den Parametern:

- Abnahmemenge,
- Abmessung (Durchmesser, Länge),
- Festigkeitsklasse,
- Werkstoff,
- Ausführung,

261

- Toleranzklasse,
- Oberfläche.

Die Lagerkosten (K_L) sind abhängig von den Parametern:

- Abnahmemenge,
- Abmessung.

Die Allgemeinkosten (K_A) sind als betriebsspezifisch festzulegender Zuschlagswert zu behandeln.

Die Relativkosten (R_K) ergeben sich aus der Formel:

$$R_K = \frac{K_E + K_L + K_A}{\text{Bezugswert}} . \tag{10.1}$$

Wenn die Kostenanteile K_L und K_A im Verhältnis zum Einstandspreis K_E betriebsspezifisch vernachlässigbar klein sind, kann die Formel zur Berechnung der Relativkosten vereinfacht werden auf:

$$R_K = \frac{K_E}{\text{Bezugswert}} . \tag{10.2}$$

10.5.4 Erstellen von Berechnungsformeln für Eigenfertigungsteile

Zum Errechnen der Relativzahlen wird allgemein die Grenzkostenkalkulation angewendet, Bild 10.2. Die Grenzkosten geben Auskunft über die mögliche Preisuntergrenze bzw. die Grenzpreise, zu denen ein Unternehmen seine Leistungen auf dem Markt anbieten könnte. Die Grenzkosten sind die direkt bei der Leistungserstellung anfallenden Kosten. Der Grenzpreis eines Erzeugnisses muß mindestens den Grenzkosten entsprechen, da sonst Kostenunterdeckung der bei der Leistungserstellung effektiv anfallenden Kosten entstehen würde.

Verkauft ein Unternehmen zu Grenzpreisen, die gleich den Grenzkosten sind, so werden keine fixen Kosten, die in den durch Zuschlagssätzen umgelegten Gemeinkosten enthalten sind, abgedeckt.

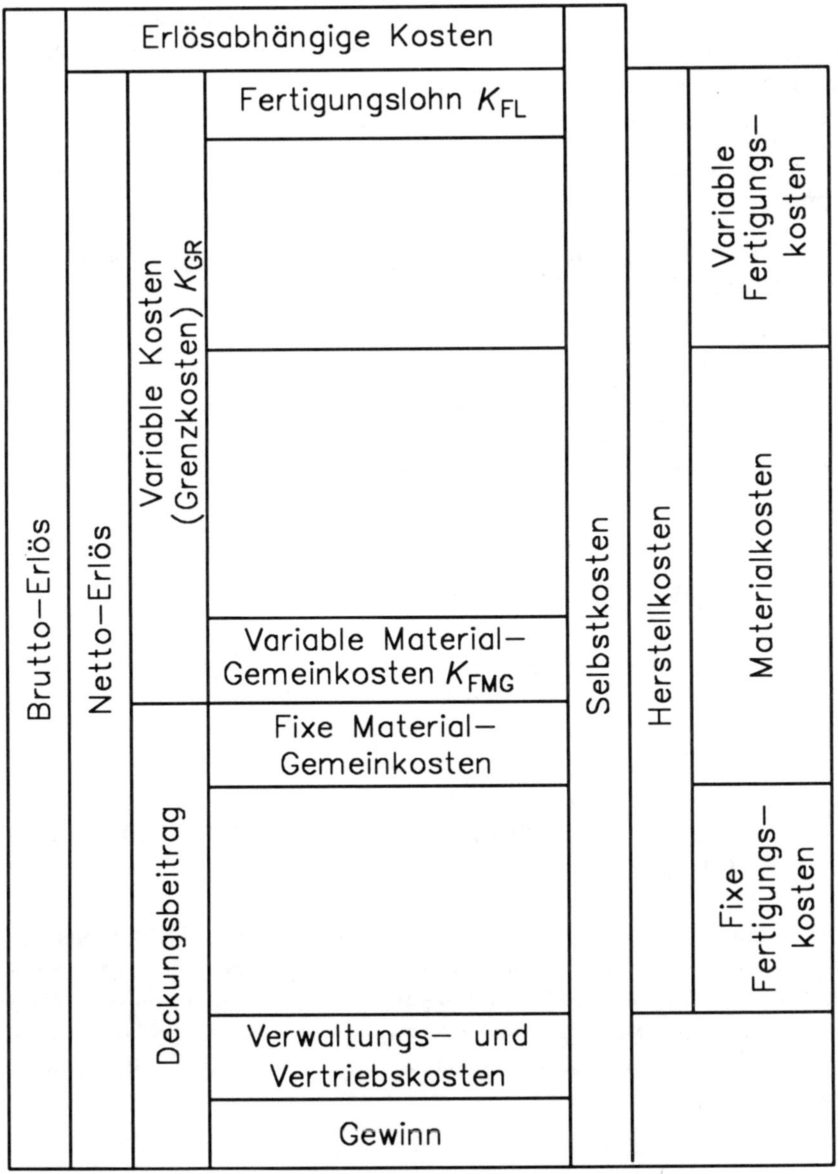

Erlösabhängige Kosten

Fertigungslohn K_{FL}

Variable Kosten (Grenzkosten) K_{GR}

Variable Material–Gemeinkosten K_{FMG}

Fixe Material–Gemeinkosten

Brutto–Erlös

Netto–Erlös

Deckungsbeitrag

Verwaltungs– und Vertriebskosten

Gewinn

Selbstkosten

Herstellkosten

Variable Fertigungskosten

Materialkosten

Fixe Fertigungskosten

Bild 10.2: Kostenschema und Grenzkosten

Die Grenzkostenbetrachtung ist notwendig, um eine eventuell kurzfristig notwendig werdende Preisflexibilität des Unternehmens herbeizuführen, durch die es in die Lage versetzt wird, auf bestimmte Marktsituationen schnell zu reagieren.

Bei jeder Kostenrechnung sollte auch die Betriebsauslastung beachtet werden.

Bei der Berechnung von Eigenfertigungsteilen sind folgende Kostenarten zu berücksichtigen:

- Grenzkosten (K_{GR}),
- Fertigungslohn (K_{FL}),
- Variable Fertigungs-Gemeinkosten (K_{FG}),
- Fertigungs-Materialkosten (K_{FM}),
- Variable Material-Gemeinkosten (K_{FMG}).

<u>Erlös- und Kostengliederung</u>

Die Relativkosten *RK* ergeben sich aus der Formel:

$$RK = \frac{K_{FL} + K_{FG} + K_{FM} + K_{FMG}}{\text{Bezugswert}} = \frac{K_{GR}}{\text{Bezugswert}}. \quad (10.3)$$

10.6 Geeignete Darstellungsformen von Informationen in Katalogen

Die wichtigste Information im beschreibenden Teil des Kataloges sind die Relativkosten für alternative Lösungen. Die Darstellungsart der Kosten ist abhängig von der Anzahl der Parameter. Sie kann graphisch oder numerisch sein. Nach eigener Erfahrung eignet sich die zweidimensionale, graphische Darstellung wegen ihrer guten Übersichtlichkeit am besten.

10.6.1 Tabellarische Darstellung

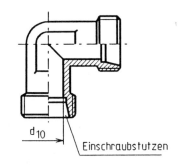

Einschraubstutzen

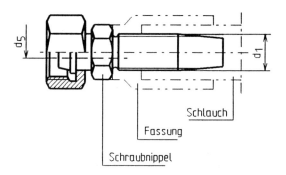

Schlauch

Fassung

Schraubnippel

Abmessung				Werkstoff Abnahmemenge					
Schlauch-Nennweite			passender Einschraub-Stutzen	St *) bei Abnahme von		CuZn40Pb2 bei Abnahme von		1.4571 bei Abnahme von	
d_1	d_5	d_{10}		10 St.	100 St.	10 St.	100 St.	10 St.	100 St.
8	6	7	10 L	1	1	15	12	34	30
13	10,5	11	15 L	1,5	1,5	19	16	40	33
16	13	14	18 L	1,8	1,8	22	17	42	35

*) Schraubnippel mit Überwurfmutter = Stahl verzinkt
Fassung 2 TE = Aluminium

Bild 10.3: Informationen in Tabellenform

10.6.2 Graphische Darstellung

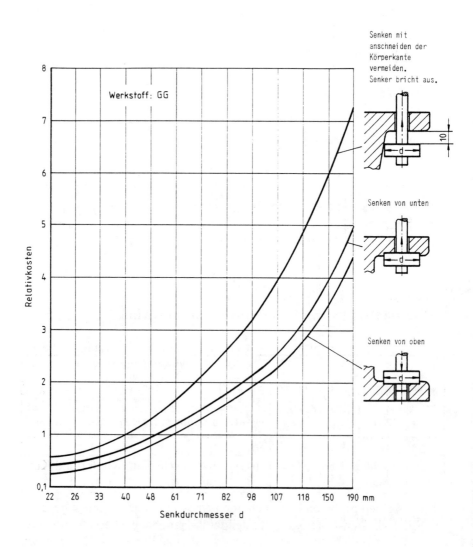

Bild 10.4: Information im Diagramm

10.6.3 Ergänzung in Werknormen

Stahlsorte		Mechanische Eigenschaften V (vergütet) für Längsproben					Chemische Zusammensetzung (Schmelzanalyse) in Gew. %)						Wirtschaftlichkeits- Werte	
Kurz- name	WNr	G (weich- geglüht) HB 30 max.	d über	d bis	R_{eL} (σ S) bzw. (σ 0,2) N/mm^2 min.	R_m (σ B) N/mm^2 von	R_m bis	C	Si	Mn	P max.	S max.	Cr	Be- hand- lungs- zu- stand	siehe unter 4.1 u. 4.2 K_v | F_B für Rd40
31Cr MoS12	1.8515	248	16 16 40 100 160	— 40 100 160 250	885 835 785 735 685	1080 1030 980 930 880	1270 1230 1180 1130 1080	0,28 bis 0,35	0,15 bis 0,40	0,40 bis 0,70	0,030	0,015 bis 0,035	2,80 bis 3,30	G	230 | 240
34Cr AlNi7	1.8550	245	70	250	590	780	980	0,30 bis 0,37	0,15 bis 0,40	0,40 bis 0,70	0,030	0,035	1,50 bis 1,80	G V	250 | 240 265 | 260

K_v = Preiskennzahl Basis RSt37-2 (Rd40) = K_v100
F_B = Zerspanungs-Kennzahl Basis RSt37-2 = F_B100

Bild 10.5: Angaben nach Normen

10.7 Erstellungs- und Aktualisierungsaufwand

Die maschinelle Erstellung mit der EDV erfordert Programme, die jedoch einen direkten Zugriff auf Kostenstrukturen ermöglichen.

Bei Kaufteilen müssen die Mengenrabatte, die Mindestmengenzuschläge, die Lagergemeinkosten, die Eingangskontrolle usw. berücksichtigt werden. Die Grenzkosten ändern sich durch neue Fertigungsverfahren (NC-Maschinen).

Es gibt rasche Kostenveränderungen bei Kunststoffen, Kupfer und Kupferlegierungen.

Von einzelnen größeren Unternehmen ist bekannt, daß sie mit sogenannten Relativkosten-Katalogen (Kostendaten-Handbücher) arbeiten, wobei die dafür erforderliche Ermittlung und Bereitstellung von Kostendaten bisher nur manuell durchgeführt wurde. Die dabei zu verarbeitenden umfangreichen Datenmengen erfordern allerdings einen hohen zeitlichen und personellen Aufwand. Da Kostendaten sich in den meisten Fällen dynamisch denjeweiligen wirtschaftlichen Gegebenheiten anpassen bzw. diese wiederspiegeln, ist eine Überarbeitung (Aktualisierung) dieser Planungsunterlagen in regelmäßigen Abständen notwendig.

Der hohe Aufwand für derartige, auch nur in beschränktem Rahmen vorhandene Planungsunterlagen erklärt, warum in kleinen und mittleren Betrieben nur äußerst selten Anstrenungen in dieser Richtung unternommen wurden.

Um diesen kleinen und mittleren Unternehmen auch Kostenunterlagen an die Hand zu geben, wurden in Zusammenarbeit mit BMFT, dem DIN Deutsches Institut für Normung, der Industrie, dem VDI und einigen Hochschulen Relativkostenblätter erstellt und publiziert, auch einige Bücher über kostengerechtes Konstruieren sind veröffentlicht worden. Die in diesen Arbeitskreisen erarbeiteten Unterlagen sind als Relativkostenblätter in DIN-Normen und VDI-Richtlinien erschienen.

10.8 Relativkostenblätter, Beispiele

Anlage 1: Deckblatt eines Relativkostenkataloges
Anlage 2: Relativkostenobjekte
Anlage 3: Wertanalytische Fragen
Anlage 4: Gestaltungshinweise
Anlage 5: Gewindeausläufe
Anlage 6: Drehmomentübertragung von Flansch zu Flansch
Anlage 7: Schraubenverbindungen
Anlage 8: Schraubenverwendung
Anlage 9: Bohrungen
Anlage 10: Schweißnahtwertigkeit
Anlage 11: Vergleichbare Schrauben
Anlage 12: Kombination von Schraubenparametern

INHALT

	SPANENDE BEARBEITUNG
CHECKLISTEN	**GIESSEN**
GESTALTUNGSHINWEISE	**SCHWEISSEN BRENNSCHNEIDEN**
RELATIVKOSTEN	**SCHMIEDEN WÄRMEBEHANDLUNG**
RELATIVKOSTEN	**WERKSTOFFE HALBZEUGE GALVANISCHE ÜBERZÜGE**
	FUNKTIONSGRUPPEN
RELATIVKOSTEN FÜR:	**SPEZIFISCHE EINZELTEILE**
EIGENFERTIGUNG FREMDFERTIGUNG	**NORM- UND KAUFTEILE**
KOSTEN FÜR: MIKROFILME, LICHTPAUSEN, RÜCKVERGRÖSSERUNGEN, KOPIEN, DRUCKE	**MIKROGRAPHIE REPROGRAPHIE**

VOITH

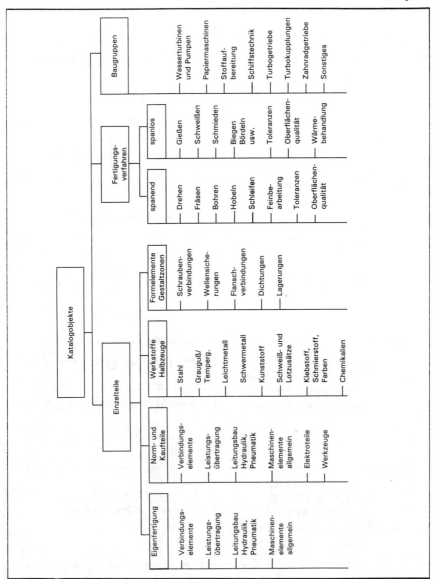

VOITH

Wertanalytische Fragen

Kaufteile, Eigenfertigungsteile	1.	Können Normteile oder handelsübliche Teile verwendet werden?
	2.	Können die gewünschten Teile aus Normteilen oder handelsüblichen Teilen hergestellt werden?
	3.	Können Eigenfertigungsteile auch von Lieferanten bezogen werden?
Werkstoffe	4.	Können billigere Werkstoffe verwendet werden?
	5.	Können Kunststoffe verwendet werden?
	6.	Kann die Zahl der verschiedenen Werkstoffe vermindert werden?
	7.	Können die Werkstoffkosten durch andere Dimensionen (Vergrößerung, Reduzierung) gesenkt werden?
	8.	Wurden die Werkstoffe unter Berücksichtigung unserer Fertigungsmöglichkeiten ausgewählt?
Toleranzen, Oberflächen	9.	Sind die angegebenen Toleranzen wirklich erforderlich?
	10.	Sind die verlangten Oberflächenqualitäten notwendig?
	11.	Kann eine andere Oberflächenbehandlung die gleiche Funktion (Schutz, Gleitfähigkeit usw.) erfüllen?
Gestaltung	12.	Lassen sich Teile symmetrisch gestalten?
	13.	Lassen sich mit Formänderungen Gewichtseinsparungen erzielen?
	14.	Mit welchem Fertigungsverfahren wird ein Teil am wirtschaftlichsten hergestellt (Schmieden, Gießen, Spanen)?
	15.	Würde eine Schweißkonstruktion Vorteile bringen (Gewicht)?
	16.	Lassen sich mehrere Teile mit verschiedenen Funktionen zu einem Teil zusammenfassen?
	17.	Wäre eine Aufteilung eines Teiles in mehrere vorteilhaft? (Könnten dadurch Normteile eingesetzt werden)?
	18.	Ist die Konstruktion so, daß

VOITH

Eintritt und Austritt der Bohrungen

Bohrungen sollen nicht in schrägen, gebogenen oder abgesetzten Flächen beginnen und/oder enden. Ist bei durch-
gehenden Bohrungen der Bohrerauslauf begrenzt, so sollte
dies in der Zeichnung deutlich dargestellt sein.

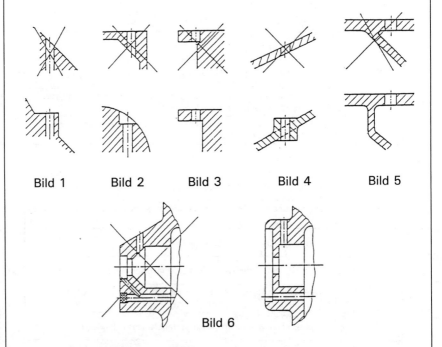

| Bild 1 | Bild 2 | Bild 3 | Bild 4 | Bild 5 |

Bild 6

Wird ein Werkstück auf einer NC-Maschine gebohrt, so führen
diese schrägen, gebogenen oder abgesetzten Flächen zum
Bruch des Bohrers.
NC-Maschinen haben unelastischen, konstanten Vorschub,
auch im Augenblick des Werkzeugein- und -austritts.

VOITH

Gewinde
Gewinde ohne Gewindeauslauf und Gewinde <M6 können nicht mit der Maschine geschnitten werden.

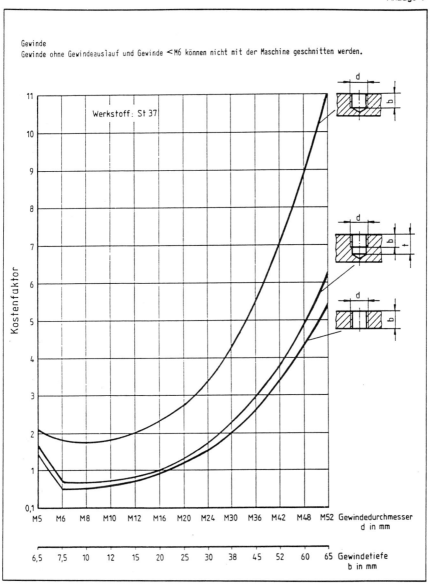

Drehmomentübertragung von Flansch zu Flansch (Turbinenwellen)

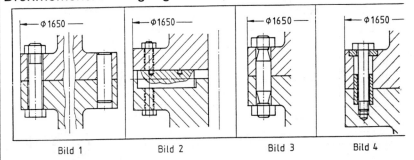

Bild 1   Bild 2   Bild 3   Bild 4

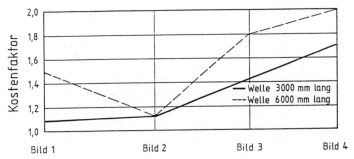

Bild 1   Bild 2   Bild 3   Bild 4

VOITH

274

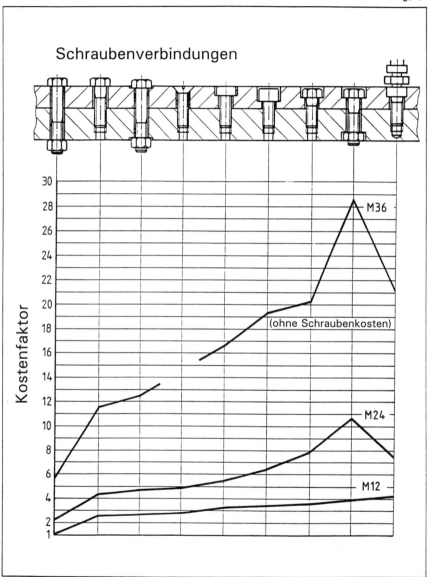

Schraubenverbindungen

VOITH

Schrauben für kraftübertragende Verbindungen

Reibwert für 5.6, 8.8 u. 10.9 =0,135µ für A4-2 =0,140µ

Werkstoff	Kostenfaktoren 1≙30 DM/100 Stck.											
6kt-Schraube DIN 931												
A4-2	0,32	0,59	1,0	1,6	4,4	8,1	16,5	36	58	182	288	1320
10.9	0,1	0,18	0,32	0,5	1,2	2,1	6,2	8,8	15	44,6	111	400
8.8	0,06	0,1	0,19	0,3	0,65	1,4	3,1	10,6	18	35	89	200
5.6	0,1	0,15	0,27	0,42	1,0	2,0	4,6	10	17	30	66	120
Zyl.-Schraube DIN 912												
A4-2	0,6	0,82	1,38	2,3	8,2	20,3	31	43,5	85	217	343	1500
10.9	0,15	0,2	0,35	0,55	1,16	2,75	8,0	19,2	35,1	50	107	400
8.8	0,1	0,14	0,2	0,36	0,8	2,0	5,8	17,5	32,1	38,3	100	325

Vorspannkraft in N

4 000 000
2 500 000
1 600 000
1 000 000
630 000
400 000
250 000
160 000
100 000
63 000
40 000
25 000
16 000
10 000
6 300
4 000

10.9
8.8
5.6
A4-2

max. zul. Vorspannkraft

M6×30 M8×35 M10×40 M12×45 M16×55 M20×70 M24×80 M30×90 M36×120 M48×160 M64×220 M80×260

Schraubenabmessung

VOITH

Bohrungen
Bohrungen gebohrt auf einer Säulenbohrmaschine.
Eine Bohrung Ø 2 mm kostet 45% mehr als eine Bohrung Ø 3 mm.

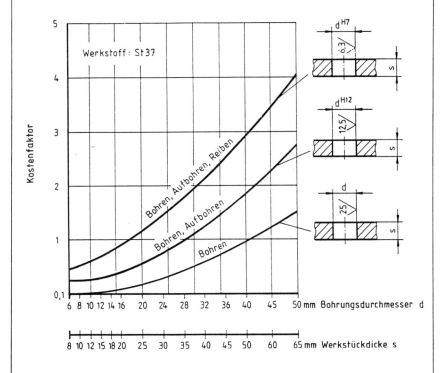

VOITH

277

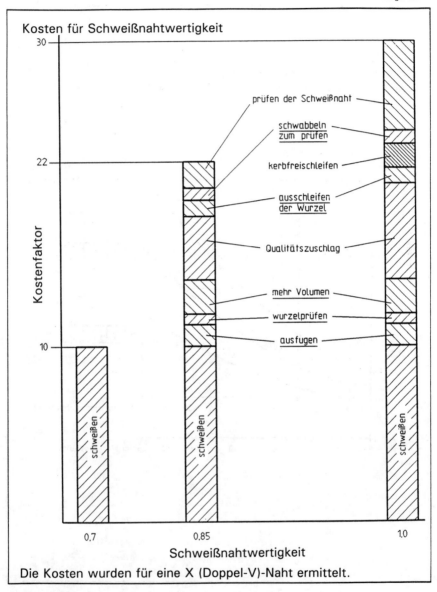

Kosten für Schweißnahtwertigkeit

Kostenfaktor

prüfen der Schweißnaht

schwabbeln zum prüfen

kerbfreischleifen

ausschleifen der Wurzel

Qualitätszuschlag

mehr Volumen

wurzelprüfen

ausfugen

schweißen

Schweißnahtwertigkeit

Die Kosten wurden für eine X (Doppel-V)-Naht ermittelt.

VOITH

	Sechskantschrauben	Zylinderschrauben	Halbrundschrauben	Senkschrauben	Kopfschrauben mit Ansatzspitze bzw. Zapfen	Hammerschrauben	Rundkopfschrauben	Blechschrauben	Schneidschrauben	Gewindeformende Schrauben	Paßschrauben	Gewindestifte	Schaftschrauben	Stiftschrauben	Bolzenschrauben	Hohlschrauben	Kombischrauben
Sechskantschrauben	+	+	O							O							O
Zylinderschrauben	+	+	O							O							O
Halbrundschrauben	O	O	+														O
Senkschrauben				+							•						O
Kopfschrauben mit Ansatzspitze bzw. Zapfen					+							O	O				
Hammerschrauben						+											
Rundkopfschrauben							+										
Blechschrauben								+	+								
Schneidschrauben								+	+								
Gewindeformende Schrauben	O	O								+			O				
Paßschrauben											+						
Gewindestifte				O								+	+				
Schaftschrauben				O								+	+				
Stiftschrauben											O			+			
Bolzenschrauben															+		
Hohlschrauben																+	
Kombischrauben	O	O	O														+

+   Vergleichbare Schrauben in bezug auf Relativkosten
O   Nur bedingt vergleichbare Schrauben

VOITH

279

Kombinationen von Schraubenparametern

Parameter P1 \ Parameter P2	Durchmesser	Länge	Vorspannkraft	Werkstoff/Festigkeitsklasse	Ausführung/Form	Toleranzklasse	Oberfläche	Zubehörteile Muttern, Scheiben, Sicherungen	Werkstückgestaltung
Durchmesser		+	+	+	+	O	O	+	+
Länge	+			+	+				
Vorspannkraft	+	O		+	+			+	+
Werkstoff/Festigkeitsklasse	+	+							
Ausführung/Form	+	O	+	+				+	+
Toleranzklasse							O		
Oberfläche						O			
Zubehörteile Muttern, Scheiben, Sicherungen			+		+				
Werkstückgestaltung	+				+				

In der Übersicht sind dem Parameter P1 die Kriterien (Parameter P2) zugeordnet.

+ = sollte berücksichtigt werden

O = kann berücksichtigt werden

[+] = eine für die Konstruktion bei hochfesten Schraubenverbindungen praktikable Parameterverknüpfung

VOITH

280

11 Kosten bei der Bewertung von Konstruktionen

Edmund Gerhard

11.1 Kostenzielsetzung

Die Kostenzielsetzung ist als Forderung des Marktes in der Anforderungsliste festgelegt. Der Entscheidungsspielraum ist dabei bei einem anonymen Markt größer als wenn Erzeugnisse nur für wenige Kunden zu entwickeln sind; dagegen ist die Aussagesicherheit bei einem anonymen Markt geringer. Sieht man die übrigen Forderungen an das Erzeugnis als klar definiert oder definierbar an, so lassen sich die geforderten Herstellkosten HK_{gef} ermitteln, wenn man den erwarteten Gewinn Δ und die von der Herstellung nicht beeinflußten Gemeinkosten GK von dem zu erzielenden Marktpreis P_e abzieht:

$$HK_{gef} = P_e - \Delta - GK .\qquad(11.01)$$

Einzelheiten hängen von der Struktur des Betriebes und von der Art der Kalkulation ab. Da letztlich alle Forderungen in der Anforderungsliste Kosten bedeuten, ist es möglich, daß die Realisierung dieser Forderungen mit der Kostenzielsetzung unvereinbar ist. Rücksprachen und Neudefinitionen werden notwendig.

Es ist sinnvoll, beim Festlegen der "zu erfüllenden" Herstellkosten in der Anforderungsliste einen Toleranzbereich zwischen Mindesterfüllung (höchster, tragbarer Betrag) und Idealerfüllung (z.B. 70 % des geforderten Betrages) anzugeben, wie z.B.:

- geforderte Herstellkosten (Sollwert): $\qquad HK_{gef} = \qquad x$ DM,
- Mindesterfüllung (höchste, denkbare Herstellkosten), $HK_M > HK_{gef}$: $\qquad HK_M = 1{,}2 \cdot x$ DM,
- Idealerfüllung (schön wäre es, wenn ...), $HK_I < HK_{gef}$: $\qquad HK_I = 0{,}7 \cdot x$ DM.

281

11.2 Aufspüren wirtschaftlicher Lösungen

11.2.1 Suche nach Lösungsalternativen

Wenn die wirtschaftlichste Lösung oder die "optimale" Lösung oder die ausgewogenste Lösung aufgespürt werden soll, so bedeutet dies, daß mehrere Lösungsalternativen bewertbar sein und zur Auswahl anstehen müssen. Es sind somit stets mehrere - im Idealfall alle denkbaren - Lösungsalternativen zu erarbeiten. Hierfür sind Konstruktionsmethoden geschaffen worden, die der Konstrukteur aufgabenspezifisch in den einzelnen Problemlösungsphasen anwenden kann [11.1]. Solche Konstruktionsmethoden entbinden den Konstrukteur keinesfalls von Berechnungen oder von fertigungs-, kosten- oder menschengerechtem Gestalten; sie sollen mehrere Lösungsalternativen gleichen Reifegrades liefern.

Unter den Konstruktionsmethoden unterscheidet man heute - entsprechend den zwei Arten des bewußten Denkens - diskursive (rein logisch in Schritten ablaufende und damit auch vom Einzelnen durchführbare) Methoden und intuitive (einfallsbetonte, die Intuition vorbereitende und vorwiegend im Team durchzuführende) Methoden.

Schon bei der Lösungssuche wird der Konstrukteur Restriktionen berücksichtigen, die sich nicht nur aus den Funktions- sondern auch aus den Wirtschaftlichkeitsanforderungen ergeben. Da niedrige Herstellkosten nur bei hohen Stückzahlen gleicher Teile, gleicher Baugruppen oder gleicher Erzeugnisse möglich sind, muß eine "Vereinheitlichung" unterschiedlicher Teile, Teilegruppen oder Erzeugnisse angestrebt werden, z.B. ähnliche Teile, Baukastensysteme, Baureihen (vgl. auch Kapitel 9).

11.2.2 Lösungsauswahl anhand von Kriterien

Die verschiedenen Methoden zur Lösungssuche liefern im allgemeinen eine Vielzahl prinzipiell möglicher Lösungsalternativen; sie alle müssen auf ihre Brauchbarkeit hin, gerade auch in wirtschaftlicher Hinsicht, untersucht werden. Dabei gilt es, durch eine Bewertung den "Wert" bzw. den "Nutzwert" oder die "Stärke" jeder Lösung zu ermitteln. Das ist nur möglich, wenn eine klare Zielvorstellung existiert. Das Aussuchen der optimalen Lösung geschieht dann aufgrund des Bewertungsergebnisses, das durch Vergleich der Istwerte der Lösungsalternativen mit den Sollwerten der als Bewertungskriterien formulierten Ziele mit Hilfe von Bewertungsverfahren zustande kommt.

Für einen offenlegbaren Bewertungsvorgang sind deshalb Bewertungskriterien unumgänglich; an ihnen müssen alle Alternativen absolut oder vergleichend gemessen werden. Der Schwerpunkt eines solchen Entscheidungsprozesses liegt nun nicht im "richtigen" Bewertungsverfahren, sondern vielmehr in der Wahl der "richtigen" und damit in der Auswahl der wichtigsten Bewertungskriterien. Nicht das Verfahren, sondern die Kriterien sind das "Maß aller Entscheidungen". Sie entstammen

- der Anforderungsliste: Hier sind sie als Forderungen, möglichst mit Angabe eines zulässigen Erfüllungstoleranzbereichs und einer Zuordnung zu den Konstruktionsphasen angegeben;
- ähnlichen Aufgabenstellungen: Unternehmensexterne und unternehmensinterne Informationen sind ebenso wichtig wie die eigene Erfahrung des Bearbeiters aus vorangegangenen Problemstellungen;
- spontanen Notizen während der Lösungssuche (Vorteile-Nachteile-Katalog): Diese Aussagen sind lösungsbezogen und im allgemeinen äußerst praxisgerecht; sie können auch in der bestgeführten Anforderungsliste nicht enthalten sein.
- Versuchen, Mustern und Schwachstellenanalysen.

Diese Kriterien werden in den einzelnen Bewertungsschritten während des Auswahlprozesses relevant, Bild 11.1.

Ausgangspunkt ist stets eine Gesamtanzahl von Lösungsalternativen für eine bestimmte Teilaufgabe. Eine erste Selektion erfolgt mit Hilfe der Ja/Nein-Kriterien J/N (Erfüllen des Aufgabenkerns unter Berücksichtigung der Restriktionen, Erfüllen aller Ja/Nein-Forderungen aus der Anforderungsliste, Erreichen der unteren Toleranzgrenze der Tolerierten Forderungen F).

Die verbleibenden Lösungsalternativen sind alle mehr oder weniger gut brauchbar; sie werden die Bewertungskriterien also mehr oder weniger gut erfüllen.

Inhaltlich resultieren die während der Entwurfsphase relevanten Kriterien aus den

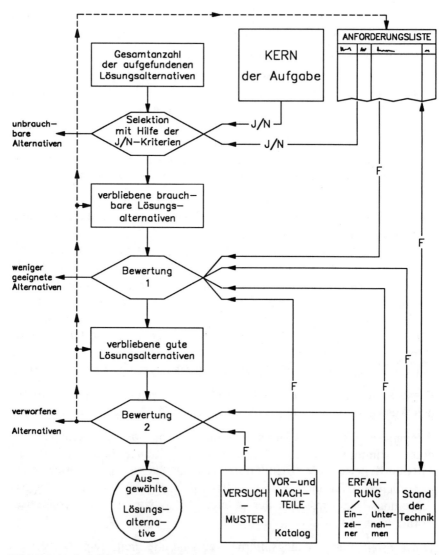

Bild 11.1: Schritte bei der Lösungsauswahl und die zugehörigen Kriterienlieferanten

J/N Ja/Nein-Forderung

F   Tolerierte Forderung

- Anforderungen an die physikalisch-technische Funktion: Sie bestimmen Abmessungen, Anordnung und im allgemeinen den Werkstoff (z.B. Arbeiten nach "Entwurfsprinzipien").

- Anforderungen an die Herstellbarkeit: Sie beziehen sich u.a. auf die Auswahl des Fertigungsverfahrens (fertigungsgerechtes Gestalten), Art der Montage (montagegerechtes Gestalten), realisierbare Nennmaße und Toleranzen.

- Anforderungen an die Wirtschaftlichkeit: Die Realisierung jeder Funktion bedeutet letztlich Kosten. Stückzahl, fixe und variable Kosten bestimmen das Herstellverfahren.

- Anforderungen aus den Mensch-Produkt-Beziehungen: Ergonomie (Richtlinien aus der Arbeitswissenschaft; z.B. sicherheitsgerecht, bediengerecht) und Design (Wirkung, Kennzeichnung) bestimmen die Produktgestalt; Wiederaufarbeitbarkeit und Recyclingfähigkeit bestimmen Konstruktion und Kosten.

Für den Konstrukteur ist zur Bewertung eines Konstruktionsergebnisses (Skizze, Entwurf, Produkt) die generelle Gewichtung dieser Kriterienhauptgruppen im eigenen Hause von grundlegender Bedeutung. Die relative Wichtigkeit dieser Kriteriengruppen ist allgemein nicht angebbar. Die Produktspezifikation und -diversifikation der einzelnen Industrieunternehmungen sind zu verschieden.

Zwei prinzipiell verschiedene "Denkweisen" lassen sich für den Aufbau einer Kriterienhierarchie unterscheiden:

- Die Kriterienhauptgruppen stehen auf gleicher Hierarchiestufe, lediglich ihre Wichtigkeit, ausdrückbar durch einen Gewichtsfaktor, ist unterschiedlich, Bild 11.2.
  (Hinweis: Die angegebenen Gewichtsfaktoren entstammen einer Befragung von Industrieunternehmen.)

- Als Produktgesamtwert wird ein "Gebrauchswert" definiert, der sich aus dem "Nutzen" des Produkts (eine Art Gebrauchstauglichkeit) und seinen "Kosten" als Nutzen-Kosten-Relation ergibt, Bild 11.3.

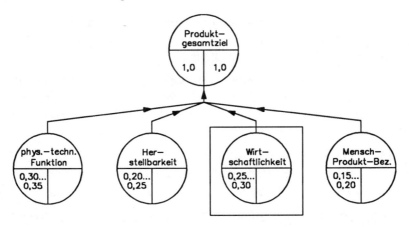

Bild 11.2: Hierarchisch gleichwertige Stellung von Kriterienhauptgruppen

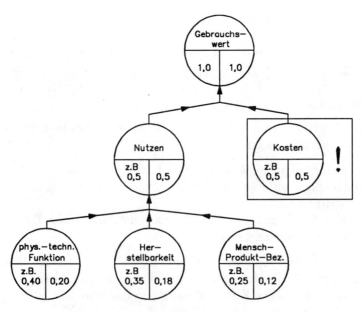

Bild 11.3: Hierarchische Stellung von Kriterienhauptgruppen bei Kosten-Nutzen-Vergleich

11.2.3 Unterschiedliche Wichtigkeit von Kriterien

Nicht alle aufgefundenen und zusammengetragenen Kriterien zur Beurteilung einer Idee, eines Konzepts, eines Entwurfs oder eines Produkts werden als gleich wichtig angesehen werden können. Die unterschiedliche Bedeutung der Kriterien wird durch unterschiedliche Gewichtung derselben (Gewichtsfaktoren) berücksichtigt. Dabei wird zumindest erkannt, welche Kriterien wesentlich unwichtiger sind als andere. Die Gewichtsfaktoren sind Zahlen, mit denen die bei der Bewertung der Alternativen zu vergebenden Punktzahlen (Punktbewertungsverfahren) multipliziert werden.

In den meisten Fällen ist es völlig ausreichend herauszufinden, welche Kriterien besonders unwichtig sind, also zum Gesamtwert einer Konstruktion nur unwesentlich beitragen. Dazu reicht es aus, die aufgefundenen Kriterien - welcher Art auch immer - durch gegenseitiges Ausspielen in Form einer gewichteten Rangreihe mit Grenzwertklausel zu sortieren. Ein Kriterium kann entweder wichtiger (+), weniger wichtig (-) oder in Ausnahmefällen genau so wichtig (0) sein wie ein anderes Kriterium.

Die ermittelte Anzahl der "+"-Notierungen für die einzelnen Kriterien dient als Maß für ihre Wichtigkeit. Die Gesamtzahl der "+"-Notierungen aller Kriterien (Σ"+") wird gleich 100 % bzw. 1,000 gesetzt. Der Gewichtsfaktor eines Kriteriums g_K wird aus der Anzahl der "+"-Notierungen für das Kriterium, multipliziert mit der Gewichtseinheit g_i (g_i = 1 / Σ"+") bestimmt. Eine Grenzwertklausel der relativen Unwichtigkeit läßt sich z.B. mit $g_K < 0,05$ (z.B. Ausscheiden derjenigen Kriterien, die mit weniger als 5 % zum Gesamtgewicht aller Kriterien beitragen) unter Beachtung einer genügend großen Risikoabdeckung (z.B. alle nicht-ausgeschiedenen Kriterien tragen mit mehr als 80 % zum Gesamtgewicht bei) einführen.

Bild 11.4 zeigt ein Formblatt zur Kriteriengewichtsermittlung.

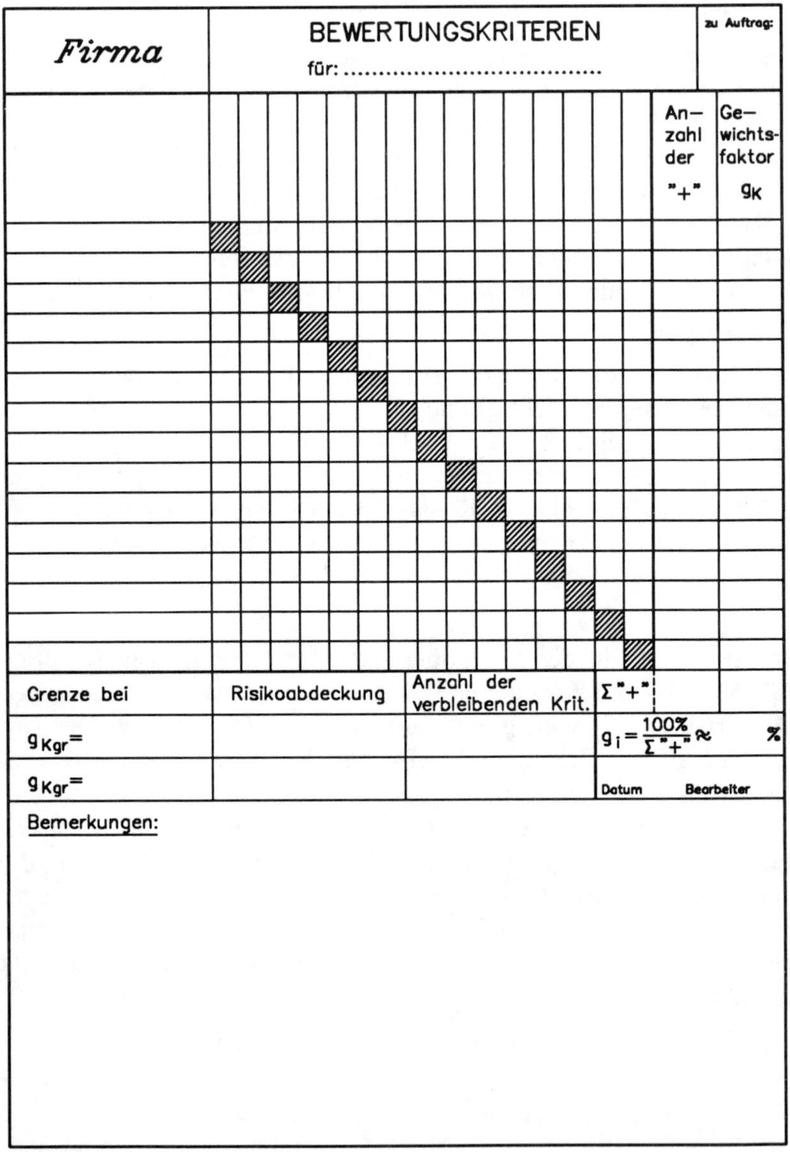

Firma	BEWERTUNGSKRITERIEN für:		zu Auftrag:
		An–zahl der "+"	Ge–wichts-faktor g_K
Grenze bei	Risikoabdeckung	Anzahl der verbleibenden Krit.	Σ "+"
$g_{Kgr}=$			$g_i = \dfrac{100\%}{\Sigma \text{"+"}} \approx$ %
$g_{Kgr}=$			Datum Bearbeiter
Bemerkungen:			

Bild 11.4: Formblatt zum Ermitteln der Kriteriengewichte als gewichtete Rangreihe mit Grenzwertklausel

11.2.4 Kostenaussagen in den einzelnen Konstruktionsphasen

Voraussetzung jeder Bewertung sind Informationen über das zu erwartende Verhalten bzw. über die Eigenschaften der betrachteten Lösungsalternativen. Die Möglichkeit einer Berücksichtigung der Kosten bei der Bewertung ist vorwiegend ein Informationsproblem.

Während der *Konzeptphase*, bei der Prinzipauswahl und der Konzepterarbeitung, können die Kosten im allgemeinen nur aufgrund von Sachkenntnis und Erfahrung und oft nur in Form von "Aufwand drum 'rum" geschätzt werden. Demzufolge ist es sinnvoll, während dieser Problemlösungsphase die Kosten als ein Kriterium unter anderen anzusehen.

Während der *Entwurfsphase* besteht die Möglichkeit, die Kosten in Form einer "wirtschaftlichen Wertigkeit" einer "technischen Wertigkeit" gegenüberzustellen, Bild 11.5.

Die "technische Wertigkeit" bzw. ein technischer Teilwert ergibt sich stets aus mehreren technischen bzw. nicht-wirtschaftlichen Kriterien. Eine "wirtschaftliche Wertigkeit" kann demgegenüber bestimmt werden

- aus mehreren Wirtschaftlichkeitskriterien in gleicher Weise wie ein technischer Teilwert oder
- direkt aus den Herstellkosten. In diesem Falle wird zur Bestimmung der wirtschaftlichen Wertigkeit das Kalkulationsverfahren "Zuschlagskalkulation" benutzt.

Während der *Ausarbeitungsphase*, insbesondere wenn Erfahrungen mit ähnlichen Produkten vorliegen, und bei der Bewertung von *Produkten* (Prototyp, Nullserie, Serie, Konkurrenzprodukte) lassen sich die "Kosten" einer "Produkttauglichkeit" gegenüberstellen. Ein "Gebrauchswert" ergibt sich dann aus Aussagen über Gebrauchstauglichkeit und Kosten; entsprechend ist der Gebrauchswert die Gebrauchstauglichkeit-Kosten-Relation. Er wird als Abstand zu einer Bezugslinie definiert, die die mittlere Tauglichkeit $\bar{T}$ (Standardabweichung $\pm s_T$) zu mittleren Kosten $\bar{K}$ (Standardabweichung $\pm s_K$) repräsentiert. In einer derartigen Darstellung (Bild 11.5, unten) lassen sich sowohl verschiedene Entwürfe verschiedener Reife als auch eigene und Konkurrenzprodukte einordnen.

KONSTRUKTIONSPHASE	KOSTENAUSSAGE
<u>Definitionsphase</u> — Aufgabenpräzisierung — Anforderungsliste — Aufgabenkern	Festlegen von — Herstellkosten — Verbrauchs—/Folgekosten etc. Anforderungen mit Toleranzbereich
<u>Konzeptphase</u> — Physikalisches Prinzip — Konzeptvarianten — Konzeptauswahl	"Aufwand drum 'rum" schätzen aus Sachkenntnis, Erfahrung; Vorversuch. Kosten sind ein Kriterium unter anderen (einachsige Bewertung)
<u>Entwurfsphase</u> — Entwurfsalternativen — Entwurfsauswahl — Entwurfsoptimierung	Technisch—wirtschaftliche Bewertung 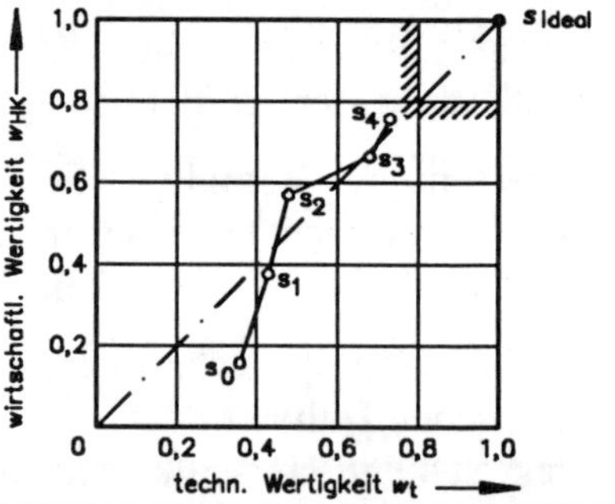
<u>Ausarbeitungsphase</u> <u>Prototyp</u> <u>Nullserie/Serie</u>	Nutzen—Kosten—Gegenüberstellung; Gebrauchswert 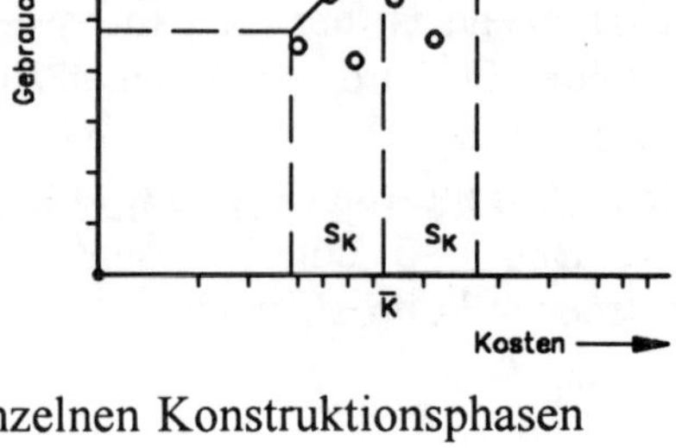

Bild 11.5: Kostenaussagen in den einzelnen Konstruktionsphasen

11.3 Wirtschaftlichkeitskriterien

Wirtschaftlichkeit ist das Verhältnis von Kosten zu Leistung (Nutzen), von Kosten zu Gebrauchstauglichkeit. Wirtschaftlichkeitskriterien folgen einerseits aus den durch betriebswirtschaftliche Verfahren berechenbaren Kostenarten, im allgemeinen quantitativ angebbar, und andererseits aus einer Art betriebswirtschaftlichem Mehraufwand. Er kann nicht direkt berechnet sondern z.b. anhand von Diagrammen, Kennziffern oder Analogiebetrachtungen geschätzt werden, ist also bezüglich der Wirtschaftlichkeitskriterien im allgemeinen nur qualitativ angebbar.

Quantitativ formulierbare Wirtschaftlichkeitskriterien sind z.B.

- Materialkosten (Einkauf, Lieferung, Lagerhaltung, Prüfung ...),
- Fertigungskosten (Löhne und Gehälter, Fertigungsprozeß, Sondereinzelkosten, Prüfung, Werkzeuge und Werkzeugmaschinen ...),
- Produktbezogene und produktionsbezogene Nebenkosten (Anschaffungsnebenkosten, Betriebskosten, Kapitalkosten, Energie- und Transportkosten, ...).

Qualitativ abschätzbare Wirtschaftlichkeitskriterien entstehen z.B. bei

- Verkauf und Vertrieb (Produkt- und Sortimentspolitik, Preis- und Konditionspolitik, Werbung, Distributionspolitik ...),
- Produktbewertung aus der Sicht des Kunden (Qualität und Qualitätssicherung, Zuverlässigkeit, Gebrauchstauglichkeit ...),
- Instandhaltung (Wartung und Inspektion, Instandsetzung ...),
- Produktentwicklung und Einführung (Vorplanung, Forschung und Entwicklung, Produkteinführung, ...).

Eine Zusammenstellung findet sich in Kapitel 11.7.

11.4 Technisch-wirtschaftliche Bewertung

11.4.1 Notwendigkeit einer Bewertung

Das Ergebnis der Lösungsfindung ist eine Vielzahl von Lösungs- oder Teillösungsvarianten. Aus ihnen hat der Konstrukteur die für seinen

Zweck bestgeeignete herauszusuchen. Dazu muß er die Soll-Vorstellungen für seine Konstruktion mit den erreichten oder wahrscheinlich erreichbaren Ist-Werten vergleichen. Mit der getroffenen Entscheidung übernimmt er auch die Verantwortung, Bild 11.6.

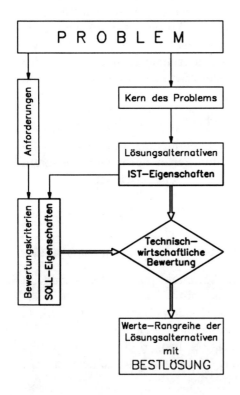

Bild 11.6:
Bewertungsprozeß

Zum Heraussieben der bestgeeigneten Varianten technischer Konstruktionen sind Bewertungsverfahren notwendig, um Eigenschaften der aufgefundenen Lösungsvarianten an klar definierten Bewertungskriterien zu messen: Bewerten anhand von Kriterien. Für das Konstruieren gut anwendbare Verfahren wie Rangfolgeverfahren, Werteprofile, technischwirtschaftliche Bewertung, Weighted Specification Reference Scale und Nutzwertanalyse gestalten den Entscheidungsvorgang transparent, indem sie eine gewisse Objektivierung erzwingen.

11.4.2 Einachsige Bewertung

Die Lösung eines technischen Problems wird im allgemeinen umso wertvoller sein, je besser es gelingt, die in der Aufgabe gestellten Mindestforderungen (Mindesterfüllungen) zu überschreiten und sich den Idealerfüllungen zu nähern. Der Grad der Erfüllung einer Anforderung (Eigenschaft des Konstruktionsergebnisses) kann häufig rechnerisch oder experimentell bestimmt oder muß als wahrscheinlich zu erwartender Wert geschätzt werden. Diese Eigenschaften bewertet man mit Punktzahlen entsprechend ihrer Annäherung an die ideale Verwirklichung. Hierbei braucht nicht die vollständige Ideallösung bekannt zu sein, die wohl in ihrer Gesamtheit nicht vorstellbar ist, sondern es genügt, die Kenntnis von der idealen bzw. optimalen Erfüllung jedes Kriteriums; *einachsige Bewertung*.

Die für eine anstehende Bewertung relevanten Kriterien können je nach ihrer Bedeutung mit Gewichtsfaktoren g_1 ... g_n belegt werden. In dem Maße, wie die Lösungsalternativen (z.B. Konzeptalternativen) die verschiedenen Kriterien erfüllen, werden Punkte p_i vergeben. Durch Multiplikation der vergebenen Punktzahl mit dem zugehörigen Kriteriengewicht g_i wird die Bedeutung des jeweiligen Kriteriums berücksichtigt, Bild 11.7.

Bewertungs- kriterien	Kriterien- gewicht	Alternative 1 Punktbewertung		Alternative 2 Punktbewertung		・・・
		ungewichtet	gewichtet	ungewichtet	gewichtet	
Kriterium 1	g_1	p_{11}	$g_1 \; p_{11}$	p_{12}	$g_1 \; p_{12}$	...
Kriterium 2	g_2	p_{21}	$g_2 \; p_{21}$	p_{22}	$g_2 \; p_{22}$	...
.	.	.	. .	.	. .	...
.	.	.	. .	.	. .	...
.	.	.	. .	.	. .	...
Kriterium n	g_n	p_{n1}	$g_n \; p_{n1}$	p_{n2}	$g_n \; p_{n2}$	...

Bild 11.7: Verfahrensmatrix einachsiger Bewertungsverfahren

Wählt man $g_i < 1$ mit $\Sigma\, g_i = 1$ und $p_{ij} = 0$ ... 4, so erhält man als Summe $\Sigma\, g_i \cdot p_{ij}$ einen Nutzwert.

11.4.3 Zweiachsige Bewertung

Eine *zweiachsige Bewertung* versucht, durch Angabe eines zweidimensionalen Wertes eine Art Gesamtwert einer Lösungsalternative zu definieren, bestehend aus einem technischen Teilwert (technische Wertigkeit, Gebrauchstauglichkeit, Leistungswert, Nutzen) und einem wirtschaftlichen Teilwert (wirtschaftliche Wertigkeit, Kosten). Die Ermittlung des technischen Teilwertes erfolgt prinzipiell anhand verschiedener nicht-wirtschaftlicher Kriterien; die Ermittlung des wirtschaftlichen Teilwertes kann entweder anhand verschiedener wirtschaftlicher Kriterien erfolgen oder durch eine einzige Kostenart, im allgemeinen die Herstellkosten, definiert werden, Bild 11.8.

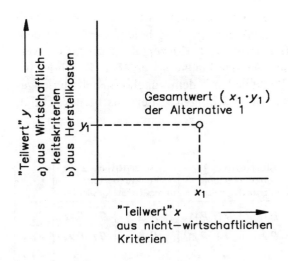

Bild 11.8:
Prinzip einer zweiachsigen Bewertung

Der Gesamtwert (Stärke, Gebrauchswert) einer Alternative ergibt sich dann aus ihrer Lage in der durch die beiden Variablen definierten Ebene. Während sich der Teilwert x, der aus dem Erfüllungsgrad der nicht-wirtschaftlichen Kriterien resultiert, unter Anwendung eines Punkt-bewertungsverfahrens errechnet, muß der Teilwert y auf die gleiche Weise bei mehreren Wirtschaftlichkeitskriterien oder aus dem speziellen Kriterium Herstellkosten durch ein darauf zugeschnittenes Verfahren der Kalkulation bestimmt werden [11.1].

Ein bekanntes und praktikables Verfahren zur Bewertung von Entwürfen ist die technisch-wirtschaftliche Bewertung nach KESSELRING. Hierbei wird eine "technische Wertigkeit" mit Hilfe eines Punktbewertungsver-fahrens und eine "wirtschaftliche Wertigkeit" über die Herstellkosten un-ter Zugrundelegen der Zuschlagskalkulation ermittelt [11.4; 11.5].

11.5 Der Wert einer Konstruktion

11.5.1 Der technische Teilwert

Der technische Teilwert w_t einer konstruktiven Lösung entspricht etwa deren Gebrauchstauglichkeit. Die verschiedenen Kriterien werden ein-zeln durch Vergabe von Punkten p_i bewertet; dabei können die Kriterien prinzipiell auch mit verschiedenen Gewichten g_i versehen werden, vgl. Bild 11.4. Das Bewertungsformblatt für Punktbewertungsverfahren nach Bild 11.9 erfüllt die folgenden, an eine Bewertung prinzipiell zu stellen-den Bedingungen:

- Die Kriterien sind mit ihrem Erfüllungsgrad entsprechend ihrer Präzi-sierung in der Anforderungsliste (Mindest-, Soll-, Idealerfüllung) an-gebbar.
- Vergeben werden bei diesem Punktbewertungsverfahren für jede Al-ternative $p_{ij} = 0 \dots 4$ Punkte, je nach Erfüllungsgrad.
- Das Veranschaulichen der Zuordnung von Kriterieninhalt zu Punktzahl in Form einer Wertfunktion ist möglich (Idealerfüllung erhält die ma-ximal mögliche Punktzahl von hier vier Punkten zugeordnet, die Soll-erfüllung davon 80 %, die Mindesterfüllung als untere Grenze des Er-füllungsbereichs die kleinst mögliche Punktzahl von hier null Punkten) [11.1].
- Die Bewertung ist gewichtet und ungewichtet durchführbar. Die Ge-wichtsfaktoren können durch Ausspielen nach Bild 11.4 ermittelt wer-den.

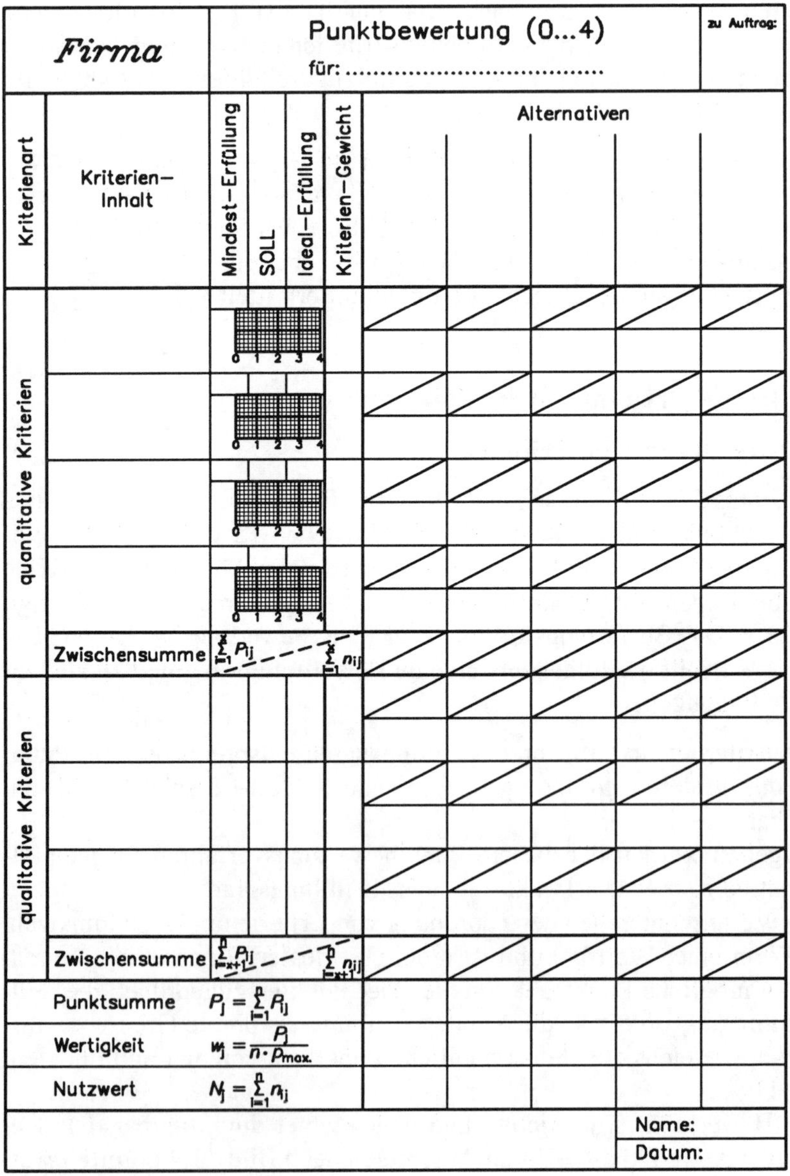

Firma		Punktbewertung (0...4) für:					zu Auftrag:			
Kriterienart	Kriterien– Inhalt	Mindest–Erfüllung	SOLL	Ideal–Erfüllung	Kriterien–Gewicht	Alternativen				
quantitative Kriterien		0 1 2 3 4								
		0 1 2 3 4								
		0 1 2 3 4								
		0 1 2 3 4								
	Zwischensumme	$\sum\limits_{i=1}^{t} P_{ij}$			$\sum\limits_{i=1}^{t} n_{ij}$					
qualitative Kriterien										
	Zwischensumme	$\sum\limits_{i=t+1}^{p} P_{ij}$			$\sum\limits_{i=t+1}^{p} n_{ij}$					
	Punktsumme	$P_j = \sum\limits_{i=1}^{p} P_{ij}$								
	Wertigkeit	$w_j = \dfrac{P_j}{n \cdot P_{max.}}$								
	Nutzwert	$N_j = \sum\limits_{i=1}^{p} n_{ij}$								
						Name:				
						Datum:				

Bild 11.9: Bewertungsformblatt für Einzelkriterien

- Die Istwerte der Alternativen bzw. eine kurze Begründung, warum gerade diese Punktzahl vergeben wird, sind einzutragen. Das ist für ein späteres Nachvollziehen bzw. Überarbeiten sehr wichtig.
- Für quantitative und qualitative Kriterien läßt sich getrennt ein Zwischenwert errechnen, um auf eventuelle subjektive Überbewertungen hingewiesen zu werden.
- Die ungewichtete Punktzahl p_{ij} (Punktzahl der Alternative j für Kriterium i) folgt aus dem Vergleich der Istwerte der Alternativen mit den Sollwerten der Kriterien über die Wertfunktionen bei quantitativen Kriterien oder über die Erfüllungsbereich-Definition bei qualitativ festgelegten Kriterien unter Benutzung der Werteskala.
- Die gewichtete Punktzahl n_{ij} ist das Produkt

$$n_{ij} = g_i \cdot p_{ij} \qquad (11.02)$$

- Die ungewichtete Punktsumme P_j ergibt sich als Summe aller ungewichteten Punkte einer Lösungsalternative j (Anzahl der Kriterien n)

$$P_j = \sum_{i=1}^{n} p_{ij} . \qquad (11.03)$$

Bei Aufteilen in Zwischensummen für quantitative und qualitative Kriterien ist

$$P_j = \sum_{i=1}^{x} p_{ij} + \sum_{i=x+1}^{n} p_{ij} . \qquad (11.04)$$

- Die ungewichteten Wertigkeiten w_j ergeben sich aus der erreichten ungewichteten Punktsumme P_j, bezogen auf die maximal mögliche (ungewichtete) Punktsumme

$$w_j = \frac{1}{n \cdot p_{max}} \cdot \sum_{i=1}^{n} p_{ij} . \qquad (11.05)$$

- Der Gesamtnutzwert N_j einer Alternative j ist die Summe der Teilnutzwerte n_{ij},

$$N_j = \sum_{i=1}^{n} n_{ij} \, . \qquad (11.06)$$

- Das Formblatt ist in dieser Form sowohl für allgemeine und technische als auch für wirtschaftliche Kriterien prinzipiell anwendbar.

Die Anzahl n der zu bewertenden Eigenschaften (Kriterien) wählt man zweckmäßigerweise zwischen 8 und 10. Hat man zu wenig Kriterien, dann ist i.a. die Bewertung nicht genügend objektiv, hat man zu viel, dann werden Eigenschaften bewertet, die in der gegebenen Situation allzu verschiedenes Gewicht haben. Solche Kriterien lassen sich oft als J/N-Aussagen oder als Mindesterfüllung formulieren, womit sie dann aus der Punktbewertung ausscheiden.

HANSEN [11.7] gibt Richtzahlen für die technische Wertigkeit einer Lösung an, Bild 11.10.

	günstig	brauchbar	nicht befriedigend
mittlere Punktzahl	3,4	2,8	> 2,4
Wertigkeit	0,85	0,7	> 0,6

Bild 11.10: Wertigkeiten für günstige, brauchbare und nicht befriedigende Lösungen

11.5.2 Der wirtschaftliche Teilwert

☐ Wirtschaftliche Wertigkeit anhand mehrerer Kriterien

Sind mehrere Wirtschaftlichkeitskriterien bekannt und beurteilbar, so läßt sich eine wirtschaftliche Wertigkeit w_w oder ein wirtschaftlicher Nutzwert n_w nach den Gleichungen (11.05) und (11.06) in gleicher Weise wie ein entsprechender technischer Teilwert ermitteln.

☐ Wirtschaftliche Wertigkeit aus den Herstellkosten

Als Grundlage für die Bestimmung einer wirtschaftlichen Wertigkeit entsprechend der Richtlinie VDI 2225 dienen ausschließlich die Herstellkosten HK für das zu schaffende Erzeugnis. Diese Herstellkosten legt der Konstrukteur in seiner Konstruktion weitgehend fest. Zur Bestimmung der wirtschaftlichen Wertigkeit wird die Zuschlagskalkulation zugrunde gelegt, bei der sich alle die Selbskosten bestimmenden Kostenarten auf die Herstellkosten umlegen lassen (vgl. Kapitel 4). Mit der Beziehung für die Selbstkosten SK (vgl. Gleichung 4.20)

$$SK = \alpha \cdot HK \qquad (11.07)$$

folgt der Zusammenhang zwischen dem erzielbaren Gewinn Δ und den Herstellkosten für n Erzeugnisse (v Erzeugnisnummer) der Stückzahl N bei einem erwarteten Preis P zu (vgl. Gleichung 4.19)

$$\Delta = \sum_{v=1}^{n} (P_v - \alpha \cdot HK_v) \cdot N_v \, . \qquad (11.08)$$

Den vom Konstrukteur extrem stark beeinflußten Herstellkosten kommt dabei eine zentrale Bedeutung zu.

Die Herstellkosten HK eines Erzeugnisses setzen sich aus den Materialkosten MK und den Fertigungskosten FK zusammen, wobei letztere die Summe von Lohnkosten LK und Fertigungsgemeinkosten FGK darstellen (ohne Sondereinzelkosten der Fertigung):

$$HK = MK + LK + FGK. \qquad (11.09)$$

Beziehungen zwischen Kosten und Toleranzen (Toleranzen x Kosten der toleranzbestimmenden Arbeitsgänge $\approx$ konstant) bzw. der Einfluß der Stückzahl auf die Fertigung sind hierbei nicht berücksichtigt.

Zur Bestimmung der wirtschaftlichen Wertigkeit w_{HK} aus den Herstellkosten ist es nötig, eine wirtschaftliche Ideallösung zu definieren, deren Herstellkosten als "ideal" angenommen werden. Die für die Realisierung einer Konstruktion zulässigen Herstellkosten HK_{zul} ergeben sich auf Grund einer Marktuntersuchung aus dem niedrigsten ermittelten Marktpreis gleichwertiger Erzeugnisse. Die Richtlinie VDI 2225 empfiehlt, die idealen Herstellkosten HK_i zum 0,7-fachen von HK_{zul} anzusetzen:

$$HK_i = 0,7 \cdot HK_{zul}. \tag{11.10}$$

Daraus folgt die wirtschaftliche Wertigkeit

$$w_{HK} = \frac{HK_i}{HK} = \frac{0,7 \cdot HK_{zul}}{HK}, \tag{11.11}$$

wobei die Herstellkosten HK eines Erzeugnisses bestimmt werden müssen. Diese wirtschaftliche Wertigkeit ist praktisch stets kleiner als 1.

Kann man den so bewerteten Entwurf bzw. das Konstruktionsergebnis allgemein einer Erzeugnisgruppe zuordnen, für die der prozentuale Materialkostenanteil $MK_\%$ aus der Kostenstruktur bestehender Konstruktionen bekannt ist

$$MK_\% + LK_\% + FGK_\% = 100 \%, \tag{11.12}$$

also das Verhältnis der Kostenanteile

$$MK : LK : FGK = \text{konst.}, \tag{11.13}$$

dann lassen sich die Herstellkosten bestimmen aus

$$HK = \frac{MK}{MK_\%} \cdot 100 \%. \tag{11.14}$$

Die Materialkosten MK können dabei aus den Werkstoffkosten WK, die sich über die Bruttovolumina und die spezifischen Werkstoffkosten ergeben (Gleichung 4.06), und den Zulieferkosten ZK ermittelt werden (Gleichung 4.05).

Diese Vereinfachung ist nicht anwendbar bei völliger Neukonstruktion (keine Vergleichsmöglichkeit) oder wenn mit der Umkonstruktion in der Fertigung rationalisiert wird und sich damit der relative Lohnkostenanteil ändert.

11.5.3 Gesamtwert einer Konstruktion

Der Gesamtwert einer Konstruktion, resultierend aus einem technischen Teilwert (technische Wertigkeit w_t) und einem wirtschaftlichen Teilwert (wirtschaftliche Wertigkeit w_w bei Kriterien, wirtschaftliche Wertigkeit w_{HK} aus den Herstellkosten), ist das Ergebnis einer zweiachsigen Bewertung (vgl. Bild 11.8).

Die Richtlinie VDI 2225 benutzt als graphische Darstellung des technisch-wirtschaftlichen Vergleichs das "Stärke"-Diagramm (s-Diagramm) nach Bild 11.11.

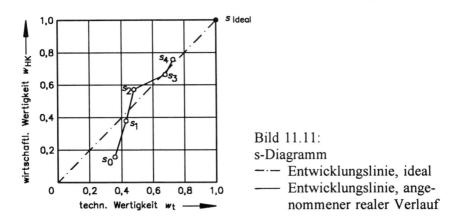

Bild 11.11:
s-Diagramm
— · — Entwicklungslinie, ideal
—— Entwicklungslinie, angenommener realer Verlauf

Jeder Punkt w_t, w_{HK} in diesem Graphen entspricht einer ganz bestimmten "Stärke s" des Produkts. Eine gesunde Entwicklung wird in der Nähe der idealen Entwicklungslinie verlaufen, sich stufenweise dem Idealwert (w_t=1, w_{HK}=1) nähern, ohne ihn jemals ganz zu erreichen.

301

Sinnvoll ist das s-Diagramm insbesondere auch dann, wenn man die jeweiligen Stufen einer Entwicklung einträgt. Man sieht dann sofort, wo schwerpunktmäßig weiterentwickelt werden muß, ob z.B. der gerade bewertete Entwurf zu teuer ist für das, was er kann, oder ob er zu gut ist für das, was er kostet.

Bei der Wertfindung entsprechend der Richtlinie VDI 2225 dient als Bezug die Ideallösung, ein angenommenes "Erzeugnis, das alle in der Bewertungsaufstellung zusammengefaßten Bewertungsmerkmale ideal verwirklicht".

11.6 Technisch-wirtschaftliches Bewerten

Beispiel: Entwurfsalternativen zur Verstellvorrichtung einer Meßobjekthalterung zum Messen von Massenträgheitsmomenten

11.6.1 Aufgabenstellung

Unter Anwenden einer geeigneten Konstruktionsmethode zur Lösungs-

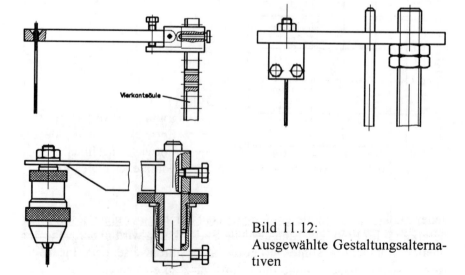

Bild 11.12:
Ausgewählte Gestaltungsalternativen

| Elektromechanische Konstruktion Universität Duisburg —Gesamthochschule— Prof. Dr.–Ing. E. Gerhard | ANFORDERUNGSLISTE für: ......Verstellvorrichtung...... (Meßobjekthalterung zur J–Messung) | | zu Auftrag: |

organisatorische Daten		Prozeß–Daten			Anforderungen	Wert–Daten				Änderungen
Lfd. Nr.	Verantwortung	J/N F W	P K E A			Mindest–Erfüllg.	SOLL	Ideal–Erfüllg.	Maß–einheit	
					Physikalisch–techn. Funktionen					
F 1	F		E		Gesamtverstellbereich (Höhe)	120	200	300	mm	mindest. 50 mm
F 2	F		K		Nachspannbereich	5	>5	200	mm	
F 3	J/N		K		Nachspannen im Nachspannbereich		–stetig–			
F 4	J/N		P		Bewegung über Gesamtverstellbereich (Längsrichtung)		–führen–			
F 5	F		E		Genauigkeit der Längsführung	±3	±1	<±0,5	°/	
F 6	F		E		Durchbiegung des Tragarms (gemessen an Drahtaufnahme)	2	<0,5	→0	mm	
F 7	F		E/A		Maximale Last (zu F 6)	0,3	0,5	2	kg	max.z.Zt. 1 kg
F 8	F		E/A		Haltekraft der Drahtaufnahme (vgl. F 7)	30	50	200	N	
F 9	J/N		P		Aufnahmeart der Drähte		–Drähte auswechselbar–			
F 10	F		P		Querschnitt der zu spannenden Torsionsdrähte		rund	rund + ▭		
					Spannbereich der Drahtaufnahme (entspricht Durchmesserbereich der Drähte)					
F 11	F		K		untere Grenze	0,5	0,1	0	mm	
F 12	F		E		obere Grenze (für runde Drähte)	2	3	5	mm	
F 13	W		E		Vorspannung einstellbar auf (vgl. F 8)	re–produ–zierbar	ca. 5% der Haltekraft			
F 14	J/N		P		Hilfsenergie (Antrieb)		–manuell–			

J/N–Ja/Nein; F–Forderungen; W–Wunsch; P–Prinzip; K–Konzept; E–Entwurf; A–Ausarbeitung.

| Ersetzt Ausgabe vom: | AUSZUG Aus Liste "Meßvorrichtung für Massenträgheitsmomente" | Ausgabe: 16.11.92 |
| | | Blatt 1   von 3 |

303

Elektromechanische Konstruktion Universität Duisburg —Gesamthochschule— Prof. Dr.—Ing. E. Gerhard				**ANFORDERUNGSLISTE** für: ......Verstellvorrichtung...... (Meßobjekthalterung zur J—Messung)						zu Auftrag:
organisato- rische Daten		Prozeß—Daten			Anforderungen	Wert—Daten				
Lfd. Nr.	Verant- wortung	J/N F W	P K E A			Mindest— Erfüllg.	SOLL	Ideal— Erfüllg.	Maß— einheit	Änderungen
F 15		J/N	K	Betriebslage (Tischgerät !)	—Draht senkrecht—				
F 16		F	E/A	Abmessungen für gesamte Objekthalterung		s. Skizze			
F 17		F	E/A	Abmessungen für Tragarm: Abstand Säulenmitte — Drahtmitte	200	250	300	mm	
F 18		F	E/A	Arbeitstemperaturbereich untere Grenze	+15	+10	−10	°C	
F 19		F	E/A	obere Grenze	+50	+70	+90	°C	
F 20		F	E	Schwingungen: unempfindlich gegen	Stoß auf Arm	Stöße allg.			
F 21		F	K/E	Einsatzort	Labor	übl. Werk- statt be- reich	im Be- trieb		
F 22		F	E	Zeit zum Einstellen: Drahtaufnahme, Höhenverstellung	300	120	30	s	
F 23		F	E	Meßfehler infolge Draht—Befestigung (reversible Änderung)	< 1,5	< 0,5	0	%	
				Technologie (Herstellbarkeit)					
T 1		W	E	Halbzeuge		Pro- file be- nut- zen			
T 2		F	A	Oberflächenschutz: beständig gegen	Hand— feuch- tigkeit	H_2O + Indu- strie- luft	Lau- gen + Säu- ren		
T 3		F	E	Montageort	mit Vorr.	Hand			

J/N—Ja/Nein; F—Forderungen; W—Wunsch; P—Prinzip; K—Konzept; E—Entwurf; A—Ausarbeitung.		
Ersetzt Ausgabe vom:	AUSZUG Aus Liste "Meßvorrichtung für Massenträgheitsmomente"	Ausgabe: 16.11.92 Blatt 2 von 3

Elektromechanische Konstruktion Universität Duisburg −Gesamthochschule− Prof. Dr.−Ing. E. Gerhard	ANFORDERUNGSLISTE für: Verstellvorrichtung (Meßobjekthalterung zur J−Messung)						zu Auftrag:
organisato− rische Daten	Prozeß−Daten	Anforderungen	Wert−Daten				Änderungen
Lfd. Nr. / Verant− wortung	J/N F W / P K E A		Mindest− Erfüllg.	SOLL	Ideal− Erfüllg.	Maß− einheit	
		Wirtschaftlichkeit					
W 1	F E	Herstellkosten (für Verstellvorrich− tung incl. Säule), gefordert	40,−	20,−	14,−	DM	
W 2	W K	Erwartete Stückzahl	Einzel− auftrag	100	500	Stck.	
W 3	F A	Servicefreundlichkeit: Wartung und Reparatur	vom Tech− niker	vom Kunden			
W 4	F E/A	mittl. Lebensdauer	5	5	10	Jahre	
W 5	W A	Wartungsintervall	1/4	1/2	1	jähr− lich	
		Mensch−Produkt Beziehhungen					
M 1	F E	Einstellen der Vorspannung	mit übl. Werk− zeug	von Hand	von Hand		
M 2	F A	Hilfen für Höhenverstellung (visuell−manuell)	keine	Strich− tei− lung	mm− Teilg.		
M 3	J/N A	Sicherheitstechnische Informationen	−keine−				
M 4	W E	Qualitätskennzeichnung	Laborgerät Klasse 1,5				
M 5	F A	Fertigungskennzeichnung	kein Bastler− look	Se− rien− look			
M 6	F E	Preiskennzeichnung	ordent lich, solide	soll genau messend aussehen			
M 7	F E	Bedienungsfreundlichkeit	mit Werk− zeug	mit Hand			
M 8	... ...	Bedienungselement−Gestaltung	DIN 19226				

J/N−Ja/Nein; F−Forderungen; W−Wunsch; P−Prinzip; K−Konzept; E−Entwurf; A−Ausarbeitung.

Ersetzt Ausgabe vom:	AUSZUG Aus Liste "Meßvorrichtung für Massenträgheitsmomente"	Ausgabe: 16.11.92 Blatt 3 von 3

305

findung sind u.a. die drei in Bild 11.12 zusammengestellten Gestaltungsalternativen für eine Verstellvorrichtung erarbeitet und für diese Bewertung beispielhaft ausgewählt worden.

Zu ermitteln sind die technischen und wirtschaftlichen Teilwerte sowie die Gesamtwerte dieser Entwurfsalternativen.

Die Anforderungen an die Verstellvorrichtung sind in der beigefügten Anforderungsliste zusammengestellt (Aufbau vgl. Bild 2.6). Darin sind auch solche Anforderungen enthalten, die sich auf die Gestaltungsalternativen beziehen, also beurteilbar sind.

11.6.2 Ermitteln des technischen Teilwertes

Zur Ermittlung des technischen Teilwertes sind aus der Anforderungsliste die entsprechenden bewertungsrelevanten Anforderungen herauszuziehen und als Bewertungskriterien - z.B. nach einer Gewichtung - in den Bewertungsprozeß einzubringen.

Die bewertungsrelevanten Kriterien resultieren dabei aus den Bereichen

- Anforderungen an die physikalisch-technische Funktion,
- Anforderungen an die Herstellbarkeit, sofern sich daraus keine Wirtschaftlichkeitskriterien ableiten lassen,
- Anforderungen aus den Mensch-Produkt-Beziehungen.

Anforderungen aus dem Bereich der Wirtschaftlichkeit sind nur dann zu berücksichtigen, wenn diese sich nicht auf die Herstellkosten beziehen lassen und kein wirtschaftlicher Teilwert w_w aus mehreren Kriterien errechnet werden soll.

Zur Berechnung der technischen Wertigkeit w_t bzw. eines entsprechenden Nutzwertes kann das Formblatt nach Bild 11.13 benutzt werden.

Elektromechanische Konstruktion Universität Duisburg —Gesamthochschule— Prof. Dr.-Ing. E. Gerhard	Punktbewertung (0...4) Technischer Teilwert für: ......Verstellvorrichtung........					zu Auftrag:		
Kriterienart	Kriterien-Inhalt	Mindest-Erfüllung	SOLL	Ideal-Erfüllung	Kriterien-Gewicht	Alternativen 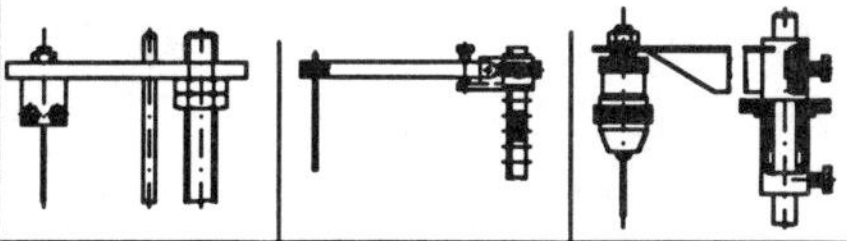		
Kriterieninhalt								
Punktsumme	$P_j = \sum_{i=1}^{n} P_i$							
Wertigkeit	$w_{tj} = \dfrac{P_j}{n \cdot P_{max.}}$							
Nutzwert	$N_{tj} = \sum_{i=1}^{n} n_{ij}$							
						Name:		
						Datum:		

Bild 11.13: Formblatt zum Ermitteln des technischen Teilwertes

11.6.3 Ermitteln des wirtschaftlichen Teilwertes

☐ Wirtschaftliche Wertigkeit anhand mehrerer Kriterien

Mehrere Wirtschaftlichkeitskriterien bestimmen die wirtschaftliche Wertigkeit von Lösungsalternativen.

Im Formblatt nach Bild 11.14 sind einige Wirtschaftlichkeitskriterien beispielhaft zusammengestellt. An ihnen kann das Verfahren geübt werden.

Zu berechnen ist die wirtschaftliche Wertigkeit w_w analog zur technischen Wertigkeit w_t. Durch Einführen von Gewichtsfaktoren ist auch ein wirtschaftlicher Nutzwert bestimmbar.

☐ Wirtschaftliche Wertigkeit aus den Herstellkosten

Die Berechnung einer wirtschaftlichen Wertigkeit aus den Herstellkosten nach der Richtlinie VDI 2225 setzt die Kenntnis der Kostenstruktur der Produktgruppe voraus. Nach der Richtlinie VDI 2225, Blatt 2, läßt sich die Verstellvorrichtung zuordnen der Gruppe:

- "Mechanische Meßwerkzeuge"; dafür betragen die prozentualen Materialkosten 42 % oder

- "(Elektrische) Präzisionsmeßgeräte"; dafür betragen die prozentualen Materialkosten 26 %.

Das Formblatt nach Bild 11.15 enthält bereits die ermittelten Materialkosten, aus denen auf die Herstellkosten geschlossen werden kann.

Elektromechanische Konstruktion Universität Duisburg −Gesamthochschule− Prof. Dr.−Ing. E. Gerhard	Kriterien−Inhalt	Mindest−Erfüllung	SOLL	Ideal−Erfüllung	Kriterien−Gewicht	Alternativen			
Punktbewertung (0...4) Wirtschaftlicher Teilwert für: ....Verstellvorrichtung......									zu Auftrag:

Kriterienart	Kriterieninhalt					Alternativen			
	Geringe Materialkosten								
	Kosteneinsparung durch Verwenden von Profilen								
	Geringe Lohn− und lohnabhängige Gemeinkosten								
	Geringe Kosten für Vorversuch, Musterbau								
	Geringe Montagekosten								
	Geringe Qualitätskosten								
	Geringe Wartungskosten								
Punktsumme	$P_j = \sum\limits_{i=1}^{n} R_j$								
Wertigkeit	$w_{wj} = \dfrac{P_j}{n \cdot P_{max.}}$								
Nutzwert	$N_{wj} = \sum\limits_{i=1}^{n} n_j$								
						Name:			
						Datum:			

Bild 11.14: Formblatt zum Ermitteln des wirtschaftlichen Teilwertes anhand von Kriterien

				Brutto-	spez. Kosten		Zuschlag	Material-
Nr.	Stck zahl	Bezeichnung	Werkstoff	volumen [cm³]	k_v^*	k_v [DM/cm³]	$1 + g_w$ $1 + g_z$	kosten [DM]

Elektromechanische Konstruktion / Universität Duisburg / —Gesamthochschule— / Prof. Dr.—Ing. E. Gerhard

Wirtschaftliche Wertigkeit
(nach Richtlinie VDI 2225)
für: ....Verstellvorrichtung..................

zu Auftrag:

Nr.	Stck zahl	Bezeichnung	Werkstoff	Brutto-volumen [cm³]	k_v^*	k_v [DM/cm³]	Zuschlag $1+g_w$ / $1+g_z$	Material-kosten [DM]
12	1	Grobeinsteller	C15 ⌀42 DIN 17210	72,0	1,1	$7,81 \cdot 10^{-3}$	1,25	0,703
11	1	Feineinsteller	C15 ⌀65 DIN 17210	99,5	1,1	$7,81 \cdot 10^{-3}$	1,25	0,971
10	1	Tragarm	St 37—2 DIN 17100	63,7	1,1	$7,81 \cdot 10^{-3}$	1,25	0,623
9	1	Führungs—klemmstück	C15 ⌀35 DIN 17210	40,4	1,1	$7,81 \cdot 10^{-3}$	1,25	0,394
8	1	Stativstange	C15 ⌀15 DIN 17210	124,0	1,1	$7,81 \cdot 10^{-3}$	1,25	1,211
							WK$(1+g_w)$	3,902
4	1	6kt.—Schraube	B M8x16 DIN 561—5.6					
3	1	6kt.—Mutter	3/8" 24g	10% von WK WK= 3,12DM			1,20	0,375
2	1	Scheibe	B 10,5 DIN 125					
1	1	Bohrfutter	gekauft für DM = 12,—				1,20	14,400
							ZK$(1+g_z)$	14,775

Zulässige Herstellkosten	Summe der Materialkosten MK	18,677
$HK_{zul} =$ Ideale Herstellkosten $(HK_i = 0,7 \cdot HK_{zul})$ $HK_i =$	Prozentualer Materialkostenanteil $MK\%$	
	Herstellkosten $HK = \dfrac{MK}{MK\%} \cdot 100\%$	

Wirtschaftliche Wertigkeit $w_{HK} = HK_i / HK$

nach VDI 2225	Entwurf: 9301.00	Name: Datum:

Bild 11.15: Bestimmen der wirtschaftlichen Wertigkeit nach VDI 2225

11.6.4 Gesamtwert

Der Gesamtwert der Alternativen ist im Diagramm nach Bild 11.16 zu verdeutlichen, die Ergebnisse sind zu interpretieren und diskutieren.

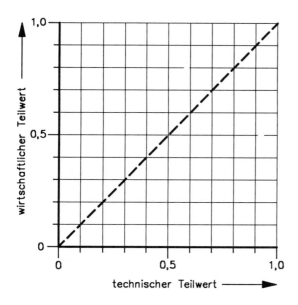

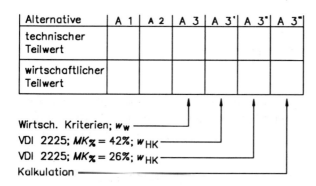

Bild 11.16: Gesamtwert der Lösungsalternativen

311

11.7 Wirtschaftlichkeitskriterien - Zusammenstellung

11.7.1 Quantitative Kriterien

Die wirtschaftlichen Kriterien sind über Methoden der Betriebswirtschaftslehre berechen- bzw. angebbar und hier nur aufgezählt. Die Berechnungsverfahren finden sich im lexikalischen Anhang.

1 MATERIALKOSTEN

1.1   EINKAUF
        Berechnung über effektive (durchschnittliche) Anschaffungskosten oder Verrechnungspreise bzw. als MGK-Zuschlag

1.1.1   Materialeinzelkosten (*MEK*)   [DM/Stück]
1.1.2   Materialgemeinkosten (*MGK*) [prozentualer Zuschlag]
1.1.2.1 Hilfsstoffkosten [DM/Stück]
1.1.2.2 Betriebsstoffkosten [prozentualer Zuschlag]

1.2   LIEFERUNG
        Verwendet werden Methoden zur Förderung der Wirtschaftlichkeit, der Einkaufsplanung und der Beschaffung
        - ABC-Analyse
        - Wertanalyse
        - Methoden zur Bestellmengenoptimierung

1.2.1   Lieferschwierigkeiten
1.2.2   Kurzfristige Materialverknappung

1.3   LAGERHALTUNG
        Kosten setzen sich zusammen aus Lagerkosten (Miete, Energie usw.) und Kapitalbindungskosten; direkte Berechnung oder durch Zuschläge (Zuschlagskalkulation, Divisionskalkulation usw.)

1.3.1   Lagerhaltungskosten des Materials [DM/Stück]
1.3.2   Lagerhaltungskosten für Zwischenprodukte [DM/Stück]
1.3.3   Lagerhaltungskosten des Endprodukts [DM/Stück]
1.3.4   Lagerhaltungskosten durch besonderen Lageraufwand

1.3.4.1 Lagerkosten durch komplexe Lagerorganisation
1.3.4.2 Lagerkosten durch Produktvielfalt

1.4   PRÜFUNG
        Direkte Berechnung oder durch Zuschläge (Zuschlagskalkulation)

1.4.1   Materialeingangsprüfung [Zuschlagssätze]
1.4.2   Werkstoffuntersuchungen [Zuschlagssätze]
1.4.3   Kontrolle der Normteile und Halbzeuge [Zuschlagssätze]
1.4.4   Kontrolle der Betriebs- und Hilfsstoffe [Zuschlagssätze]

2 FERTIGUNGSLOHNKOSTEN
        Kostenträgerrechnung, Bestimmungen des Arbeitsschutzrechtes, Tarifverträge, Betriebsvereinbarungen, individuelle Arbeitsverträge

2.1   LOHNEINZELKOSTEN [DM/Stück]
2.2   LOHNGEMEINKOSTEN (Hilfslöhne) [DM/Stück]
2.3   LOHNZULAGEN [DM/Stück]
2.4   GEHÄLTER [DM]

3 FERTIGUNGSSONDER- und -GEMEINKOSTEN

3.1   FERTIGUNGSPROZESS [DM/Stück]
        Berechnung über Gemeinkostenzuschläge; differenzierte Zuschlagskalkulation (Platzkalkulation)

3.1.1   Maschinen
3.1.2   Montage
3.1.3   Justage

3.2   SONDEREINZELKOSTEN DER FERTIGUNG (*SEF*)
        [DM/Stück]
        Direkt abgerechnet bzw. über Platzkostenrechnung

3.2.1   Kosten für außerbetriebliche Fertigung [DM/Stück]
3.2.2   Spezialfertigung [DM/Stück]

313

3.3 PRÜFUNG
Direkte Berechnung oder durch Zuschläge (Zuschlagskalkulation, Divisionskalkulation usw.)

3.3.1 Innerbetriebliche Prüfkosten [Zuschlagssätze]
3.3.2 Außerbetriebliche Prüfungen [DM/Stück]
3.3.3 Sonderprüfungen [DM/Stück]

3.4 WERKZEUGMASCHINEN [DM/Stunde]
Maschinenstundensatzrechnung, Rentabilitätsrechnung, Amortisationsrechnung, Herstellkosten

3.4.1 Maschinenkosten (Maschinenstundensatz)
3.4.2 Maschinenbeanspruchung [DM/Stunde]
3.4.2.1 Kosten für Werkstoffumstellung
3.4.2.2 Kosten für Verschleiß und Ersatz von Vorrichtungen [DM]

3.5 WERKZEUG
Herstellkosten oder Abrechnung über Verrechnungsbelege, Maschinenstundensatzrechnung

3.5.1 Werkzeugkosten [DM]
3.5.2 Kosten für Verschleiß und Ersatz von Werkzeug [DM/Stück]
3.5.3 Spezialanfertigung [DM]

3.6 KOSTEN FÜR ÄNDERUNGEN AM FERTIGUNGSPROZESS
Annuitätenmethode, MAPI-Methode, Deckungsbeitragsrechnung

3.6.1 Kosten für Rationalisierungsmaßnahmen
3.6.2 Kosten für erhöhte Toleranzen und Passungen
3.6.3 Kosten durch höheren Automatisierungsgrad

4 PRODUKTBEZOGENE NEBENKOSTEN
Verträge, Bestimmungen, Tarife, Abschreibungsverfahren (AFA), Kalkulationsverfahren

4.1 ANSCHAFFUNGSNEBENKOSTEN [DM/Stück]

4.1.1 Transport und Transportversicherung [DM/Stück]

4.1.2   Aufstellung und Montage am Ort

4.1.3   Einmalige Ausgaben; zum Beispiel: Provisionen, Gebühren, Steuern, Zölle [DM/Stück]

4.2   BETRIEBSKOSTEN [DM/Stück]

4.2.1   Variable Produktverbrauchskosten [DM/Stück]

4.2.2   Fixe Produktverbrauchskosten

4.2.2.1   Periodenmäßige Aufwendungen; zum Beispiel: Steuern, Versicherungen usw.

4.2.2.2   Unregelmäßige Aufwendungen; zum Beispiel: Austauschteile usw.

4.2.3   Transportkosten für Materialbeschaffung [DM/Stück]

4.2.4   Kosten durch Verschleiß [DM/Stück]

4.2.4.1   Gebrauchsverschleiß

4.2.4.2   Zeitverschleiß [DM/Stück]

4.2.4.3   Substanzminderung, d.h. Wertminderungen durch technischen Fortschritt, Nachfrageverschiebung, Sinken der Absatzpreise

5   PRODUKTIONSBEZOGENE NEBENKOSTEN

Abschreibungsverfahren, Rentabilitätsrechnung, Amortisationsrechnung

5.1   KAPITALKOSTEN [DM/Periode]

5.1.1   Kalkulatorische Abschreibung [DM/Periode]

5.1.2   Kalkulatorische Zinsen [DM/Periode]

5.1.3   Kalkulatorische Wagniszuschläge [DM/Periode]

5.1.4   Kalkulatorischer Unternehmerlohn

5.2   ENERGIEKOSTEN [DM/Produktionseinheit]

5.3   TRANSPORTKOSTEN (innerbetrieblich)

5.4   AMORTISATIONSZEIT

5.5   VERWALTUNGSKOSTEN [DM/Periode]

11.7.2 Qualitative (indirekte) Kriterien

1 VERKAUF und VERTRIEB (Marketing)

1.1 PRODUKT- und SORTIMENTSPOLITIK

1.1.1 *Marktlage*

1.1.1.1	Marktaufteilung horizontal	Segmentierung nach geographischen, demographischen u.ä. Kriterien
1.1.1.2	Marktaufteilung vertikal	Kaufmotive, Kaufhäufigkeit, Gebrauchszweck, Markentreue, Qualitätserwartung, Preissensibilität
1.1.1.3	Marktaufteilung lateral	Hier werden die Persönlichkeitsmerkmale als Segmentkriterien betrachtet: Extrovertiertheit, Introvertiertheit, konservative oder progressive Einstellung, Sicherheitsbedürfnis, Risikobereitschaft.
1.1.2	*Diversifikation*	Diversifikation: Suche, Auswahl und Einführung existierender Produkte für neue Märkte oder neuer Produkte für bestehende oder neue Märkte.
1.1.2.1	Horizontale Diversifikation	Anbau von Produkten an das bisherige Produktionsprogramm, meist durch Produktdifferenzierung (neue Produkte für vorhandene Märkte).
1.1.2.2	Vertikale Diversifikation	Aufnahme vor- oder nachgelagerter Produkte in das Programm; vielfach Eintritt in neue Märkte.
1.1.2.3	Laterale Diversifikation	Kein direkter sachlicher Zusammenhang mehr mit dem bisherigen Programm.

Kriterien zur Ermittlung:
1) Index für qualitative Faktoren
   - Marktfähigkeit
   - Produktlebenszyklus
   - Produktionsmöglichkeit
   - Wachstumspotential
2) Marktumfragen und -untersuchungen
   (z.t. von ausgewählten Testmärkten)
3) Hochrechnungen und statistische Methoden
4) Marktanalyse
   (DIN 66054: Durchführung von Marktanalysen)
   Eine Marktanalyse muß außer Angaben über Funktion, Handelsform und Preis auch feststellen, wie lange die Ware in der gleichen Ausführung schon auf dem Markt ist und ob eine Änderung des Angebotes zu erwarten ist.
5) Marketing-Methoden
   - Berechnung des Marketingindex
   - Ermittlung des Produkt-Eliminierungsindex
   - Zielgruppenbestimmung durch soziologische Verfahren
   (siehe auch 1.1.1.3)

1.2   PREIS- und KONDITIONENPOLITIK

1.2.1 *Preispolitik*

1.2.1.1 Konkurrenzorien- - Angebotselastizität
tierte Preisbildung - Marktmacht (Marktführerschaft / Marktfolgeverhalten)

1.2.1.2 Nachfrageorien- - Nachfrageelastizität
tierte Preisbildung - Preisbereitschaft/-erwartung

1.2.1.3	Kostenorientierte Preisbildung	1) Pay-Off-Analyse 2) Break-Even-Analyse 3) Deckungsbeitragsrechnung (Direct Costing) 4) Rentabilitätsrechnung 5) Nichtlineare und lineare Optimierung 6) Return on Investment (R.O.I.) 7) Marktanalysen 8) Trendstudien

1.2.2 Konditionenpolitik

1.2.2.1 Rabatte
1.2.2.2 Skonti
1.2.2.3 Boni

1.3   WERBUNG

1.3.1	*Werbung durch Werbebetriebe*	Werbeagenturen, Werbeberater, Gebrauchsgrafiker Berechnung: Werbekosten an Hand der angefallenen Rechnungsbeträge
1.3.2	*Selbstdurchgeführte Werbung* [DM/Periode]	1) Kosten für die in der Werbeabteilung beschäftigten Personen und benötigten Sachwerte (Büroeinrichtungen, Büromaterial, usw.) Berechnung: Lohnkosten und Materialkosten 2) Kosten für die Herstellung von Werbemitteln in fremden Betrieben Berechnung: Abrechnungsbelege der Fremdbetriebe 3) Kosten für die Herstellung von Werbemitteln im eigenen Betrieb Berechnung: Lohn-, Material-, Fertigungs- und Verwaltungskosten (BAB).

4) Kosten für den Einsatz von Werbemitteln

Berechnung: Abrechnungsbelege

5) Anteilige Gemeinkosten für die Werbeabteilung

Berechnung: BAB (Kostenstellenrechnung, Zuschlagskalkulation, usw.)

1.4 DISTRIBUTIONSPOLITIK

1.4.1. *Vertriebssysteme*

- werkseigen
- werksgebunden
- ausgegliedert
[DM/Auftrag]

Berechnung:

Möglichst weitgehende Erfassung von Einzelkosten und bei der Verrechnung der *GK* eine Aufteilung des Vertriebsbereichs in einzelne Kostenstellen vornehmen:

- Weitere Aufgliederung in Absatzbereiche, Produkte, Produktgruppen und Absatzwege
- Wichtigste Faktoren für Zuordnung der Kosten: Auftragsanzahl, Auftragsmenge, Auftragsgewicht (Sperrigkeit), Auftragswert, Länge des Absatzweges

Zuordnung im wesentlichen nicht auf das Produkt sondern auf den Auftrag beziehen.

Methoden: - Erfahrungswerte (Planzahlen)
- Analogiebetrachtungen

1.4.2 *Absatzformen*

Entscheidungskriterium: Kostenrechnung (Plankostenrechnung)

Bsp.: Kostspielige Außenlagerhaltung wird durch Zentralisation der Fertigwarenbestände eingeschränkt

319

1.4.2.1	Betriebseigene Verkaufsorgane	Reisende: Lohnkosten, Gemeinkosten
1.4.2.2	Betriebsfremde Verkaufsorgane	Handelsvertreter, Makler, Kommissionäre, Gebühren, Provisionen, usw.
1.4.3	*Absatzwege*	Berechnung: Lineare Optimierung, Kostenrechnung
1.4.3.1	Direktabsatz	Zur Realisierung aller absatzpolitischen Ziele: gezielter Absatz
1.4.3.2	Indirekter Absatz	Einschaltung des selbständigen Handels: selektiver Absatz

2 PRODUKTBEWERTUNG AUS DER SICHT DES KUNDEN

2.1 QUALITÄT

2.1.1 *Ausführungsqualität*

2.1.1.1 Güte → Fertigungsqualität

2.1.1.2 Fertigungsqualität Das Produkt von Toleranz und Kosten ist konstant.

2.1.2 *Lieferqualität*

2.1.2.1 Zuverlässigkeit
2.1.2.2 Lieferbereitschaft
2.1.2.3 Pünktlichkeit

2.2 QUALITÄTSSICHERUNG

Qualitätskosten = Fehlerverhütungskosten + Prüfkosten + Fehlerkosten

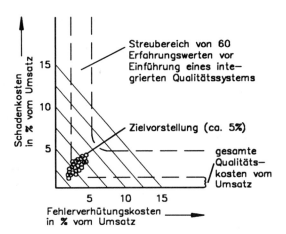

Fehlerverhütungskosten (Planen und Prüfen)
Schadenkosten (Fehlerkosten und Garantie)

2.2.1 *Qualitätsprüfung* → Prüfungskosten (lexikalischer Anhang)

2.3 ZUVERLÄSSIGKEIT

2.3.1 *Zuverlässigkeits-* Zuverlässigkeitskenngrößen VDI 4004
kenngrößen

2.3.1.1 Störungsquote

$$q = \frac{\sum s}{n_g \cdot t_b}$$

s = Störung
n_g = Anzahl der Geräte
t_b = Betrachtungszeit
(Bsp.: $s = 100 \cdot 10^{-9}$ je Stunde maximal
bei elektrischen Geräten)

2.3.1.2 Störungskriterium Bsp.: Unterbrechung der Übertragungs-
funktion $\geqq$ 3 ms

2.3.2 *Überlebenskenngrößen*

321

2.3.2.1 Ausfallrate $\lambda(t)$ Für hinreichend große n und kleine t gilt:

$$\lambda(t) \approx \lambda^*(t) = \frac{1}{n(t)} \cdot \frac{N(\Delta t)}{\Delta t}$$

$\lambda^*(t)$ = Ausfallquote
$n(t)$ = Anzahl der funktionsfähigen Einheiten einer Stichprobe mit einem Betriebsalter t
$N(\Delta t)$ = Anzahl der im darauffolgenden Zeitraum Δt ausgefallenen Einheiten

$$\lambda(t) = \frac{f(t)}{R(t)} = \frac{f(t)}{1-F(t)} = \frac{1}{R(t)} \cdot \left(-\frac{dR(t)}{dt} \right)$$

2.3.2.2 Überlebenswahr-   1) bis zu einem vorgegebenen Alter t_1 gilt
scheinlichkeit

$$R(t_1) = e^{-\int_0^{t_1} \lambda(t)\, dt}$$

$R(t_1)$ = Ausfallrate beim Alter t_1
Ist λ konstant, gilt:

$$R(t_1) = e^{-\lambda t_1}$$

Anwendbarkeit:
- Instandsetzbare Einheiten für Zeiträume vor der ersten Instandsetzung
- Nichtinstandsetzbare Einheit

2) Bedingte Überlebenswahrscheinlichkeit für ein Zeitintervall $t_2 - t_1$ ab einem Alter t_1

$$R(t_2 - t_1) = e^{\int_{t_1}^{t_2} \lambda(t)\, dt}$$

Forderungen:

- Während einer vorgegebenen Zeitspanne $(t_2 - t_1)$ darf unter spezifizierten Bedingungen (auf Betrieb, Umwelt, Lager, Transport usw. bezogen), die Überlebenswahrscheinlichkeit $R(t_2 - t_1)$ mit einer vorgegebenen statistischen Sicherheit nicht kleiner sein als der geforderte Wert $R(t_2 - t_1)_{min}$.
- Von einer Menge vorgegebenen Umfangs von Einheiten innerhalb des Zeitraums $t_2 - t_1$ dürfen nicht mehr als eine bestimmte Zahl von Einheiten ausfallen.

2.3.2.3 Ausfallwahrscheinlichkeit $F(t)$

$$F(t) = 1 - R(t)$$

2.3.2.4 Ausfallhäufigkeitsverteilung (Ausfalldichte) $f(t)$

$$f(t) = \frac{dF(t)}{dt} = - \frac{dR(t)}{dt}$$

2.3.3 *Einflußgrößen*

2.3.3.1 Beanspruchung → VDI 2056, 2057

2.3.3.2 Zeitangaben

2.3.3.2.1. Mittlere Lebensdauer

Unter spezifizierten Betriebsbedingungen darf mit einer vorgegebenen statistischen Sicherheit die mittlere Lebensdauer τ eines Kollektivs von Einheiten nicht kleiner sein als ein geforderter Wert τ_{min}

$$\tau = \int_0^\infty t \cdot f(t) \, dt$$

323

t = Alter bei Ausfall $f(t)$ = - d$R(t)$/dt (siehe 2.3.2.4)

Für den Fall der konstanten Ausfallrate $R(t)$ gilt

$$\tau = \int\limits_0^\infty e^{-\lambda t}\, dt = \left[-\frac{1}{\lambda} \cdot e^{-\lambda t} \right]_0^\infty = \frac{1}{\lambda}\,.$$

2.3.3.2.2 Brauchbarkeitsdauer

2.3.3.2.3 Ausfalldauer

2.3.3.2.4 Verfügbarkeit A (mittlere Verfügbarkeit $A^\bullet$)

$A^\bullet$ ergibt Schätzwert für A:

$$A^* = \frac{t_k}{t_k + t_s}$$

t_k = mittlere Klarzeit
t_s = mittlere Störungszeit

Methoden zur Sicherung der Zuverlässigkeit:
- Spezifikationsüberwachung
- Bauzustandsüberwachung
- Überwachung der Auslegungs-, Fertigungs-, Prüfungs- und Verwendungsunterlagen
- Bau- und Lebenslaufakten
- Erfassung und Auswertung von Fehlern, Störungen und Beanstandungen

Methoden der Zuverlässigkeitsentwicklung:
- Verhaltensanalysen
- Zuverlässigkeitsmodelle
- Untersuchung menschlicher Fehlleistungsmöglichkeiten
- Vereinheitlichung von Produkt-Bestand-

324

teilen, Arbeitsverfahren und Arbeitsab-
läufen
- Entwurfsüberprüfungen

2.4 GEBRAUCHSTAUGLICHKEIT (DIN 66050)

2.4.1 *Neuheitsgrad*   Gebrauchstauglichkeit wird bestimmt durch:
2.4.2 *Vielseitigkeit*   - objektiv feststellbare Eigenschaften
2.4.3 *Prestigewert*   - subjektive Beurteilungen, die durch indi-
                           viduelle Bedürfnisse des Verbrauchers
                           beeinflußt sind.
                           (Normen und ähnliche Vereinbarungen
                           können sich nur auf objektiv feststellbare
                           Eigenschaften beziehen.)

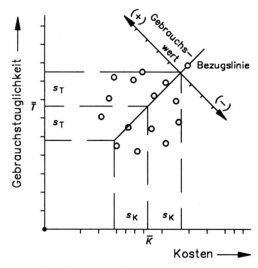

o   einzelnes Produkt
$\overline{T}$ mittlere Gebrauchstauglichkeit
$\overline{K}$ mittlere Kosten
s_T Standardabweichung Gebrauchstaug-
       lichkeit
s_K Standardabweichung Kosten

Mathematisch beruht das Verfahren auf der Regressionsanalyse der Verteilung der Kosten (primäre Kosten) und der Tauglichkeit. Das Gebrauchswertbild kennzeichnet die Position der einzelnen Produktvorschläge zueinander oder in Relation zum Markt.

Über das Gebrauchswertbild werden Produktvorschläge bezüglich Kosten und Gesamturteil gezielt in den Markt projiziert.

Methoden:
- Marktforschung
- Trenduntersuchungen
- soziologische und psychologische Untersuchungen
- Marketingkonzeptionen
- Polaritätentest
- Warentest: (Prüfung und Bewertung der für die Gebrauchstauglichkeit maßgebenden Eigenschaften von Waren.)

3 INSTANDHALTUNG

3.1   WARTUNG

3.1.1	*selbständig*	Wartungskosten (Versandkosten, Ersatzteil-
3.1.2	*Kundendienst*	kosten, Arbeitskosten) werden durch Belege
3.1.3	*im Werk*	und Rechnungen ermittelt.

Berechnung der ...:
.. Nichtverfügbarkeit über statistische Untersuchungen
.. Wartungshäufigkeit über statistische Untersuchungen

3.2   INSPEKTION   → Wartung 3.1

3.3 INSTANDSETZUNG

3.3.1 Erhaltbarkeit
M(t)

$$M(t) = 1 - e^{-\int_0^t w(t)\, dt}$$

$$w(t) = \frac{m(t)}{1 - M(t)}$$

m(t) = Häufigkeitsverteilung der Zeitpunkte der Beendigung der Erhaltungsmaßnahmen

3.3.2	*Garantiebestimmung*	Mehrkosten des Riskoschutzes (Nachuntersuchungen) im Sinne der Garantiebestimmungen
3.3.3	*Risikoschutz*	
3.3.4	*Ausschuß- und Nacharbeitungskosten*	Ermittlung durch Rechnungsbelege, Versandkostenbelege, usw.

4 PRODUKTENTWICKLUNG und EINFÜHRUNG

4.1 VORPLANUNG

4.1.1 Aufwandsplanung
4.1.2 Bereitstellungsplanung
4.1.3 Investitionsplanung

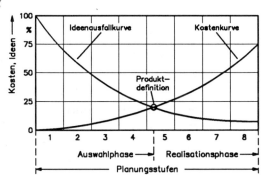

327

4.2 ENTWICKLUNG

4.2.1 *Durchführungs-*
       planung
4.2.2 *Projektkosten*
4.2.3 *Innovationskosten*

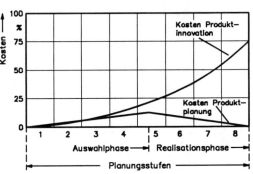

4.3 FORSCHUNG

4.3.1 *Grundlagenfor-*
       schung
4.3.2 *Neuentwicklung*
4.3.3 *Planung des For-*
       schungsprogramms

4.4 EINFÜHRUNG

4.4.1 *Kosten der Ar-*
       beitsvorbereitung
4.4.2 *Kosten für die*
       Vorbereitung in
       der Fertigungs-
       planung und
       -steuerung
4.4.3 *Anlaufbedingte*
       Mehrkosten

Forschungs- und Entwicklungskosten über die Budgetierung: Nach einzelnen Entwicklungsprojekten aufgespalten. Zusammensetzung des Kostenbudgets für die Entwicklungsabteilung:
- Arbeitskosten
- Arbeitszeitabhängige übrige Kosten (geplante Arbeitszeit · Stundenkostensatz)
- Individuell zu planende Entwicklungskosten (z.B. besonderer Materialaufwand, Beratungshonorare usw.) über Rechnungsbelege usw.

- Überwiegend fixe Kosten über Zuschläge

Plankostenrechnung:
- Stufenplanrechnung
- Variationsmethode
- Grenzplankostenrechnung

Sinn der Plankostenrechnung:
- Betriebsbezogene Vorschaurechnung
- Objektbezogene Vorschaurechnung

4.4.4 *Kosten für die Verschrottung von Lagerbeständen*

12 Produktwert-Gestaltung und Marktstrategie

Edmund Gerhard

12.1 Unternehmensziele

12.1.1 Zielkonzeption

Der Unternehmer sieht Aufgaben, findet Lösungen und setzt diese im betrieblichen Leistungsprozeß in Erzeugnisse um. Seine Leistungen werden ihm von seinen Abnehmern honoriert, wenn diesen der erbrachte Aufwand angemessen erscheint. Das Unternehmen ist neben seinen Abnehmern allen am Leistungsprozeß Beteiligten gegenüber verpflichtet, so seinen Arbeitern und Angestellten, den Lieferanten und Kapitalgebern sowie der umgebenden Umwelt.

Wichtigstes ökonomisches Ziel ist die Existenzsicherung und der Fortbestand des Unternehmens unter Miteinbeziehen der sozialen und ökologischen Zielgrößen. Aus der Existenzbedingung folgt, daß sich das Unternehmen seine Attraktivität auf dem Markt, die Quellen seiner Produktionsfaktoren und seine Absatzmöglichkeiten sichern oder schaffen muß.

Die Gesamtheit der ökonomischen Ziele wird als Zielkonzeption bezeichnet. Diese besteht grundsätzlich aus drei Zielkategorien:

- Erfolgsziele (Umsatz, Wertschöpfung, Gewinn, ...),
- Leistungsziele (Produkt- und Absatzprogramm, Kapazitäten, Qualitäten, Absatzwege, ...),
- Finanzziele (Rentabilität, Liquidität, Rücklagen, Return on Investment ROI, ...).

Der Gewinn ergibt sich aus der Differenz zwischen Umsatzerlösen und Gesamtausgaben. Das Verhältnis von Gewinn und eingesetztem Kapital beschreibt die Rentabilität, auf unterschiedlichen Bezugsbasen für unterschiedliche Aufgaben ermittelt. Das vereinfachte Schema nach Bild 12.1 gibt eine Übersicht zur Ermittlung des Bilanzgewinns und verdeutlicht den Einsatz der Produktionsfaktoren und die Anteile der am Leistungs-prozeß Beteiligten.

	Umsatzerlöse
±	Bestandsveränderungen an Halb- und Fertigerzeugnissen
=	Gesamtleistung
-	Materialaufwand
=	Rohertrag
+	sonstige Erlöse
=	Erweiterter Rohertrag
-	Abschreibungen
-	Kosten der Fremddienste und -rechte
=	Wertschöpfung
-	Löhne und Gehälter
=	Kapitalgewinn/-verlust vor Steuern
-	Zinsen für Fremdkapital
=	Jahresüberschuß/-fehlbetrag vor Steuern
-	Steuern
=	Jahresüberschuß/-fehlbetrag nach Steuern
-	Unternehmensgewinn/-verlust nach Steuern
-	Dividenden
=	Gewinnrückstellungen (Bilanzgewinn)

Bild 12.1: Vereinfachtes Schema zur Ermittlung des Bilanzgewinns

12.1.2 Marktanteil und Preispolitik

Der Marktanteil bestimmt sich rechnerisch aus dem Verhältnis von Pro-duktabsatz und Marktvolumen für eine Produktart oder Branche. Er ist mit dem am Markt realisierbaren Marktpreis verknüpft, aber auch mit dem Zeitpunkt des Markteintritts. Der Umsatzerlös ergibt sich aus ab-gesetzter Stückzahl (Absatzstückzahl) und erzieltem Preis (Absatzpreis).

331

Bild 12.2 zeigt den Zusammenhang zwischen dem Verlauf der kumulierten Stückzahl mit der Zeit und den Erlösen bei Abschöpfungspreispolitik.

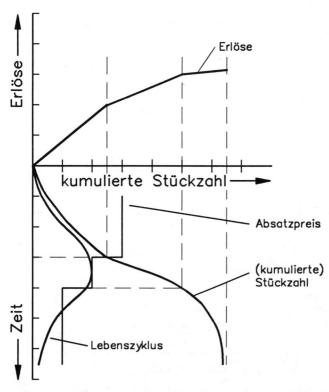

Bild 12.2: Erlöse und Stückzahl während der Produktlebensdauer, prinzipiell

12.1.3 Kapazitätsbedarf und Arbeitspakete

Die strategische Planung wird stets versuchen, das bestehende Produkt- und Produktionsprogramm so zu modifizieren, daß das Existenzsicherungsziel erreicht wird. Demzufolge ist ein Kriterium für die Wahl des

Produktionsprogramms die Kapazitätsbelegung und der Kapazitätsbedarf für neue Produkte. Die Produktplanung schnürt an Hand der Projektstrukturpläne verschiedene Arbeitspakete, die für konkrete Aufgabenstellungen den Personalaufwand, die einzusetzenden Anlagen, den voraussichtlichen Materialaufwand und die Dauer des Vorgangs, geschätzt aufgrund bestehender Erfahrungswerte, enthalten. Die Darstellung des Ablaufs und die zeitliche Gliederung der Arbeitspakete erzeugen den Kapazitätsbedarfplan (vgl. Bild 2.12), Bild 12.3.

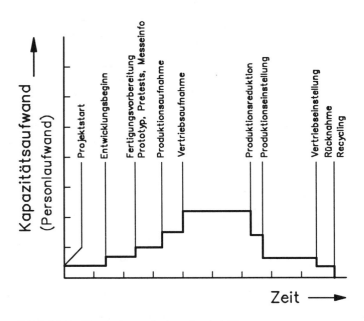

Bild 12.3: Kapazitätsplan, prinzipiell

12.1.4 Personalaufwand, Stückzahl, Gemeinkosten und Erlöse

Der Zusammenhang zwischen Personalaufwand (Personal-Kapazitätsanfall) und Gemeinkosten kann vereinfacht durch einen Gemeinkostenfaktor, nach Personalaufwand gewichtet als Mittelwert über alle Abteilungen, berechnet werden;

Produktwert-Gestaltung und Marktstrategie

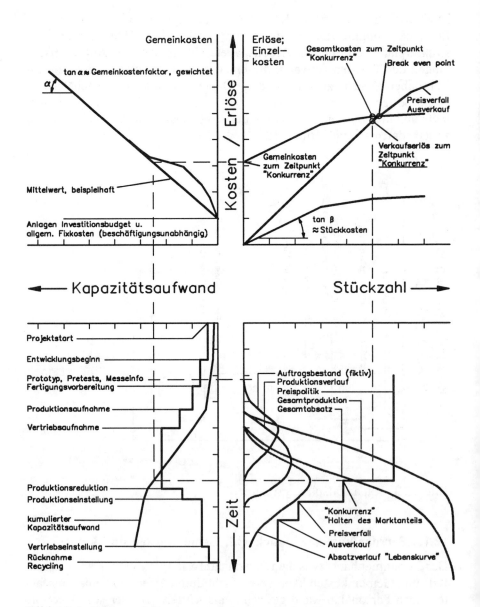

Bild 12.4: Erlös und Kostengeschehen, prinzipiell

334

$$Gemeinkostenfaktor = \sum_{i=1}^{n} \frac{Personalaufwand\ der\ Abteilung\ i}{Personal\ der\ Abteilung\ i}$$

$$(12.1)$$

mit *i* als Abteilungsnummer bei insgesamt *n* beteiligten Abteilungen.

Der Kapazitätsaufwand wird zeitlich für den Personalaufwand zusammengestellt (vgl. Bild 12.3), Erlöse und Stückzahl während der Produktlebensdauer ermittelt (vgl. Bild 12.2) und so die Gesamtkosten und Erlöse errechnet. Bild 12.4 zeigt den prinzipiellen Zusammenhang, als Linie ist das Geschehen zum Zeitpunkt "Konkurrenz" und dem so verursachten Absatzschwund gekennzeichnet.

12.2 Abnutzungsvorrat eines Produkts und konstruktive Maßnahmen

In Abhängigkeit von unternehmensinternen und unternehmensexternen Bedingungen werden für die Geschäftsbereiche auf Basis des Produktprogramms Gewinnziele aufgestellt. Je nach Produktart und Marktstrategie eines Unternehmens wird der Abnutzungsvorrat eines Produkts mehr oder weniger schnell und unterschiedlich aufgebraucht bzw. aufgebraucht werden sollen.

Dem Konstrukteur fällt dabei die Aufgabe zu, den jeweils gewünschten zeitlichen Verlauf des Abnutzungsvorrats zu garantieren. Für einige ausgewählte Verläufe des Abnutzungsvorrats eines Produkts sind in den Bildern 12.5 und 12.6 die notwendigen konstruktiven Maßnahmen zur Instandhaltung und das Marketing stichwortartig zusammengestellt.

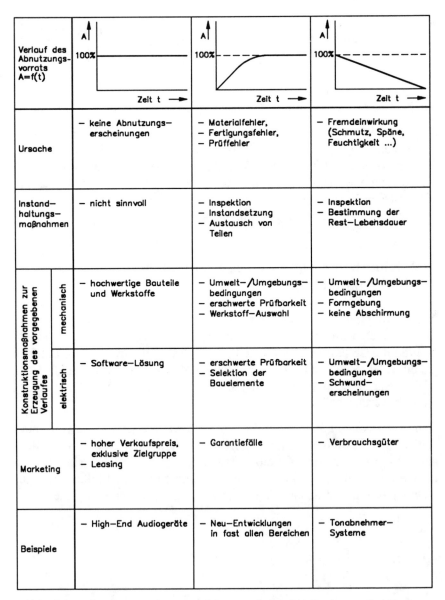

Verlauf des Abnutzungs-vorrats A=f(t)	A, 100% Zeit t ⟶	A, 100% Zeit t ⟶	A, 100% Zeit t ⟶
Ursache	– keine Abnutzungs-erscheinungen	– Materialfehler, – Fertigungsfehler, – Prüffehler	– Fremdeinwirkung (Schmutz, Späne, Feuchtigkeit ...)
Instand-haltungs-maßnahmen	– nicht sinnvoll	– Inspektion – Instandsetzung – Austausch von Teilen	– Inspektion – Bestimmung der Rest–Lebensdauer
Konstruktionsmaßnahmen zur Erzeugung des vorgegebenen Verlaufes — mechanisch	– hochwertige Bauteile und Werkstoffe	– Umwelt–/Umgebungs-bedingungen – erschwerte Prüfbarkeit – Werkstoff–Auswahl	– Umwelt–/Umgebungs-bedingungen – Formgebung – keine Abschirmung
Konstruktionsmaßnahmen zur Erzeugung des vorgegebenen Verlaufes — elektrisch	– Software–Lösung	– erschwerte Prüfbarkeit – Selektion der Bauelemente	– Umwelt–/Umgebungs-bedingungen – Schwund-erscheinungen
Marketing	– hoher Verkaufspreis, exklusive Zielgruppe – Leasing	– Garantiefälle	– Verbrauchsgüter
Beispiele	– High–End Audiogeräte	– Neu–Entwicklungen in fast allen Bereichen	– Tonabnehmer-Systeme

Bild 12.5: Abnutzungsvorrat und konstruktive Maßnahmen bei Frühaus-fällen und Fremdeinwirkung

336

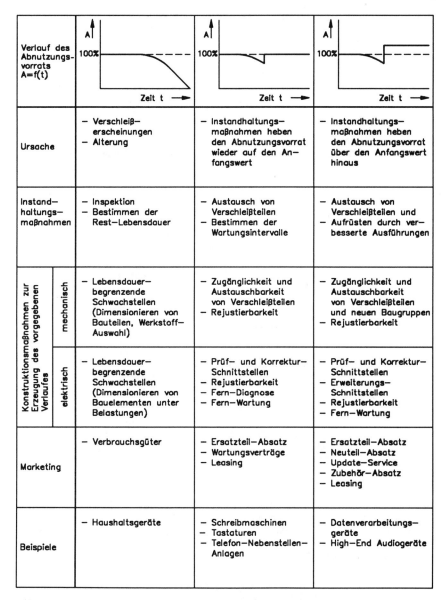

Verlauf des Abnutzungs-vorrats A=f(t)				
Ursache		– Verschleiß-erscheinungen – Alterung	– Instandhaltungs-maßnahmen heben den Abnutzungsvorrat wieder auf den An-fangswert	– Instandhaltungs-maßnahmen heben den Abnutzungsvorrat über den Anfangswert hinaus
Instand-haltungs-maßnahmen		– Inspektion – Bestimmen der Rest–Lebensdauer	– Austausch von Verschleißteilen – Bestimmen der Wartungsintervalle	– Austausch von Verschleißteilen und – Aufrüsten durch ver-besserte Ausführungen
Konstruktionsmaßnahmen zur Erzeugung des vorgegebenen Verlaufes	mechanisch	– Lebensdauer-begrenzende Schwachstellen (Dimensionieren von Bauteilen, Werkstoff-Auswahl)	– Zugänglichkeit und Austauschbarkeit von Verschleißteilen – Rejustierbarkeit	– Zugänglichkeit und Austauschbarkeit von Verschleißteilen und neuen Baugruppen – Rejustierbarkeit
	elektrisch	– Lebensdauer-begrenzende Schwachstellen (Dimensionieren von Bauelementen unter Belastungen)	– Prüf- und Korrektur-Schnittstellen – Rejustierbarkeit – Fern–Diagnose – Fern–Wartung	– Prüf- und Korrektur-Schnittstellen – Erweiterungs-Schnittstellen – Rejustierbarkeit – Fern–Wartung
Marketing		– Verbrauchsgüter	– Ersatzteil–Absatz – Wartungsverträge – Leasing	– Ersatzteil–Absatz – Neuteil–Absatz – Update–Service – Zubehör–Absatz – Leasing
Beispiele		– Haushaltsgeräte	– Schreibmaschinen – Tastaturen – Telefon–Nebenstellen–Anlagen	– Datenverarbeitungs-geräte – High-End Audiogeräte

Bild 12.6: Abnutzungsvorrat und konstruktive Maßnahmen bei Alterung und Instandhaltung

12.3 Gebrauchswert einer Konstruktion

12.3.1 Produkt-Gesamtwert aus der Sicht des Herstellers

"Ein Erzeugnis ist für den Hersteller umso wertvoller, je höher und lang-fristig gesicherter der Erfolg ist, und für den Anwender umso wertvoller, je niedriger der Kaufpreis und die Betriebskosten sind" [12.2] bei dem selben Angebot an Soll-Funktionen für den Abnehmer und gleicher Güte der verwirklichten Ausführung. Im Sinne der Wertanalyse muß also der "Wert" eines Erzeugnisses auf die Gegebenheiten des Marktes ausgerichtet sein.

Entsprechend der unterschiedlichen Zielsetzung wird üblicherweise zwischen dem Gebrauchswert und dem Geltungswert einer Leistung unterschieden, Bild 12.7 [12.5].

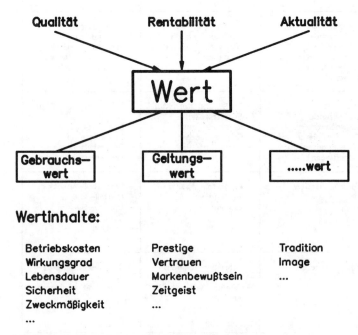

Bild 12.7: Zuordnung von Wertinhalten

Definition:

$$\text{Wert} = \frac{\text{was zu gewinnen ist}}{\text{was man aufwenden muß}} = \frac{\text{Nutzen}}{\text{Aufwand}} \qquad (12.2)$$

Dabei werden verschiedene Wertmaßstäbe benutzt, wie z.B.

- Qualität: Sammelbegriff für Leistung, Funktion, Zuverlässigkeit, Güte u.ä.
- Rentabilität: Sammelbegriff für alle ökonomischen Fakten und Zusammenhänge im Bezug zur gebotenen Qualität; eine Art Verhältnis von Gewinn zu Kapitaleinsatz verschiedenster Definition.
- Aktualität: Sammelbegriff für alle zeitlichen Zusammenhänge von Termin, Bedarfsdeckung, Markt, Neuheit, Mode, Saison u.ä. im Bezug zur gebotenen Qualität.

Die Anforderungsliste - als produkteigenschaftenbezogener Teil des Pflichtenheftes - beschreibt das Produkt, wie es einmal w e r d e n soll. Deshalb wird sie während der Produktentwicklung und -fertigung

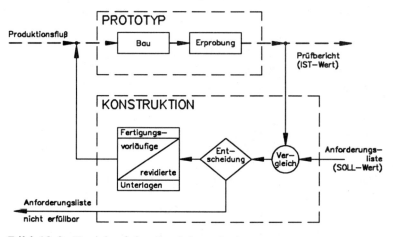

Bild 12.8: Kreislauf der Produktoptimierung

339

laufend den Realitäten angepaßt und vervollständigt. Die in der Anforderungsliste gesammelten Daten reichen im allgemeinen aus, eine Bewertung oder zumindest eine Beurteilung des Produktes durch Vergleich mit den Daten des Prüfberichts nach der Erprobung der Prototypen abzugeben. Eine Darstellung dieses Zusammenhangs zeigt Bild 12.8 in Form eines geschlossenen Regelkreises [12.6].

Die richtige Taktik zu einer erfolgreichen Gesamtbewertung dürfte die sein, von Anfang an die getroffenen Entscheidungen in den Entwicklungsphasen regelmäßig zu kontrollieren und mit solcher Genauigkeit, wie Fakten anfallen, zu bewerten. So kann man die "Stärke" der ausgereiften und sich langfristig bewährenden Konstruktion anvisieren und mit fortlaufender Produktrealisierung mit zunehmender Sicherheit bestimmen. Am sichersten ist eine Methode, die den Gesamtkomplex der Bewertung aufgliedert in gut übersehbare, inhaltlich zusammengehörige Teilbereiche. Diese "Einzelwerte" führen in ihrer Summe zum Gesamt-

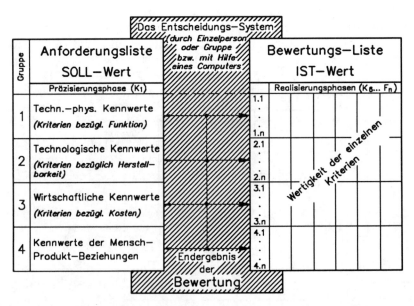

Bild 12.9: Gegenüberstellung von Anforderungsliste und Bewertungsliste für die Produkt-Gesamtbewertung

wert, lassen aber Schwachstellen in den einzelnen Gruppen leicht erkennen. Ein Vergleich zwischen den IST-Eigenschaften eines Produkts, das zu diesem Zeitpunkt real vorliegen muß, und den SOLL-Eigenschaften, wie sie in der stets korrigierten Anforderungsliste formuliert sind, ist nur möglich, wenn IST- und SOLL-Eigenschaften in ihren Dimensionen übereinstimmen, vgl. auch Kapitel 11. Eine schematische Darstellung zeigt Bild 12.9.

12.3.2 Produktwert aus der Sicht des Kunden

Für die Kaufentscheidung ist der Nutzwert, also die Summe aus Gebrauchswert und Geltungswert, eines Produkts ausschlaggebend. Definitionsversuche im Deutschen Normenausschuß DNA sind leider fehlgeschlagen [12.1].

Der Gebrauchswert ist in der Wertanalyse [12.2] definiert als der Geldwert der Funktionen, die zur technisch-funktionalen Zweckerfüllung eines Erzeugnisses oder einer Dienstleistung notwendig sind. Der Gebrauchswert ist objektiv meßbar und für den Kunden - die Bereitschaft zur Information vorausgesetzt - u.a. über Verbraucherzeitschriften zugänglich.

Der Geltungswert ist der Geldwert von Funktionen, die zur Bedürfnisbefriedigung oder Verkäuflichkeit eines Produkts beitragen, jedoch für die technisch-funktionale Zweckerfüllung nicht notwendig sind [12.3]. Er kann, als Summe von Prestigewert und ästhetischem Wert, als der Befriedigungswert des Produktes bezeichnet werden. Welche Produkteigenschaften Träger dieses Wertes sind, ist von den sozio-genetischen Bedürfnissen des Käufers abhängig, die aus dem sozio-kulturellen Umfeld, in dem der Mensch aufwächst und lebt, resultieren. Diese Bedürfnisse artikulieren sich in subjektiven und emotionalen Aussagen.

Die Güter sind nur Mittel zum Zweck der Befriedigung der sozio-genetischen Bedürfnisse (angeborene, anerzogene und auferlegte Verhaltensnormen). Der Befriedigungswert eines Produkts wird ausschließlich über dessen Image vermittelt. Grundsätzlich trifft dies sowohl für Konsum- als auch für Investitionsgüter zu, wenn auch bei Investitionsgütern der Einfluß des Gebrauchswertes sehr hoch ist.

Zum Anstoß für den Kauf eines Produktes kommt es durch die kognitive Dissonanz, einer psychischen Spannung mit motivationalem Charakter, bedingt durch das Bild des Kunden von sich selbst und seiner Umwelt. Daraus resultiert die Vorstellung einer Kundenrendite als Differenz zwischen einem Nutzwert für den Kunden und dem Handelswert des Erzeugnisses, Bild 12.10.

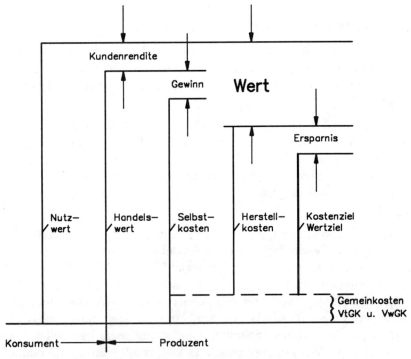

Bild 12.10: Wertbegriffe Konsument - Produzent

12.3.3 Gebrauchstauglichkeit und Kosten

Bei jeder Bewertung tritt zu den errechneten Nutzen-Erwartungen ein Risikoverhalten hinzu. Es gibt in jeder Entscheidungssituation für den Entscheidenden Bedingungen, die er nicht unmittelbar beeinflussen und deren zukünftige Änderungen er nur mit einer mehr oder weniger großen Unsicherheit vorhersagen kann. Demnach unterscheidet man

- Entscheidung bei Gewißheit, d.h. in der anstehenden Entscheidungssituation besteht eine Vollständigkeit der Informationen;
- Entscheidung unter Risiko, d.h. die Informationen enthalten wahrscheinlichkeitstheoretische Größen;
- Entscheidung bei Ungewißheit, d.h. der Entscheidende kennt keine objektive Wahrscheinlichkeit des Eintreffens von Vorhersagen (Ungewißheit bei Fragen der Vorhersage von Kostenabschätzungen, Lebensdauer, Fertigungsqualität, Zuverlässigkeit, Umwelteinfluß etc.).

Zum Beurteilen von Produkten kann man eine Eigenschaftenhierarchie schaffen und eine "Gesamttauglichkeit" aus der "Gebrauchstauglichkeit" (Aussagen über die Funktion), der "Herstellungstauglichkeit" (Aussagen über die Herstellbarkeit) und der "Verkaufstauglichkeit" (Aussagen aus den Mensch-Produkt-Beziehungen) bestimmen, Bild 12.11.

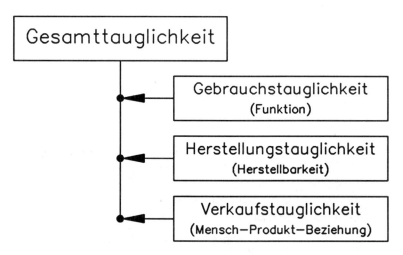

Bild 12.11: Gesamttauglichkeit von Produkten

Der Gesamtwert ergibt sich aus der Beziehung zwischen Gesamttauglichkeit und Kosten; entsprechend ist der Gebrauchswert z.B. die Gebrauchstauglichkeit-Kosten-Relation. Zur Wertbestimmung können noch Gewichtsfaktoren eingeführt werden.

Zur Darstellung des Gesamtwerts oder von Einzelwerten wird die "...tauglichkeit" über den Kosten aufgetragen, wie es Bild 12.12 beispielhaft für den Gebrauchswert zeigt [12.4]. Als Bezuglinie wird eine Gerade definiert, die mittlere Tauglichkeit zu mittleren Kosten repräsentiert. Der Abstand von dieser Geraden ergibt den Gebrauchswert.

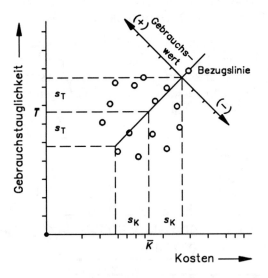

Bild 12.12: Gebrauchswert nach der Definition des Instituts für Produktforschung und Information [12.5]

o   einzelnes Produkt
$\overline{T}$ mittlere Gebrauchstauglichkeit
$\overline{K}$ mittlere Kosten
s_T Standardabweichung Gebrauchstauglichkeit
s_K Standardabweichung Kosten

12.4 Die Unsicherheit bei der Entscheidungsfindung

Der Konstruktionsprozeß ist als eine Kette von Entscheidungen anzusehen. Der Konstrukteur kommt ständig in Konfliktsituationen, in denen er unter mindestens zwei Alternativen, die er sogar erst noch auffinden muß, auszuwählen hat. Für solche Entscheidungsprozesse wünscht er sich eine möglichst hohe Effizienz bei der Suche nach der "optimalen Lösung".

Für die Entscheidungssituationen während der einzelnen Phasen des technischen Problemlösungsprozesses von der Aufgabenstellung bis zum "verstofflichten" Produkt ergibt sich eine Unsicherheit, die mit zunehmendem Konkretisierungsgrad kleiner wird. Die Bewertung von technischen Realisierungsvorschlägen im status nascendi ist sicher schwieriger als die von Produkten aus der Serie oder während des Einsatzes beim Benutzer. Die Sicherheit der Werturteile wird entsprechend vom Konzept über den 1. Entwurf bis zur serienmäßigen Produktion ständig zu-

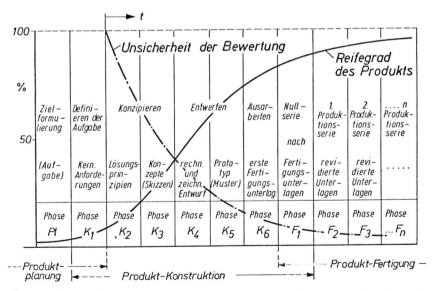

Bild 12.13: Unsicherheit der Bewertung und Reifegrad des Produkts in Abhängigkeit von den Problemlösungsphasen $K_2...F_n$

nehmen, da der Informationsinhalt für exakte Angaben im Laufe der Entwicklungszeit hinsichtlich der Angaben in den Zeichnungsunterlagen, der Erprobungsergebnisse und der Produktionserfahrung ständig größer wird, Bild 12.13 [12.6], [12.7].

Jeder Entwicklungsstand bezieht sich auf einen bestimmten Zeitpunkt. Somit besitzt jede Konstruktion einen "Zeitwert". Demzufolge können

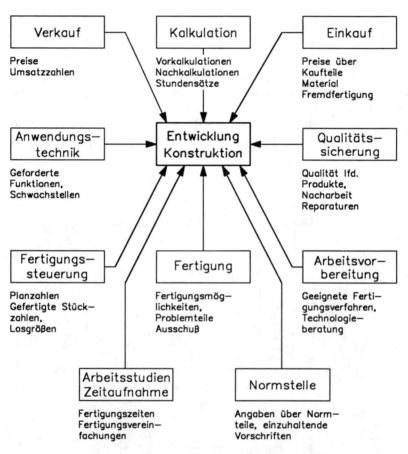

Bild 12.14: Den Konstrukteur hinsichtlich der Kostensituation beratende Abteilungen

346

auch die Produkteigenschaften während der Konstruktions-, Fabrikations- und Einsatzphase nur zu einem festen Zeitpunkt angegeben und bewertet werden.

Der Konstrukteur mit seiner hohen Verantwortung für Funktion und Kosten "seiner" Produkte steht im Mittelpunkt des technischen Geschehens. Zur Realisierung einer auch wirtschaftlichen Konstruktion erhält er seine Informationen aus den ihn beratenden Unternehmensabteilungen, Bild 12.14.

Lösungen zu den Übungsaufgaben

zu Kapitel 4

Übungsbeispiel 4.1: Kostenbegriffe

Variable Kosten sind immer auch direkte Kosten, also dem Produkt oder der Dienstleistung direkt zurechenbar. Direkt zurechenbar können aber auch Kosten sein, die eigens für ein Produkt anfallen, z.b. spezielle Entwicklungskosten, die dann direkt auf eine erwartete Stückzahl umgelegt werden können.

Übungsbeispiel 4.2: Kostenzuordnung

vgl. Formblätter "Zuschlagskalkulation" (Bild 4.15) und "Deckungsbeitragsermittlung" (Bild 4.20).

Übungsbeispiel 4.3: Entscheidung über Auftragsannahme

Anfrage vom Kunden A: Der Auftrag sollte angenommen werden; der Deckungsbeitrag beträgt DB = 30.000,-- DM.

Anfrage vom Kunden B: Der Deckungsbeitrag ist rein rechnerisch gleich null. Der Auftrag sollte nur aus sozialer Sicht angenommen werden (Mitarbeiter halten).

Übungsbeispiel 4.4: Entscheidung über Herstellungsverfahren

Die erwarteten Herstellkosten sind für beide Prototypen gleich, HK = 29,59 DM. Die Entscheidung muß über Deckungsbeitrag fallen, der bei Prototyp B (DB = 30,25 DM) größer ist als bei Prototyp A (DB = 25,36 DM). Prototyp B geht in Serie.

Übung Kapitel 4.5: Berechnung der Herstellkosten für einen Entwurf

- Materialkosten (Bild 4.28): MK = 18,677 DM, vgl. Bild 11.15.

- Auftragszeit für Fühurngsklemmstück (Bild 4.30):
  - Drehen: T = 10,1 min. bei t_r = 1,1 min.;
    t_b = (0,5 + 0,2) min; t_z = 0,1 min.
  - Bohren: T = 16,2 min. bei t_r = 2,2 min.;
    t_b = (0,5 + 0,5) min; t_z = 0,2 min.

- Fertigungskosten, ganzheitlich

  (Bild 4.36): $\Sigma\ T_{Fk}$ = 36,91 min. (incl. 5 min. für Montieren)
  (Bild 4.37): $\Sigma\ FK_k$ = 79,79 DM
  bei einem Stundensatz für Fertigung von 143,26 DM
  und einem Stundensatz für Montage von 43,20 DM.
  Sondereinzelkosten fallen nicht an.

- Arbeitsplatzkalkulation über Lohnstundensatz

  (Bild 4.38): T_{Fk} siehe Bild 4.39
  (Bild 4.39): Mit den Werten nach Bild 9.10 (a): $\Sigma\ FK_k$ = 79,79 DM

- Arbeitsplatzkalkulation über Maschinenstundensätze:

  (Bild 4.40): Mit den Werten nach Bild 9.10 (b): $\Sigma\ FK_k$ = 79,79 DM

- Herstellkosten (Bild 4.41): HK = 98,47 DM

zu Kapitel 6

Übungsbeispiel Kapitel 6.4:

(Bild 6.12): Fixe und variable Kosten einzeln und addiert sowohl für
die SW-Lösung als auch für die HW-Lösung als Geraden
einzeichnen, ebenfalls Erlöskurve.

Lösungen zu den Übungsaufgaben

(Bild 6.13): Grenzstückzahl m = 36,9 , d.h. 37
Gewinnschwelle HW bei m = 20
Gewinnschwelle SW bei m = 26,76 , d.h. 27

(Bild 6.14):

... Stück auf dem Markt absetzbar	HW- oder SW-Lösung	Begründung der Entscheidung in Stichworten
10	HW	geringster Verlust
ca. 25	HW	nur bei HW-Lösung ist Gewinn zu erzielen
35	HW	Gewinn bei HW-Lösung größer als bei SW-Lösung
> 50	SW	Der erzielbare abolute Gewinn ist am höchsten; SW-Lösung flexibel bzgl. Änderungen

zu Kapitel 9

■ Fertigungskostenanteile für das Führungsklemmstück (Bild 9.12):

$\Sigma\, FK_k$ = 6,35 DM (Werte auf volle Pfennige gerundet)

■ Wachstumsgesetz für das Führungsklemmstück (Bild 9.19):

$HK^* = 0,058 \cdot l^{*3} + 0,076 \cdot l^{*2} + 0,536 \cdot l^{*1} + 0,331$
für $l^* = 2$: $HK' = 2,171 \cdot HK$

■ Kostenanteilskoeffizienten für die Baugruppe Verstellvorrichtung (Bild 9.25):

$HK_B^* = 0,047 \cdot l^{*3} + 0,155 \cdot l^{*2} + 0,485 \cdot l^{*1} + 0,313$
für $l^* = 2$: $HK_B' = 2,279 \cdot HK_B$

■ Fertigungskostenanteil für Verstellvorrichtungen (Bild 9.26):

350

$\Sigma\, FK_k = 79{,}77$ DM (Werte auf volle Pfennige gerundet)

- Herstellkosten für Verstellvorrichtung als "Bauteil" (Bild 9.27):

$HK^* = 0{,}047 \cdot l^{*3} + 0{,}155 \cdot l^{*2} + 0{,}213 \cdot l^{*1} + 0{,}585$
für $l^* = 2$: $HK' = 2{,}01 \cdot HK$

zu Kapitel 11

Beispiele für Kriterien zum technischen Teilwert (Bild 11.13):
- Genauigkeit der Längsführung
- Spannbereich der Drahtaufnahme
- Meßfehler infolge Drahtbefestigung
- Schwingungsunempfindlichkeit
- Preiskennzeichnung
- Verklemmneigung beim Verstellen
- Einfachheit der Arretierung

zulässige Herstellkosten (Bild 11.15) $HK_{zul} = 40{,}--$ DM
Herstellkosten $HK = 44{,}47$ DM bei $MK_\% = 42$ %, bzw. 71,83 DM bei $MK_\% = 26$ %.
Mit diesen Werten folgt eine wirtschaftliche Wertigkeit $y = 0{,}63$ bei $MK_\% = 42$ % und $y = 0{,}39$ bei $MK_\% = 26$ %.

zu Bild 11.16:

Alternative	A 1	A 2	A 3	A 3'	A 3''	A 3'''
technischer Teilwert	0,50	0,61	0,89	0,89	0,89	0,89
wirtschaftlicher Teilwert	0,54	0,79	0,50	0,63	0,39	0,28

Anmerkung: Die Werte sind beispielhaft für eine vorgenommene Bewertung nach Bild 11.13 und 11.14 zu verstehen

351

Literaturverzeichnis

[1.01] **Richtlinie VDI 2225:** Konstruktionsmethodik - Technisch-wirtschaftliches Konstruieren. Düsseldorf: VDI-Verlag GmbH, 1977, 1984. Berlin: Beuth Verlag GmbH.

[1.02] **Richtlinie VDI 2234:** Wirtschaftliche Grundlagen für den Konstrukteur. Düsseldorf: VDI-Verlag GmbH, 1990. Berlin: Beuth Verlag GmbH.

[1.03] **Richtlinie VDI 2235:** Wirtschaftliche Entscheidungen beim Konstruieren - Methoden und Hilfen. Düsseldorf: VDI-Verlag GmbH, 1987. Berlin: Beuth Verlag GmbH.

[1.04] **Richtlinie VDI 2222:** Konstruktionsmethodik - Konzipieren technischer Produkte. Düsseldorf: VDI-Verlag GmbH, 1977. Berlin: Beuth Verlag GmbH.

[1.05] **Richtlinie VDI 2801:** Wertanalyse - Begriffsbestimmungen und Beschreibung der Methode. Düsseldorf: VDI-Verlag GmbH, 1970. Berlin: Beuth Verlag GmbH.

[1.06] **Gerhard, E.:** Entwickeln und Konstruieren mit System. Ehningen bei Böblingen: expert verlag GmbH, 2.Aufl.1988.

[1.07] **Reinheimer, R.:** Kostenoptimierung durch den Technischen Angestelltenbereich. In: Das Jahrbuch für Ingenieure '80. Grafenau: expert verlag GmbH/ Zürich: Verlag Industrielle Organisation / Wien: Metica, 1980.

[1.08] **Ellinger, Th.:** Ablaufplanung. Stuttgart: Oeschel-Verlag, 1959.

[1.09] **NEL-Report 242:** Ministry of Technology, England: 1966.

[1.10] **Richtlinie VDI 2221:** Methodik zum Entwickeln und Konstruieren technischer Systeme und Produkte. Düsseldorf: VDI-Verlag GmbH, (E) 1985. Berlin: Beuth Verlag GmbH.

[1.11] **Tochtermann, W.; Bodenstein, F.:** Konstruktionselemente des Maschinenbaues. Berlin, Heidelberg, New York: Springer-Verlag, Teil 1, 8.Aufl. 1968.

[1.12] **Pahl, G.; Beitz, W.:** Konstruktionslehre. Berlin, Heidelberg, New York: Springer-Verlag, 1977.

[1.13] **Richtlinie VDI 2226:** Empfehlung für die Festigkeitsberechnung metallischer Bauteile. Düsseldorf: VDI-Verlag, 1965.

[1.14] **Richtlinie VDI 2227:** Festigkeit bei wiederholter Beanspruchung, Zeit- und Dauerfestigkeit metallischer Werkstoffe, insbesondere von Stählen. Düsseldorf: VDI-Verlag, 1974.

[1.15] **Koller, R.:** Konstruktionslehre für den Maschinenbau. Berlin, Heidelberg, New York, Tokyo: Springer-Verlag, 2.Aufl. 1985.

[1.16] **Pahl, G.:** Ausdehnungsgerecht. Konstruktion 25 (1973), S. 367/73.

[1.17] **NORM DIN 50960:** Korrosionsschutz, galvanische Überzüge. Köln, Berlin: Beuth-Vertrieb, 1963.

[1.18] **Durcansky, G.:** EMV-gerechtes Gerätedesign. München: Franzis-Verlag GmbH, 1991.

[1.19] **Krause, W.:** Geräte-Konstruktion. Heidelberg: Hüthig-Verlag, 2. Aufl. 1987.

[1.20] **NORM DIN 8577:** Fertigungsverfahren; Übersicht. Köln, Berlin: Beuth-Vertrieb, 1974.

[1.21] **NORM DIN 8580:** Fertigungsverfahren; Einteilung. Köln, Berlin: Beuth-Vertrieb, 1974.

[1.22] **NORM DIN 8588:** Fertigungsverfahren; Verteilen - Einordnung, Unterteilung, Begriffe. Köln, Berlin: Beuth-Vertrieb 1966.

[1.23] **NORM DIN 8593:** Fertigungsverfahren; Fügen - Einordnung, Unterteilung, Begriffe. Köln, Berlin: Beuth-Vertrieb 1967.

[1.24] **NORMEN DIN 7521 bis 7527:** Schmiedestücke aus Stahl. Köln, Berlin: Beuth-Vertrieb, 1971 - 74.

[1.25] **NORM DIN 9005:** Gesenkschmiedestücke aus Magnesium-Knetlegierung.Köln, Berlin: Beuth-Vertrieb, 1973/74.

[1.26] **Richtlinie VDI 3237:** Fertigungsgerechte Werkstückgestaltung im Hinblick auf automatisches Zubringen, Fertigen und Montieren. Düsseldorf: VDI-Verlag, 1967 und 1973.

[1.27] **Jansen, R.; Jankowski, E.:** Logistikgerechte Produktgestaltung aus der Sicht der Verpackungstechnik. Z. wirtsch. Fertigen 83 (1988), S. 464/67.

[1.28] **NORMEN DIN 31000 ff:** Sicherheitsgerechtes Gestalten technischer Erzeugnisse. Allgemeine Leitsätze. Köln, Berlin: Beuth-Vertrieb, 1971.

[1.29] **NORM DIN 31051:** Instandhaltung. Köln, Berlin: Beuth-Vertrieb, 1974.

[1.30] **NORM DIN 33400 (E):** Gestalten nach arbeitswissenschaftlichen Erkenntnissen. Köln, Berlin. Beuth-Vertrieb, 1974.

[1.31] **Richtlinie VDI/VDE 2224 (E):** Industrial Design für Produkte der Feinwerktechnik. Köln, Berlin: Beuth-Vertrieb, 1982.

[1.32] **Richtlinie VDI 2212 (E):** Datenverarbeitung in der Konstruktion - Systematisches Suchen und Optimieren konstruktiver Lösungen. Berlin: Beuth-Vertrieb, 1975.

[1.33] **Richtlinie VDI 3720:** Lärmarm Konstruieren; Beispielsammlung. Berlin, Köln: Beuth Verlag, 1982.

[1.34] **Ehrlenspiel, K.:** Genauigkeit, Gültigkeitsgrenzen, Aktualisierung der Erkenntnisse und Hilfsmittel zum kostengünstigen Konstruieren. Konstruktion 32 (1980) H. 12, S. 487-492.

[1.35] **Tönshoff, H. K.:** Einfluß der Fertigungsautomatisierung auf das konstruktive Gestalten.
Der Konstrukteur (1981), H. 7/8, S. 26-30.

[1.36] **Steinwachs, H. O.:** Kostengünstig konstruieren, Kostenbeeinflussung während des Entwicklungs- und Konstruktionsprozesses.
Der Konstrukteur (1981), H. 0, S. 6-8.

[1.37] **Ehrlenspiel, K.; Kiewert, A.; Lindemann, U.:** Produktkosten senken - eine Aufgabe der Konstruktion. Konstruktion 30 (1978), H. 4, S. 149-154.

[1.38] **Ehrlenspiel, K.; Kiewert, A.; Lindemann, U.:** Kostenfrüherkennung im Konstruktionsprozeß. VDI-Berichte Nr. 347 (1979), S. 133-142.

[1.39] **Bronner, A.:** Vereinfachte Wirtschaftlichkeitsrechnung, Berlin: Beuth Verlag, 1964.

[1.40] **Goetze, H.:** Kostenplanung technischer Systeme am Beispiel der Werkzeugmaschine. Diss. TU Berlin, D 83, 1978.

[1.42] **Steinwachs, H.D.:** Konstukteur und Kosten, Fachseminar für Klein- und Mittelbetriebe der Industrie. Kassel (21. und 22. Mai 1980), veranstaltet vom RKW Hessen.

[1.43] **Kramer, F.; Kranz, F.:** Kosten- und Leistungsrechnung mit Datenverarbeitungsanlagen. Köln-Braunsfeld: Verlagsges. Rudolf Müller, 1970.

1.44] **Knayer, M.:** Kostensenkung. Blaue TR-Reihe, Heft 110, Bern, Stuttgart: Verlag Technische Rundschau im Hallwag-Verlag, 1973.

[1.45] **Kiewert, A.:** Systematische Erarbeitung von Hilfsmitteln zum kostenarmen Konstruieren. Diss. TU München, 1982.

[1.46] **Müller-Vogg, H.:** Wirtschaft ist für viele ein Buch mit sieben Siegeln.
Frankfurter Allgemeine Zeitung, 04.05.1982, Nr.102, S. 13.

[1.47] **VDI-Bericht 457:** Konstrukteure senken Herstellkosten - Methoden und Hilfen. Tagung Frankfurt 1982, Düsseldorf: VDI Verlag, 1982.

[1.48] **Ehrlenspiel, K.:** Kostengünstig Konstruieren. Berlin, Heidelberg, New York: Springer-Verlag, 1985.

[1.49] **Staubli, H.:** Konstruktionsmethodik, Scriptum Neu-Technikum Buchs, Schweiz, 1976.

[1.50] **Andreasen, M.M.; Kähler, S.; Lund, T.:** Montagegerechtes Konstruieren. Berlin, Heidelberg: Springer-Verlag, 1987.

[1.51] **Mooren, A.L. van der:** Instandhaltungsgerechtes Konstruieren und Projektieren. Berlin, Heidelberg: Springer-Verlag, 1991.

[2.01] **Reinheimer, R.:** Kostenoptimierung durch den Technischen Angestelltenbereich. In: Das Jahrbuch für Ingenieure '80. Grafenau: expert verlag GmbH/ Zürich: Verlag Industrielle Organisation/ Wien: Metica, 1980.

[2.02] **Gerhard, E.:** Voraussetzungen für ein effektives methodisches Konstruieren. Feinwerktechnik + micronic 77 (1973), Heft 3, S.81-83.

[2.03] **Richtlinie VDI 2221:** Methodik zum Entwickeln und Konstruieren technischer Systeme und Produkte (E). Düsseldorf: VDI-Verlag GmbH, 1985. Beuth Verlag GmbH, Berlin und Köln.

[2.04] **Richtlinie VDI 2222:** Konstruktionsmethodik - Konzipieren technischer Produkte. Düsseldorf: VDI-Verlag GmbH, 1977. Berlin: Beuth Verlag GmbH.

[2.05] **Richtlinie VDI 2212 (E):** Datenverarbeitung in der Konstruktion - Systematisches Suchen und Optimieren konstruktiver Lösungen. Berlin: Beuth-Vertrieb, 1975.

[2.06] **Gerhard, E.:** Entwickeln und Konstruieren mit System. Ehningen bei Böblingen: expert verlag GmbH, 2.Aufl.1988.

[2.07] **Gerhard, E.:** Einflußfaktoren auf den Entscheidungsprozeß beim wissenschaftlichen Konstruieren in der Feinwerktechnik. Habilitationsschrift. Universität Stuttgart, 1976.

[2.08] **Franke, H.-J.:** Methodische Schritte beim Klären konstruktiver Aufgabenstellungen. Konstruktion 27 (1975), H. 10, S. 395- 402.

[2.09] **Mehrmann, Elisabeth:** Aktuelle EDV-Musterpflichtenhefte, Band 2. Augsburg: Weka Fachverlag GmbH, 1991 ff.

[2.10] **Gerhard, E.**: Das Ähnlichkeitsprinzip als Konstruktionsmethode in der Elektromechanik. Dr.-Ing.-Dissertation D 17, Technische Hochschule Darmstadt, 1971.

[2.11] **Gerhard, E.**: Baureihenentwicklung. Grafenau/Württ.: expert verlag, 1984.

[2.12] **Gerhard, E.**: CAE bei der Baureihenentwicklung. Ehningen bei Böblingen: expert verlag, 1987.

[2.13] **Weiß, M.**: Methodische Problemlösung - Hilfe für die Produktentwicklung und die Forschung. Dissertation, Technische Universität Wien, 1977.

[2.14] **Conrad, P.; Schiemann, H. u. Vömel, P.G.**: Erfolg durch methodische Konstruieren, Band 2. Grafenau/Württ.: Lexika-Verlag, 1978.

[2.15] **Warnecke, H.J.; Hichert, R.; Voegele, A. u.a.**: Planung in Entwicklung und Konstruktion. Grafenau/Württ.: expert verlag, 1980.

[2.16] **Zülich, G. u. Rössle, R.**: Simultane Produktentwicklung. FB/IE 40 (1991), H. 5, S. 251-253.

[2.17] **4. Forschungsseminar** der Hochschulgruppe Arbeits- und Betriebsorganisation (HAB) am 28.06.1991 in Saarbrücken.

[2.18] **RKW Handbuch der Rationalisierung:** Marktgerechte Produktplanung und Produktentwicklung, Teil I (Schreiftenreihe Nr. 18) und Teil II (Schriftenreihe Nr. 26). Heidelberg: Industrie-Verlag Carlheinz Gehlsen, 1968 (I) und 1972 (II).

[3.01] **Coenenberg, A.G.**: Kostenrechnung und Kostenanalyse. Landsberg am Lech, 1992.

[3.02] **Engelter, A.**: Kosten- und Wirtschaftlichkeitsrechnung in der Wertanalyse. Frankfurt/M.: Engelter Consulting, 1988.

[3.03] **Engelter, A.**: Wertanalyse - Kennzeichen und Erfolge einer Management-Methode. Frankfurt/M.: Engelter Consulting, 1990.

[3.04] **Haberstock, L.:** Kostenrechnung I und II. Hamburg, 1986/1987.

[3.05] **Heinen, E.:** Betriebswirtschaftliche Kostenlehre. Wiesbaden: Betriebswirtschaftlicher Verlag Dr. Th. Gabler, 1985.

[3.06] **Hummel, S.; Männel, W.:** Kostenrechnung. Wiesbaden: 1986.

[3.07] **Kosiol, E.:** Kosten- und Leistungsrechnung. Berlin: 1979.

[3.08] **Mellerowicz, K.:** Kosten und Kostenrechnung. Berlin: 1973.

[3.09] **Olfert, K.:** Kostenrechnung. Ludwigshafen: 1991.

[3.10] **Pinke, W.:** Industrielle Kostenrechnung für Ingenieure. Berlin: 1989.

[3.11] **Reschke, H.:** Kostenrechnung. Grafenau/Württ.: expert verlag und Stuttgart: Taylorix Fachverlag, 4. Aufl. 1982.

[3.12] **VDI-Zentrum Wertanalyse:** Wertanalyse, Idee - Methode - System. Düsseldorf, 1991.

[3.13] **Warnecke, H.J. u.a.:** Kostenrechnung für Ingenieure. München: Carl Hanser Verlag, 1990.

[3.14] **Warnecke, H.J. u.a.:** Wirtschaftlichkeitsrechnung für Ingenieure. München: Carl Hanser Verlag, 1990.

[3.15] **Wilkens, K.:** Kosten- und Leistungsrechnung. München: 1990.

[3.16] **Witt, F.J.:** Deckungsbeitragsmanagement. München: 1991.

[4.01] **REFA-Methodenlehre des Arbeitsstudiums, Teil 3:** Kostenrechnung, Arbeitsgestaltung. München: Carl Hanser Verlag, 1971/1976/1978.

[4.02] **Reschke, H.:** Kostenrechnung; Wirtschaftlichkeitskontrolle und Vorbereitung unternehmerischer Entscheidungen. Grafenau 1/ Württemberg: expert verlag; Suttgart: Taylorix Fachverlag, Bd. 1, 4. Aufl. 1982.

[4.03] **Zimmermann, W.:** Betriebsabrechnung. Werkstattblatt 538, Gruppe O. München: Carl Hanser Verlag, 1971.

[4.04] **Zimmermann, W.:** Kalkulation. Werkstattblatt 542, Gruppe N. München: Carl Hanser Verlag, 1971.

[4.05] System "RK (real-time Kostenrechnung)" der Software-Firma SAP GmbH, Walldorf.

[4.06] Software "Gewinnplanungsrechnung" der Firma Organisationspartner GmbH, Bad Oldesloe.

[4.07] Programm "IKOS" der Firma ADV/Orga, F.A. Meyer, Wilhelmshaven.

[4.08] **Clemens, J.:** Betriebsabrechnung mit EDV: Praxis des Aufbaus und der Anwendung, mit Disketten und BAB. Ehningen bei Böblingen: expert verlag (Edition expertsoft, Bd. 6), 1991.

[4.09] **Männel, Wolfg. (Hrsg.):** EDV-gestützte Kostenrechnung: Konzepte, Standardsoftware, Anwenderberichte. krp Kostenrechnungspraxis. Wiesbaden: Betriebswirtschaftlicher Verlag Dr. Th. Gabler Verlag, Sonderheft 1/88, 1988.

[4.10] **Jacob, H. (Hrsg.):** Spezialgebiete der Kostenrechnung: Kosten- und Leistungsrechnung im Handel, Standardsoftwaresysteme. Wiesbaden: Dr. Th. Gabler Verlag, 1978.

[4.11] **Richtlinie VDI 2225:** Konstruktionsmethodik - Technisch-wirtschaftliches Konstruieren. Düsseldorf: VDI-Verlag GmbH, 1977. Berlin: Beuth Verlag GmbH.

[4.12] **Bronner, A.:** Zukunft und Entwicklung der Betriebe im Zwang der Kostengesetze. Werkstattstechnik 56 /1966), H. 2, S. 80 - 89.

[4.13] **REFA-Methodenlehre des Arbeitsstudiums, Teil 2:** Datenermittlung. München: Carl Hanser Verlag, 1971/1976/1978.

[4.14] **Richtlinie VDI 2234:** Wirtschaftliche Grundlagen für den Konstrukteur. Düsseldorf: VDI-Verlag GmbH, 1990. Berlin: Beuth Verlag GmbH.

[4.15] **Schmidt, H.; Wenzel, H.-H.**: Maschinenstundensatzrechnung als Alternative zur herkömmlichen Zuschlagskostenrechnung? krp Kalkulation 1989, H. 4, S. 147-158.

[4.16] **Warnecke, H.J.; Bullinger, H.-J.; Hichert, R.**: Kostenrechnung für Ingenieure. München: Carl Hanser Verlag, 1979.

[4.17] **Busse v. Colbe, W.**: Lexikon des Rechnungswesens. München, Wien: Oldenbourg Verlag, 2. Aufl. 1991.

[4.18] **Gabler Verlag**: Wirtschaftslexikon. Wiesbaden: Gabler Verlag, 11. Auflage, 1983.

[4.19] **Bestmann, U.**: Kompendium der Betriebswirtschaftslehre. München, Wien: Oldenbourg Verlag, 4. Aufl., 1988.

[4.20] **Schierenbeck, H.**: Grundzüge der Betriebswirtschaftslehre. München, Wien: Oldenbourg Verlag, 9. Aufl., 1987.

[4.21] **Schmolke, S.; Deitermann, M.**: Industrielles Rechnungswesen IKR. Darmstadt: Winkler Verlag, 12. Aufl. 1988.

[4.22] **Reinheimer, R.**: Zeitermittlungsverfahren. In: Das Jahrbuch für Ingenieure. Grafenau 1/Württ.: expert verlag, 1982, S. 115-128.

[4.23] **Weber, R.**: Integrierte Kostenrechnung als wirksames Instrument zur Unternehmenssteuerung. In: Das Jahrbuch für Ingenieure. Grafenau 1/Württ.; expert verlag, 1982, S. 129-144.

[5.01] **Richtlinie VDI 2225, Blatt 1 und Blatt 2**: Konstruktionsmethodik - Technisch-wirtschaftliches Konstruieren. Düsseldorf: VDI-Verlag GmbH, 1977, 1984. Berlin: Beuth Verlag GmbH.

[5.02] **Pacyna, H.; Hillebrand, A.; Rutz, A.**: Kostenfrüherkennung für Gußteile. VDI-Berichte Nr. 457. Düsseldorf: VDI-Verlag GmbH, 1982, S. 103-114.

[5.03] **Kiewert, A.**: Systematische Erarbeitung von Hilfsmitteln zum kostenarmen Konstruieren. Dissertation, Technische Universität München, 1979.

[6.01] **Weber, P.:** Konzipierung von Hardware-Software-Funktionen für Kommunikationsgeräte mit Mikroprozessoren. Fortschrittberichte VDI. Düsseldorf: VDI-Verlag, 1991. (Reihe 10: Informatik/ Kommunikationstechnik Nr. 160).

[6.02] **Weber, P.:** Braille-Tastatur für Personal-Computer: Vorteilhafte Kurzschrift-Eingabe. In: Zeitschrift Humane Produktion Humane Arbeitsplätze. Jhrg.: 11 Nr. 4, S. 28 - 30. Braunschweig: Vieweg & Sohn Verlagsgesellschaft mbH, 1988.

[6.03] **Gerhard, E.:** Entwickeln und Konstruieren mit System: Wege zur rationellen Lösungsfindung. 2. Auflage, Grafenau/Württ.: expert verlag, 1988. (Kontakt & Studium Band 51 Konstruktion).

[6.04] **Sneed, H.M.:** Software-Entwicklungsmethodik. Köln Braunsfeld: Verlagsgesellschaft Rudolf Müller GmbH, 1988. (Rudolf-Müller-online-DV-Praxis)

[6.05] **Sneed, H.M.:** Softwarequalitätskontrolle: Der Preis der Systemzuverlässigkeit. Frankfurt/M.: Control Data Institut, 1978.

[6.06] **Weber, P.:** Automatische Spracherkennung am PC. In: Zeitschrift miniMicro magazin; Fachzeitschrift für professionelle Computersystem-Integration, 6. Jhrg. 1990, Heft 12, S. 106-107. Heidelberg: Dr. Alfred Hüthig Verlag, 1990.

[6.07] **Weber, P.:** Elektromotorische Verstelleinrichtung für optisches Sensorfeld. Düsseldorf: ZWA Zentrum für Wertanalyse, 1990. Wertanalyse-Projektstudie.

[6.08] **Ehrlenspiel, K.:** Wertanalyse und methodisches Konstruieren. In: VDI-Berichte Nr. 293, Tagung München "Wertanalyse 77". Düsseldorf: VDI-Verlag GmbH, 1977.

[6.09] **Weber, P.:** Grundlagen der Speicherprogrammierbaren Steuerungen. Lehrgangsleitung und Vorträge des Lehrganges "Grundlagen der SPS", Akademie für Wissenschaft und Technik. Duisburg: Mannesmann Demag Fördertechnik Wetter, 11/12.90.

[6.10] **Warnecke, H.J.; Bullinger, H.-J.; Hichert, R.; Voegele, A.:** Kostenrechnung für Ingenieure. 3. Auflage, München: Carl Hanser Verlag, 1990 (Hanser Studienbücher).

[6.11] **Ehrlenspiel, K.:** Kostengünstig Konstruieren. Berlin: Springer Verlag, 1985 (Konstruktionsbücher Band 35).

[7.01] **Ehrlenspiel, K.:** Möglichkeiten zum Senken der Produktionskosten. Erkenntnisse aus einer Auswertung von Wertanalysen. Konstruktion 32 (1980) H. 5, S. 173-178.

[7.02] Wertanalyse. Idee, Methode, System (Hrsg. VDI, Gemeinschaftsausschuß Wertanalyse der VDI Ges. Produktionstechnik (ADB). Düsseldorf: VDI-Verlag GmbH, 3. Auflage.

[7.03] **Arnold; Bauer:** Qualität in Entwicklung und Konstruktion. Verlag TÜV Rheinland, 2. Auflage 1990.

[7.04] **Crosby, P.B.:** Qualität bringt Gewinn. Hamburg: Mc Graw-Hill Book Company GmbH, 1986.

[7.05] **The Strategic Planning Institute Cambridge.** Massachusetts (Hrsg.): The Pimsletter on Business Strategy, Nr. 4, 1978.

[7.06] **Hahner, A.:** Qualitätskostenrechnung als Informationssystem zur Qualitätslenkung. München/Wien: Carl Hanser Verlag, 1971.

[7.07] **VDMA-Nachrichten:** Unternehmensführung - Qualitätskosten im Maschinenbau (1987), Heft 10, S. 39-40.

[7.08] **Masing, W.:** Handbuch der Qualitätssicherung. München/Wien: Carl Hanser Verlag, 2. Auflage 1988.

[7.09] **Steinbach, W.:** Qualitätskosten. In Masing, W. (Hrsg.): Handbuch der Qualitätssicherung. München/Wien: Carl Hanser Verlag, 2. Auflage 1988.

[7.10] **Emmerich, L.; Kohr, G.:** Kostensenkung durch Qualitätssicherung. Verlag moderne Industrie, 3. Auflage 1988.

[7.11] **Rehm, S.**: Einfluß auf das kostenbewußte Konstruieren durch Zusammenarbeit der Entwicklung mit anderen Bereichen. VDI-Berichte Nr. 683. Düsseldorf: VDI-Verlag GmbH, 1988.

[7.12] **Schneider, G.**: Wertgestaltung beim "Elektronischen Heizkörperregler". VDI-Berichte Nr. 683. VDI-Verlag GmbH, 1988.

[8.01] **Gerhard, E.**: Entwickeln und Konstruieren mit System. expert-verlag Sindelfingen, 2. Aufl. 1987.

[8.02] **Gressenich, K.**: Einfluß der Konstruktion auf die Herstellkosten. Vorträge an der Technischen Akademie Esslingen, Lehrgänge "Konstruktionssystematik", seit 1975.

[8.03] **Gerhard, E. und Mayer, E.**: Nennmaße und zugehörige Toleranzen beim Vergleich verschiedener Fertigungsverfahren. feinwerktechnik + micronic 76 (1972), H. 2, S. 62/65.

[8.04] **Mayer, E. und Hüller, W.**: Entwicklung von Baureihen; Teil III: Technologische Grenzen. Werkatattblatt 687 (Gruppe P), Carl Hanser Verlag München, 1977.

[8.05] **Bronner, A.**: Zukunft der Entwicklung der Betriebe im Zwang der Kostengesetze. Werkstatttechnik 56 (1966), S. 80/89.

[8.06] **NORM DIN 7157, Beiblatt 1:** Passungsauswahl Toleranzfeldauswahl nach ISO/R 1829, Beuth-Verlag Berlin

[8.07] **Linder, W.**: Feinwerktechnik kurz und bündig. Vogel-Verlag Würzburg, 1974.

[8.08] **Ewald, O.**: Lösungssammlungen für das methodische Konstruieren. VDI-Verlag Düsseldorf, 1975.

[8.09] **Pollak, W.**: Teilegruppenfertigung: Teilefamilie, Fertigungsfamilie. Werkstattblatt 570 (Gruppe 0), Carl Hanser Verlag München, 1972.

[8.10] **Borowski, K.-H.**: Das Baukastensystem in der Technik. Springer Verlag Berlin, Heidelberg, 1962.

[8.11] **Gerhard,E.:** Baureihenentwicklung. expert verlag GmbH, Grafenau/Württ., 1984.

[8.12] **Gerhard, E.:** CAE für die Baureihenentwicklung. expert verlag GmbH, Sindelfingen, 1987.

[8.13] **Dreger, W.:** Qualitätskosten. ZwF 76 (1981), H. 11, S. 516/20.

[8.14] **REFA:** Methodenlehre des Arbeitsstudiums, Teil 3: Kostenrechnung, Arbeitsgestaltung, Carl Hanser Verlag, München, 1971

[8.15] **MICROTECHNIK** Werkzeug- und Maschinen-GmbH, Frankfurt/M., Prospekt über Rubert-Oberflächennormale, o. J.

[8.16] **VDI-Taschenbuch** Wertanalyse - Idee, Methoden, System. T 35. Düsseldorf, 1972

[8.17] **Endlich, W.:** Thermoplaste kleben oder ultraschallschweißen? Z. Konstruktion Elemente Methoden, KEM, (1981), Jan.-Heft

[8.18] **Galla, H.:** Multilayer-Leiterplatten-Fertigung in der SMD-Technologie, in: Vortragsband Leiterplattenbestückung und Test, VDI/VDE-Fachtagung, 1986

[8.19] **Pahl, G. und Beitz, W.:** Konstruktionslehre, Berlin, Heidelberg, Springer, 1986

[8.20] **Bode, K. H.:** Konstruktions-Atlas, Hoppenstedt, Darmstadt, 1984

[8.21] **Gairola, A. und Voigt, B.:** Maßnahmenkatalog für das montagegerechte Konstruieren, in: VDI Berichte 556, VDI-Verlag, 1985

[8.22] **Busch, W. und Heller, W.:** Relativkosten-Kataloge als Hilfsmittel zur Kostenfrüherkennung, DIN-Mitteilungen 59 (1980), Nr. 1

[8.23] **AEG-TELEFUNKEN:** Faltblatt Material ist Geld, Z525/VV/0478

[8.24] **Gerhrad, E.:** Entwickeln und Konstruieren mit System, expert-verlag, Grafenau/Württ. 1979

[8.25] **N.N.** Was ist bei Kunststoffteil-Entwicklungen zu beachten? Z. Konstruktion & Design, (1979) Sept.-Heft

[8.26] **Heuel, O.**: Rationeller Formenbau, Planmäßig vorbereitet und durchgeführt, Kunststoffberater (1981) H. 1/2

[8.27] **AEG-TELEFUNKEN:** Kleine Checkliste für Verpackungen, Z525/VV 3/0177

[8.28] **Bauer, C. O.**: Wertanalyse - Objektverbindungen, Z. Konstruktion Elemente Methoden KEM, (1972) April-Heft, Mai-Heft

[8.29] **DEGUSSA:** Löttechnische Kundenberatung, Beratungs-Aktion 1980, "Mit Degussa - Kosten senken"

[8.30] **Thümmel, D.**: Prüffreundlichkeit von Elektronik-Baugruppen, Z. elektroanzeiger, 35. Jg. (1982) Nr. 19

[8.31] **Reinhardt, P.**: Trend bei Testsystemen. Z. "und-oder-nor", 1982, Nr.4

[8.32] **ISOLA-Werke,** Düren, Firmenprospekt Cu-AH 5

[8.33] **MECANORMA-GmbH:** Firmenprospekt, Düsseldorf

[8.34] **NORMEN DIN 40801, 40802, 40803:** "Gedruckte Schaltungen, ...", Beuth-Vertrieb, Berlin und Köln

[8.35] **Händel, S.**: Wertanalyse in der Geschäftsplanung. VDI-Bericht Nr. 163, Düsseldorf, VDI-Verlag, 1970

[9.01] **Eversheim, W., Minolla, W., Fischer, W.**: Angebotsermittlung mit Kostenfunktionen. Beuth Verlag, Köln, 1977.

[9.02] **Bronner, A.**: Zukunft und Entwicklung der Betriebe im Zwang der Kostengesetze. Werkstattstechnik, 56,1966 H. 2, S. 80 - 89.

[9.03] **Pahl, G., Beelich, K. H.**: Ermittlung von Herstellkosten für ähnliche Bauteile. VDI-Berichte Nr. 347, S. 155ff, Düsseldorf, 1979.

[9.04] **Pahl, G., Rieg, F.**: Kostenwachstumsgesetze nach Ähnlichkeitsbeziehungen für Baureihen, VDI-Berichte Nr. 457, S. 61ff, Düsseldorf, 1982.

[9.05] **Rieg, F.P.**: Kostenwachstumsgesetze für Baureihen. Dr.-Ing.-Dissertation D 17, TH Darmstadt, 1982.

[9.06] **Ehrlenspiel, K.; A. Kiewert u. U. Lindemann**: Kostenfrüherkennung im Konstruktionsprozeß. VDI-Bericht Nr. 347, S. 139-42, Düsseldorf 1979.

[9.07] **Rademacher, A.**: Erstellung und Übertragung von Kostenwachstumspolynomen für Wellen und wellenartige Bauteile. Diplomarbeit an der Unibersität -GH- Siegen, FB 11,1983.

[9.08] **Richtlinie VDI 2225**: Technisch-wirtschaftliches Konstruieren. VDI-Verlag Düsseldorf, 1977.

[9.09] **Gerhard, E., Plorin, F.**: Erfassen und Beschreiben von Konstruktionsparametern zur Dimensionierung von Baureihen. Forschungsbericht des Landes NRW, 1983. (Uni-GH-Duisburg, Elektromechanische Konstruktion).

[9.10] **Ehrlenspiel, K. u. D. Fischer**: Kostenanalyse von Zahnrädern. VDI-Verlag, Düsseldorf 1982.

[9.11] **Gerhard, E.**: Baureihenentwicklung. expert verlag GmbH, Sindelfingen, 1984.

[9.12] **Diels, H.**: Kostenwachstumsfunktionen als Hilfsmittel zur Kostenfrüherkennung - ihre Erstellung und Anwendung. VDI-Verlag, Düsseldorf, 1988. (Dr.-Ing.-Dissertation Uni-GH-Siegen 1987).

[10.1] **Norm** Voith-Werknorm VN 1446

[10.2] **Schuppar, H.**: Rechnergestützte Erstellung und Aktualisierung von Relativkostenkatalogen. Dr.-Ing. Dissertation FAK für Maschinenwesen Aachen, 1977

[10.3] **Norm DIN 32990** Begriffe und Zeichen für Kostenrechnung und Kosteninformationsunterlagen. Köln, Berlin: Beuth-Vertrieb, 1982.

[10.4] **Norm DIN 32991** Gestaltungsgrundsätze für Kosteninformations-Unterlagen.Köln, Berlin: Beuth-Vertrieb, 1982.

[10.5] **Norm DIN 32992** Berechnungsgrundlagen Ermittlung von Relativkosten-Zahlen.Köln, Berlin: Beuth-Vertrieb, 1982.

[10.6] **Norm DIN 65118** Geschweißte metallische Bauteile; Konstruktionsrichtlinien. Köln, Berlin: Beuth-Vertrieb, 1984.

[10.7] **Richtlinie VDI 2225, Blatt 1 und Blatt 2:** Konstruktionsmethodik - Technisch-wirtschaftliches Konstruieren. Düsseldorf: VDI-Verlag GmbH, 1977, 1984. Berlin: Beuth Verlag GmbH.

[10.8] **Richtlinie VDI 2234, Entwurf:** Wirtschaftliche Grundlagen für den Konstrukteur. Düsseldorf: VDI-Verlag GmbH, 1982. Berlin: Beuth Verlag GmbH.

[10.9] **Richtlinie VDI 2235, Entwurf:** Wirtschaftliche Entscheidungen beim Konstruieren - Methoden und Hilfen. Düsseldorf: VDI-Verlag GmbH, 1982. Berlin: Beuth Verlag GmbH.

[11.1] **Gerhard, E.:** Entwickeln und Konstruieren mit System. expertverlag Grafenau/Württ., 1979.

[11.2] **Richtlinie VDI 2225:** Technisch-wirtschaftliches Konstruieren. VDI-Verlag GmbH, Beuth-Vertrieb Berlin/Köln, Düsseldorf, 1969 und 1977.

[11.3] **Gerhard, E., Schmitt, D.:** Checkliste für wirtschaftliche Kriterien. Eigenverlag 1978, Uni Duisburg.

[11.4] **Kesselring, F.:** Die "starke" Konstruktion, Gedanken zu einer Gestaltungslehre.
VDI-Zeitschrift, Bd. 86 (1942) Nr. 21/22, S. 321-30.

[11.5] **Kesselring, F.:** Bewerten von Konstruktionen. VDI-Verlag Düsseldorf, 1951.

[11.6] **Lowka, D:** Über Entscheidungen im Konstruktionsprozeß. Dr.-Ing.-Dissertation D 17, Technische Hochschule Darmstadt, 1976.

[11.7] **Hansen, F.:** Konstruktionssystematik. VEB Verlag Technik Berlin, 1965 und 1968.

[11.8] **Bronner, A.:** Zukunft und Entwicklung der Betriebe im Zwang der Kostengesetze. Werkstattstechnik 56 (1966) H. 2, S. 80/89

[12.1] **NORM DIN 66050** "Gebrauchstauglichkeit; Begriffe". **NORM DIN 66051** "Untersuchung von Waren; allgemeine Grundsätze". **NORM DIN 66052** "Warentest". **NORM DIN 66053** Entwurf "Gebrauchswert; Begriff" 1971 zurückgezogen. Köln, Berlin: Beuth-Vertrieb

[12.2] **Richtlinie VDI 2801:** "Wertanalyse-Begriffsbestimmung und Beschreibung der Methode". **Richtlinie VDI 2802:** "Wertanalyse-Vergleichsrechnung". Beuth-Vertrieb Berlin/Köln, 1970/71.

[12.3] **Gutsch, R. W., Struwe, W., Withauer, K. F.:** Wertanalyse. Lehrgang Nr. 2112/67.33/4 an der Technischen Akademie Esslingen, 14.-16.11.1973.

[12.4] AW Produktplanung: Methodische Produktplanung und Produktentwicklung. Arbeitsunterlagen zum Seminar am 24./25.Okt. und 28./29. Nov. 1974 (Leitung: E. Geyer).

[12.5] **Kourim, G.:** Wertanalyse - Grundlagen, Methoden, Anwendungen. Oldenbourg-Verlag München/Wien, 1968.

[12.6] **Gerhard, E.:** Einflußfaktoren auf den Entscheidungsprozeß beim wissenschaftlichen Konstruieren in der Feinwerktechnik. Habilitationsschrift, Universität Stuttgart, FB Fertigungstechnik, 1976.

[12.7] **Gerhard, E.:** Entwickeln und Konstruieren mit System. expert verlag GmbH Grafenau/Württ., 2. Aufl., 1988.

[A.01] **VDI:** Wertanalyse. VDI Verlag, Düsseldorf, 1972

[A.02] **Rauschenbach, Th.:** Kostenoptimierung konstruktiver Lösungen. VDI-Taschenbuch T 31, Düsseldorf: VDI Verlag, 1978.

[A.03] **Ehrlenspiel, K.:** Kostengünstig Konstruieren. Berlin: Springer Verlag, 1985 (Konstruktionsbücher Band 35).

[A.04] **Reschke, H.:** Kostenrechnung. Grafenau/Württ.: expert verlag und Stuttgart: Taylorix Fachverlag, 4. Aufl. 1982.

[A.05] **REFA-Methodenlehre des Arbeitsstudiums, Teil 3:** Kostenrechnung. München: Carl Hanser Verlag, 1971/1976/1978.

[A.06] **Birolini, Alessandro:** Qualität und Zuverlässigkeit technischer Systeme Berlin: Springer Verlag,1985

[A.07] **Hagen, Peter von dem:** Kostenrechnung - kurz und bündig Würzburg: Vogel Verlag 1973

[A.08] **REFA-Methodenlehre des Arbeitsstudiums, Teil 2:** Datenermittlung. München: Carl Hanser Verlag, 1971/1976/1978.

[A.09] **Olfert, Klaus:** Kostenrechnung. Ludwigshafen: Kiehl Verlag, 1987

[A.10] **REFA-Methodenlehre der Planung und Steuerung, Teil 1:** Grundlagen. München: Carl Hanser Verlag, 1971/1976/1978.

[A.11] **Gerhard, E.:** Einflußfaktoren auf den Entscheidungsprozeß beim wissenschaftlichen Konstruieren in der Feinwerktechnik. Habilitationsschrift. Universität Stuttgart, 1976.

Lexikalischer Anhang

Begriff	Definition [Quelle]
ABC-Analyse	Die Analyse des Produktprogramms ergibt, daß ein großer Teil des gesamten Umsatzes von einem kleinen Teil wichtiger Erzeugnisse bestritten wird; umgekehrt geht ein kleiner Teil des Umsatzes auf eine größere Zahl weniger wichtiger Erzeugnisse zurück. Daher unterscheidet man:

1) A-Teile: Das sind die aus der Sicht des Umsatzes, des Gewinns, des Deckungsbeitrags oder der Kosten wichtige Produkte.
2) B-Teile: Das sind die weniger wichtigen Produkte.
3) C-Teile: Das sind die unwichtigen Produkte mit geringem Umsatzanteil.

REFA [A.05]

| Abnutzungsvorrat | Im Sinne der Instandhaltung Vorrat der möglichen Funktionserfüllungen unter festgelegten Bedingungen, der einer Betrachtungseinheit aufgrund der Herstellung oder aufgrund der Wiederherstellung durch Instandsetzung innewohnt. DIN 31 051 |
| Abschreibung | Die Abschreibung ist eine Methode, den Anschaffungspreis eines Arbeits- bzw. Betriebsmittels mit einem Wert oberhalb der Grenze für ein "geringwertiges Wirtschaftsgut" (z.Zt. 800,- DM) über seinen meist |

Begriff	Definition [Quelle]
	mehrjährigen Nutzungszeitraum (Lebensdauer) zu verteilen. die Wertminderung, die durch die Nutzung entsteht, wird mit Hilfe der Abschreibung als Kosten eines Zeitabschnitts ermittelt und auf diese Weise in Ansatz gebracht. REFA [A.05]
	Wirtschaftsgüter mit Anschaffungskosten bis zur Höhe von z.Zt. 800,- DM können als "Sonderabschreibung für geringwertige Wirtschaftsgüter" bereits im Anschaffungsjahr voll abgeschrieben werden.
Abschreibung, bilanzielle	Sie folgt handelsrechtlichen und steuerrechtlichen Vorschriften. Nur der geldmäßig nominelle Betrag an Anschaffungs- oder Herstellkosten darf als Abschreibungsgrundlage herangezogen werden. Es wird die nominelle Kapitalerhaltung angestrebt. [A.04]
Abschreibung, kalkulatorische	Erfordert eine möglichst genaue Erfassung des tatsächlichen Werteverzehrs und die Sicherung der Betriebssubstanz durch Ansatz von Wiederbeschaffungswerten und Abschreibung über die ursprüngliche Nutzungsdauer hinaus. Das Kapital soll der Substanz nach erhalten werden.
	Die kalkulatorische Abschreibung ergibt sich aus dem Wiederbeschaffungswert WBW abzüglich dem Restwert und wird bezogen auf die wirtschaftliche Nutzungszeit des Betriebsmittels.

Begriff	Definition [Quelle]
	[A.02]

AfA

Absetzung für Abnutzung (Aufwendungen für Abschreibungen), Angaben über die "betriebsgewöhnliche Nutzungsdauer" in der vom Bundesfinanzministerium herausgegebenen amtlichen AfA-Tabelle.

Akkordlohn

siehe Stücklohn [A.07]

Amortisation

Amortisationszeit =
Kapitaleinsatz / Cash-Flow
siehe auch Cash-Flow

Anforderungsliste

Das Ergebnis der Erarbeitung der zu stellenden Forderungen an ein neues Produkt nach Problemanalyse und Problemdefinition ist eine Anforderungsliste (Pflichtenheft); sie enthält somit die Forderungen, die unter allen Umständen berücksichtigt werden müssen und die Wünsche, die nach Möglichkeit berücksichtigt werden sollen. Auch die Verantwortlichkeiten werden hier festgelegt. REFA [A.05], [A.03]

Annuitätenmethode

Annuität = durchschnittliche jährliche Einzahlungsüberschüsse
Annuität des Kapitaleinsatzes KE:
$A_{KE} = (\Sigma\, KE)_0 \cdot a,$
Annuität des Kapitalrückflusses CR:
$A_{CR} = (\Sigma\, CR)_0 \cdot a,$
a = Wiedergewinnungsfaktoren aus Tabellen. Diese Methode vergleicht die durchschnittlichen, jährlichen Auszahlungen der Investi-

Begriff	Definition [Quelle]
	tion mit den durchschnittlichen, jährlichen Einzahlungen.
Anschaffungskosten	Zu den Anschaffungskosten gehört alles, was im Zusammenhang mit dem Kauf und der Inbetriebnahme des Wirtschaftgutes aufgewendet wird. Sie dienen als Bemessungsgrundlage für die Abschreibung.
Arbeitskosten	Diese setzen sich zusammen aus Grundlöhnen bzw. Grundgehältern, Zuschlägen, Zulagen und Prämien sowie den gesetzlichen und freiwilligen Sozialleistungen, Lohnsummensteuer und Zahlungen für Urlaubs- und Feiertage. [A.02]
Auftragszeit	Die Auftragszeit T ist die Vorgabezeit für das Ausführen eines Auftrages durch den Menschen.

Der Auftrag kann aus dem Rüsten und Ausführen einer Menge m bestehen; dann ist die Auftragszeit die Summe aus Rüstzeit t_r und Ausführungszeit t_a

$$T = t_r + t_a = t_r + m \cdot t_e.$$

Der Auftrag kann aber auch nur für das Rüsten oder das Ausführen erteilt werden, dann ist $T = t_r$ oder $T = t_a = m \cdot t_e$.
(Ausführungszeit für einen Auftrag t_e)
REFA [A.08]

| Aufwand | Unter Aufwand wird der erfolgswirksame Güterverbrauch verstanden. |

Begriff	Definition [Quelle]
Ausfallokalisierungszeit	Zeit für das Erkennen und Lokalisieren der ausgefallenen Funktionseinheit (Fehlersuche).

Ausfallrate

Für eine gegebene Funktionseinheit ist die Ausfallrate λ gleich der relativen zeitlichen Änderung der Intaktwahrscheinlichkeit $R(t)$. Die Ausfallrate ist definiert als:

$$\lambda(t) = - \frac{1}{R(t)} \cdot \frac{dR(t)}{dt}.$$

Durch gezielte Vorbehandlung können die Frühausfälle provoziert werden, so daß für die Nutzungsphase eine konstante Ausfallrate angenommen werden kann. Die Ausfallrate ist dann der Kehrwert der mittleren ausfallsfreien Zeit zwischen zwei Ausfällen (**MTBF** = Mean Time Between Failures), $\lambda(t) = 1/MTBF$.
(siehe auch Zuverlässigkeit, Fehlerrate)

Ausführungszeit

Die Ausführungszeit t_a ist die Vorgabezeit für das Ausführen der Menge m eines Auftrages durch den Menschen.
Ausführungszeit = Zeit je Einheit · Menge; $t_a = m \cdot t_e$.
REFA [A.08]

Ausgabe

Ausgang von Zahlungsmitteln

Baukasten

Unter einem Baukasten versteht man Maschinen, Baugruppen, Einzelteil, die als Bausteine mit oft unterschiedlichen Lösungen durch Kombination mit einem Grundbaustein eingesetzt werden oder die verschiedene Gesamtfunktionen erfüllen.

Begriff	Definition [Quelle]
	VDI 2235

Baureihe

Unter einer Baureihe werden technische Gebilde (Maschinen, Baugruppen, Einzelteile) verstanden, die

- dieselbe Funktion
- mit der gleichen technischen Lösung
- in mehreren Größenstufen
- bei möglichst gleicher Fertigung

in einem weiten Anwendungsbereich erfüllen. Der Zweck und die Vorteile einer Baureihe sind damit beschrieben.
VDI 2235

Befundrechnung

siehe Inventurmethode [A.09]

Belegungszeit

Die Belegungszeit t_{bB} ist die Vorgabezeit für die Belegung des Betriebsmittels durch einen Auftrag. Die Belegungszeit kann aus dem Rüsten und Ausführen einer Menge m bestehen; dann ist die Belegungszeit die Summe aus Betriebsmittel-Rüstzeit t_{rB} und Betriebsmittel-Ausführungszeit t_{aB},
$t_{bB} = t_{rB} + t_{aB} = t_{rB} + m \cdot t_{eB}$
(Ausführungszeit für einen Auftrag t_{eB}).

Der Auftrag kann aber auch nur für das Rüsten oder das Ausführen erteilt werden, dann ist
$t_{bB} = t_{rB}$ bzw. $t_{bB} = m \cdot t_{eB} = t_{aB}$;
(siehe Betriebsmittelzeit).
REFA [A.08]

Beschäftigungsgrad

Als Beschäftigungsgrad wird das prozentuale

375

Begriff	Definition [Quelle]

Verhältnis von Fertigungszeit und Hilfszeit zur theoretischen Einsatzzeit bezeichnet. Beschäftigungszeit = (Hilfszeiten + Fertigungszeiten)/theoretische Einsatzzeit · 100%.
REFA [A.08]

Bestandsdifferenzrechnung siehe Inventurmethode [A.09]

Betriebsabrechnung siehe Kostenrechnung

Betriebsabrechungs-bogen (BAB)

Aufgaben des Betriebsabrechnungsbogens:

1) Ermitteln von Gemeinkostenverrechnungssätzen (Fertigungskostensätze, Material-, Fertigungs-, Verwaltungs- und Vertriebsgemeinkostenzuschlagssätze) für die Vor- und Nachkalkulation.
2) Ermitteln von betriebswirtschaftlichen Kennzahlen zur Überwachung einzelner Kostenstellen und Betriebsbereiche.

REFA [A.05]

Betriebsmittelzeit

Die Betriebsmittelzeit je Einheit t_{eB1}, t_{eB100}, t_{eB1000} sind Vorgabezeiten für die Belegung eines Betriebsmittels bei der Mengeneinheit 1, 100 bzw. 1000.
REFA [A.08]

Betriebsmittel-Ausführungszeit

Die Betriebsmittel-Ausführungszeit t_{aB} ist die Vorgabezeit für das Belegen eines Betriebsmittels durch die Menge m eines Auftrages.
Betriebsmittel-Ausführungszeit t_{aB} =
Menge · Betriebsmittelzeit t_{eB};
$$t_{aB} = m \cdot t_{eB}.$$

Begriff	Definition [Quelle]
	REFA [A.08]

Betriebsmittel-Grundzeit

Die Betriebsmittel-Grundzeit t_{gB} besteht aus der Summe der Soll-Zeiten aller Ablaufabschnitte, die für die planmäßige Ausführung eines Ablaufes durch das Betriebsmittel erforderlich sind; sie bezieht sich auf die Mengeneinheit 1. Betriebsmittel-Grundzeit t_{gB} = Hauptnutzungszeit t_h + Nebennutzungszeit t_n + Brachzeit t_b;
$$t_{gB} = t_h + t_n + t_b.$$
REFA [A.08]

Betriebsmittel-Rüstzeit

Die Betriebsmittel-Rüstzeit t_{rB} ist die Vorgabezeit für das Belegen eines Betriebsmittels (BTM) durch das Rüsten bei einem Auftrag. Betriebsmittel-Rüstzeit t_{rB}= BTM-Rüstgrundzeit t_{rgB} + BTM-Rüstverteilzeit t_{rvB};
$$t_{rB} = t_{rgB} + t_{rvB}.$$
REFA [A.08]

Betriebsmittel-Verteilzeit

Die Betriebsmittel-Verteilzeit t_{vB} besteht aus aus der Summe der Soll-Zeiten aller Ablaufabschnitte, die zusätzlich zur planmäßigen Ausführung eines Ablaufes durch das Betriebsmittel erforderlich sind; sie bezieht sich auf die Mengeneinheit 1; sie besteht aus folgenden Zeitarten:

- Sollzeit für zusätzliches Nutzen des BTM t_{BZ},
- Sollzeit für störungsbedingtes Unterbrechen der Nutzung des BTM t_{BS},
- Sollzeit für persönlich bedingtes Unterbrechen der Nutzung des BTM t_{BP}.

Begriff	Definition [Quelle]
	$t_{vB} = \Sigma\ t_{BZ} + \Sigma\ t_{BS} + \Sigma\ t_{BP}.$ REFA [A.08]
Betriebsstoffkosten	siehe Materialgemeinkosten
Bewerten	Vergleichen einer Menge gleichartiger Elemente (Alternativen) unter ausgesuchten einheitlichen Gesichtspunkten (Kriterien). [A.11]
Bewertungsprozeß	Die in einer Entscheidungssituation erforderliche Logik der Informationsverarbeitung; Gesamtheit aller Schritte, an Hand der Anforderungsdaten an ein Produkt aus einer Menge von Lösungsalternativen die bestgeeignete auszuwählen. [A.11]
Brachzeit	Die Brachzeit t_b umfaßt die Zeiten für erholungsbedingtes Unterbrechen der Arbeit des Betriebsmittels ebenso wie das ablaufbedingte Unterbrechen. Es handelt sich um ein planmäßiges Unterbrechen der Nutzung; daher werden beide Unterbrechungsarten zusammengefaßt. REFA [A.08]
Break-Even-Point	siehe Gewinnschwelle
BTM	siehe Betriebsmittel
Cash-Flow	Kapitalrückfluß pro Jahr
Deckungsbeitrag	Deckungsbeitrag = Erlös - variable Kosten

Begriff	Definition [Quelle]
	(hier: variabel = direkt zurechenbar). Er kann entweder bezogen auf eine Mengeneinheit oder auf einen Abrechnungszeitraum ermittelt werden. REFA [A.05]
Deckungsbeitragsrechnung	Die Deckungsbeitragsrechnung ist ein Teilkostenrechnungsverfahren. Man bestimmt die mengenabhängigen (variablen) Kosten eines Auftrags oder Erzeugnisses und den Erlös. Die Differenz aus beiden ist der Dekkungsbeitrag. Es können aber auch die Grenzkosten vom Erlös abgezogen werden. Auch diese Differenz wird Deckungsbeitrag genannt. REFA [A.05], [A.10]
Einmalige Ausgaben	siehe Sondereinzelkosten der Fertigung (z.B. Provision, Gebühren, Zölle) REFA [A.05]
Einnahme	Eingang von Zahlungsmitteln.
Einzelkosten	Sammelbegriff aller Kostenarten, die einem Kostenträger direkt zugerechnet werden können. (siehe direkte Kosten) REFA [A.05]
Energiekosten	Die Energiekosten ergeben sich aus dem Verrechnungspreis multipliziert mit dem Durchschnittsbedarf bezogen auf die Belegstunde. Hierbei enthält der Verrechnungspreis nicht die verbrauchsunabhängigen Kosten für die Energieerzeugungs- und Bereitstellungseinrichtungen. Der Durchschnittsbe-

379

Begriff	Definition [Quelle]
	darf ergibt sich durch unterschiedliche Betriebsmittelbelegung bei Haupt-, Rüst- und Nebentätigkeiten mit unterschiedlichem Energiebedarf. [A.02]
Entscheidung	Auswahl einer optimalen Lösung aus Alternativen an Hand einer wertenden Betrachtung. [A.11]
Entwicklungskosten	Entwicklungs- und Konstruktionskosten sind alle im Entwicklungs- und Konstrutionsbereich anfallenden oder angefallenen Kosten. Sie können als Einzelkosten direkt oder als Gemeinkosten über prozentuale Zuschlagssätze indirekt einzelnen Kostenträgern zugerechnet werden. DIN 32 990 Teil 1
Erholungszeit	Die Erholungszeit t_{er} besteht aus der Summe der Soll-Zeiten aller Ablaufabschnitte, die für das Erholen des Menschen erforderlich sind; sie bezieht sich auf die Mengeneinheit 1. REFA [A.08]
Erlös	Erlös = Netto-Verkaufspreis · Menge. REFA [A.05] Erlös ist das bewertete Ergebnis der betrieblichen Tätigkeit. DIN 32 990 Teil 1
Ertrag	Als Ertrag bezeichnet man den realisierten

Begriff	Definition [Quelle]
	Umsatzerfolg.

Fehlerrate

Die Fehlerrate gibt die relative zeitliche Änderung der Intaktwahrscheinlichkeit / Überlebenswahrscheinlichkeit $R(t)$ an,

$$h(t) = -\frac{1}{R(t)} \cdot \frac{dR(t)}{dt}.$$

$h(t)$ bezeichnet die hazard-function, siehe auch Zuverlässigkeit.

Fertigungseinzelkosten

Fertigungseinzelkosten sind Kosten im Fertigungsbereich, die Zurechnungsobjekten direkt zugerechnet werden können bzw. anwendungsbezogen zugerechnet werden. DIN 32 990 Teil 1

Fertigungsgemeinkosten

Fertigungsgemeinkosten FGK sind Kosten, die im Fertigungsbereich anfallen oder angefallen sind und die den Zurechnungsobjekten nicht direkt zugerechnet werden können bzw. zugerechnet werden. DIN 32 990 Teil 1

Fertigungsgemeinkosten-zuschlag

Der Fertigungsgemeinkostenzuschlag g_F bestimmt sich aus den Gemeinkosten FGK_{Fk} einer Fertigungshauptstelle F_k bezogen auf die Fertigungslohnkosten LK_{Fk} dieser Kostenstelle. REFA [A.05]

Fertigungskosten

Die Summe aus Fertigungslohnkosten LK und Fertigungsgemeinkosten FGK bezeichnet man als Fertigungskosten FK; $FK = LK + FGK$, bzw.

Begriff	Definition [Quelle]

$$FK = LK \cdot (1 + g_F).$$

REFA [A.05]

Sie sind somit die Kosten, die im Fertigungsbereich anfallen oder angefallen sind.
DIN 32 990 Teil 1

Fertigungslohnkosten

Fertigungslohnkosten LK sind der Teil der Fertigungseinzelkosten, der für die Inanspruchnahme der Arbeitsleistung von Lohnempfängern entsteht.
DIN 32 990 Teil 1

Fertigungsstundensatz

Der Fertigungsstundensatz bestimmt sich aus den Fertigungskosten einer Fertigungshauptstelle bezogen auf die Fertigungslohnstunden dieser Kostenstelle.
REFA [A.05]

FMEA

Failure Mode and Effects Analysis; Fehlermöglichkeits- und Einflußanalyse ist ein Begriff der Qualitätssicherung.
DIN-ISO 9001

Fortschreibungsmethode

siehe Skontrationsmethode [A.09]

Funktionskosten

Die Gliederung einer Leistung nach den einzelnen Funktionen (IST oder SOLL) führt zu Funktionskosten. Die Kosten einer Funktion sind aus den Herstellkosten der Teile und deren Montage prinzipiell feststellbar, [A.01].

Funktionskosten sind die für die Verwirklichung einer Funktion erforderlichen Ko-

Begriff	Definition
	[Quelle]

sten.
VDI 2235

Geldakkord   siehe Stücklohn [A.07]

Gemeinkosten   Sammelbegriff aller Kostenarten, die einem Kostenträger nur mit Hilfe von Zuschlägen zugerechnet werden können.

Die Kostenstelleneinteilung ist von der Organisationsstruktur des Unternehmens abhängig. Die Gemeinkosten gliedern sich in

- die Fertigungs-Gemeinkosten *FGK*,
- die Material-Gemeinkosten *MGK*,
- die Verwaltungs-Gemeinkosten *VwGK*,
- die Vertriebs-Gemeinkosten *VtGK*,
- die Entwicklungsgemeinkosten *EtwGK* (falls nicht direkt zurechenbar).

REFA [A.05]

Gewinn   Die Differenz zwischen Erlös und Kosten wird als Gewinn bezeichnet.
[A.03]

Gewinnbeteiligung   Hier dient der Normallohn als Zuschlagsgrundlage für eine Gewinnbeteiligung. Die Höhe des Zuschlags ergibt sich aus der Bilanz des Unternehmens.
[A.07]

Gewinnschwelle   Als Gewinnschwelle (auch Break-Even-Point, Kostendeckungspunkt) wird der Punkt bezeichnet, bei dem der Erlös eines Produkts die Gesamtkosten überschreitet. Die ver-

Begriff	Definition [Quelle]
	kaufte Menge bestimmt diesen Punkt. Die Gewinnschwelle ergibt sich aus der Deckungsbeitragsrechnung. REFA [A.05]
Grenzkosten	Grenzkosten sind die Kosten, die durch die Fertigung eines zusätzlichen Auftrages oder einer zusätzlichen Mengeneinheit entstehen. REFA [A.10]
	Grenzkosten sind die durch die zusätzliche Ausbringung einer Leistungseinheit hinzukommenden Kosten. Die Grenzkosten entsprechen i.a. den variablen Kosten. [A.01]
Grenzstückzahl	Eine Grenzstückzahl ist die Stückzahl, die die Wirtschaftlichkeitsgrenze zwischen zwei konkurrierenden Fertigungsverfahren oder technischen Alternativlösungen angibt (auch kritsche Stückzahl). VDI 2235
Gruppenakkord	Wird angewendet, wenn Einzelakkord nicht möglich ist (z.B. an größeren Maschinen). Es wird die Konzentration auf die eigene Arbeit vermieden, da die Arbeit einer Gruppe bewertet wird. [A.07]
Grundzeit	Die Grundzeit t_g besteht aus der Summe der Soll-Zeiten von Ablaufabschnitten, die für die planmäßige Ausführung eines Ablaufes durch den Menschen erforderlich ist; sie bezieht sich auf die Mengeneinheit 1.

Begriff	**Definition** **[Quelle]**
	Sie besteht aus Tätigkeitszeit t_t und Warte- zeit t_w; $t_g = t_t + t_w$. REFA [A.08]
Hauptkostenstellen	Stellen, deren Kosten nicht mehr auf andere Kostenstellen, sondern direkt auf die Ko- stenträger verrechnet werden. REFA [A.05]
Hauptzeit	siehe Hauptnutzungszeit
Hauptnutzungszeit	Die Hauptnutzungszeit t_h ist die Zeit, in der am Werkstück Veränderungen der Form, der Lage, des Aussehens oder der Eigenschaften bewirkt werden, unabhängig davon, ob sie maschinell oder manuell ausgeführt werden. [A.02]
Herstellkosten	Sie ergeben sich als Summe der Material- und Fertigungskosten, die ihrerseits wieder aus Lohn-, Gemein- und Sondereinzelkosten der Fertigung entstehen; $HK = MK + FK$; $HK = MK + (LK + FGK + SEF)$. VDI 2235
Hilfsstoffkosten	siehe Materialgemeinkosten
Instandhaltbarkeitsprüfung	Prüfung der Wartbarkeit und der Instand- setzbarkeit. Bestimmen der Instandsetzungs- zeit ($MTTR$, Mean Time to Repair) und der Wartungszeit. [A.06]

385

Begriff	Definition [Quelle]
Instandhaltungskosten	Die Kosten für die Instandhaltung eines Betriebsmittels zur Erhaltung seiner Einsatzfähigkeit werden üblicherweise summarisch über die Nutzungszeit umgelegt. Sie berechnen sich aus dem Wiederbeschaffungswert, multipliziert mit dem Aufwandsatz bezogen auf die wirtschaftliche Nutzungszeit. Summe der Wartungs-, Inspektions-, Instandsetzungs- und Stillstandskosten. [A.02]
Inspektion	Maßnahmen zur Feststellung und Bewertung des Istzustandes.
Instandsetzung	Maßnahmen zur Wiederherstellung des Sollzustandes. DIN 31051
Instandsetzungskosten	Summe der Instandsetzungsgemein- *IGK* und Instandsetzungseinzelkosten *IEK*.
Instandsetzungs-einzelkosten	Kosten für die Instandsetzung, die einer Maschine oder einem Gerät direkt zugerechnet werden können.
Instandsetzungs-gemeinkosten	Kosten für die Unterhaltung der Instandhaltungsabteilung z.B. - Messgeräte, - Spezialwerkzeuge und -vorrichtungen, - Hilfsstoffe, - Raumbedarf der Instandhaltung, - Lagerhaltungskosten des Instandsetzungsmaterials (insb. Kapitalkosten).

Begriff	Definition [Quelle]
Instandsetzungszeit (Mean Time to Repair)	Benötigte Zeit für das Instandsetzen der Anlage, der Maschine oder des Gerätes . $MTTR$ = Ausfallokalisierungszeit + (Ersatz)-Beschaffungszeit + Reparaturzeit + Abgleich und Justagezeit + Funktionsprüfungszeit.

Mittelwert der Instandsetzungszeit (siehe Instandhaltbarkeitsprüfung).

Istzustand

Die festgestellte Gesamtheit der Merkmalswerte und Eigenschaften gegenüber dem Sollzustand.

Indexzahlen

Zahlen A und B mit gleichen Maßeinheiten, aber aus verschiedenen, meist gleichlangen Perioden oder Zeiträumen, werden ins Verhältnis gesetzt und als Prozentzahlen ausgedrückt:
$A/B \cdot 100 \%$.
REFA [A.08]

Inventurmethode

Wird auch als Bestandsdifferenzrechnung oder Befundmethode bezeichnet.

Es wird keine laufende Ermittlung der Verbrauchsmengen durchgeführt. Die Verbrauchsmengen ergeben sich erst am Ende einer Abrechnungsperiode aus Anfangsbestand + Zugang - Endbestand. Eine Zurechnung auf die Kostenstellen und Kostenträger ist somit nicht möglich.
[A.09]

Kalkulation

Rechnung, bei der die Kosten zur Herstel-

Begriff	Definition [Quelle]
	lung eines Produkts der jeweiligen Produkteinheit zugeordnet werden. Somit sollen die dem Produkt zurechenbaren Kosten ausgewiesen werden. [A.03], [A.04]
Kapazitätsausnutzungsgrad	Als Beschäftigungsgrad (Kapazitätsausnutzungsgrad) wird die inanspruchgenommene Kapazität in Prozent der zur Verfügung stehenden Kapazität ausgedrückt. Kapazitätsausnutzungsgrad = tatsächlich genutzte Kapazität / verfügbare Kapazität · 100 %. [A.04]
Kapitalkosten, kalkulatorische	Es wird eine marktgerechte Verzinsung des durch das Betriebsmittel gebundenen Kapitals angestrebt. Man geht von einem kalkulatorischen Zinssatz aus, der 4 % über dem Diskontsatz der Bundesbank liegt. Da durch Abschreibung das Kapital zurückgewonnen wird, empfiehlt es sich, einen durchschnittlichen Kapitalkostensatz für die Hälfte des Wiederbeschaffungswertes *WBW* zu ermitteln. Kapitalkosten = 0,5 · *WBW* · kakulatorischer Zinssatz. [A.02]
Kontrolle - der Betriebsstoffe - der Halbzeuge - der Hilfsstoffe - der Normteile	siehe Materialgemeinkosten siehe Materialgemeinkosten siehe Materialgemeinkosten siehe Materialgemeinkosten

Begriff	Definition [Quelle]
Konstruktionsmethode	Planmäßiges Vorgehen beim Lösen technischer Probleme, vorwiegend beim Erarbeiten von Lösungsalternativen in Entwicklung und Konstruktion. [A.11]
Kosten	Kosten sind der in Geld bewertete Verzehr von Produktionsfaktoren und Fremdleistungen sowie öffentliche Abgaben zum Erstellen und Absetzen von Gütern und/oder Diensten. DIN 32 990 Teil 1
Kosten, direkte	Direkte Kosten (Einzelkosten) können einer bestimmten Leistung direkt zugeordnet werden, da sie sich für ein bestimmtes Produkt ganz genau und leicht erfassen lassen. VDI 2234
Kosten, indirekte	siehe Gemeinkosten
Kosten für erhöhte Toleranzen	Die Toleranzen in den wirtschaftlichen Bereichen verschiedener Fertigungsverfahren sind etwa umgekehrt proportional zu den Kosten der toleranzbestimmten Arbeitsgänge; Toleranz · Kosten $\approx$ konstant
Kosten, fixe	Eine Kostenart wird als fix bezeichnet, wenn sie sich in einem bestimmten Zeitraum und innerhalb bestimmter Beschäftigungsgrenzen betragsmäßig nicht verändert. REFA [A.05]
Kosten, variable	Eine Kostenart wird als variabel bezeichnet,

Begriff	**Definition** **[Quelle]**
	wenn sie sich in einem bestimmten Zeitraum und innerhalb bestimmter Beschäftigungsgrenzen bei einer Veränderung der Beschäftigung betragsmäßig verändert. REFA [A.05]
Kostenarten	Als Kostenarten bezeichnet man nach der Art des Verzehrs an Gütern und Diensten unterteilte (Gesamt-)Kosten. Wichtige Kostenarten sind: - Fertigungsmaterialkosten, - Lohn- und Gehaltskosten, - Abschreibungs- und Zinskosten, - Instandhaltungskosten. REFA [A.05] [A.03]
Kostendeckungspunkt	siehe Gewinnschwelle
Kostenrechnung	Die Kostenrechnung hat hauptsächlich drei Aufgabengebiete: 1) Kostenträgerrechnung (Kalkulation), 2) Periodenkostenrechnung, 3) Kostenvergleichsrechnung. Die Kostenträgerrechnung dient zur Ermittlung der Kosten, die für die Erstellung eines bestimmten Kostenträgers (a) voraussichtlich anfallen werden (Vorrechnung - Vorkalkulation) oder (b) tatsächlich angefallen sind (Nachrechnung - Nachkakulation). Das Ergebnis der Kostenträgerrechnung sind

Begriff	Definition [Quelle]

die Selbstkosten.

Die Periodenkostenrechnung dient zur Ermittlung der Kosten, die

(a) während einer zukünftigen Abrechnungsperiode voraussichtlich anfallen werden (Vorrechnung - Plankostenrechnung),

(b) während einer vergangenen Abrechnungsperiode tatsächlich angefallen sind (Nachrechnung - Betriebsabrechnung).

Diese Periodenkostenrechnung ist eine Grundlage für die betriebliche Planung und ermöglicht die Kontrolle des betrieblichen Geschehens.

Die Kostenvergleichsrechnung dient zur Ermittlung des Kostenunterschiedes verschiedener Maßnahmen, die alle dem gleichen Zweck dienen. Sie wird daher auch häufig als Wirtschaftlichkeitsrechnung bezeichnet. REFA [A.05]

Kostenstelle

Betrieblicher Bereich (Abteilungen, Werkstätten, Maschinengruppen, evtl. auch einzelne Arbeitsplätze), der nach kostenrechnerischen Gesichtspunkten abgegrenzt und kostenrechnerisch selbständig abgerechnet werden kann.
REFA [A.05] [A.03]

Kostenstruktur

Eine Kostenstruktur ist die Aufteilung von Kosten definierten Umfanges in Kosten bestimmter einzelner Arten.

391

Begriff	Definition [Quelle]
	Eine Kostenstruktur läßt sich nach zweckbezogenen Gesichtspunkten erstellen z.b. unterteilt in Material- und Fertigungskosten, in variable und fixe Kosten, in Einzel- und Gemeinkosten usw.. DIN 32 990 Teil 1

Kostenträger

Kostenträger sind betriebliche Leistungen (Erzeugnisse oder Dienstleistungen bzw. die zu ihrer Erstellung erteilten Aufträge), denen die von ihnen verursachten Kosten zugerechnet werden.
REFA [A.05]

Kostenträgerrechnung

siehe Kostenrechnung

Kostenvergleichsrechnung siehe Kostenrechnung

Kostenwachstumsgesetze

Unter einem Kostenwachstumsgesetz versteht man die Beziehung der Kosten eines Folgeentwurfs zu den bekannten Kosten eines Grundentwurfes mit Hilfe des Stufensprungs als variable Größe.
VDI 2235

Kostenziel

Betrag, der für die Herstellung des betreffenden Erzeugnisses oder auch für seine Beschaffung vorgegeben wird.
[A.01]

Kuppelproduktion

In einem Fertigungsprozeß werden aus denselben Ausgangsmaterialien gleichzeitig mehrere, unterschiedliche Produkte gefertigt, z.B. in der chemischen Industrie.

Begriff	Definition [Quelle]
	VDI 2234

Kurzkalkulation

Kurzkalkulation ist ein einfaches Verfahren zur Kostenermittlung. Es beruht auf Kostenfunktionen, deren Variablen beim Konstruktionsprozeß unmittelbar zugänglich sind. Mit diesem Verfahren können die Kosten eines Produktes aufgrund weniger konstruktiver Größen durch den Konstrukteur ermittelt werden.

Von ihr abzugrenzen ist die reine Schätzkalkulation, die ohne Unterlagen nur aufgrund der Erfahrung erfolgt.
VDI 2235

Lagerhaltungskosten

Lagerhaltungskosten $LhK = P(l+z)$ in (DM).
P = Einstandspreis des Produkts,
l = Lagerkostensatz,
z = Zinskostensatz.
Fixe Bezugskosten $BK = B/q \cdot f$
B = Bestellmenge in Stück/Jahr,
f = bestellfixe Kosten / Stück,
q = jeweilige Bestellmenge in Stück.

Weitere zusätzliche Kosten durch erhöhten Lageraufwand in Bezug auf Organisation oder Komplexität des Produkts durch Zuschläge ermitteln.

Lebenslaufkosten
(Life cycle costs)

Summe der Kosten für die Anschaffung, den Betrieb, die Instandhaltung und Ausscheidung der Betrachtungseinheit.

Begriff	Definition [Quelle]

Lohneinzelkosten

Berechnung:

- Zeitlohn: $\dfrac{\text{Zeit f. Arbeitsgang}}{\text{Stück}} \cdot \dfrac{\text{Lohn}}{\text{Zeit}} \cdot$

$\cdot \ \Sigma$ notwendigen Arbeitsgänge;

- Akkordlohn: Zeitakkord $SV = m \cdot t_S \cdot G_M$, Geldakkord $SV = m \cdot G_E$.

SV = Stundenverdienst,
m = Menge (Stückzahl),
t_S = Stückzeit (Vorgabezeit/Stück),
G_M = Geldfaktor je Minute (je Einheit der Vorgabezeit),
G_E = Geldsatz je Mengeneinheit (Stücklohn).

Lohnsysteme

- Zeitlohn,
- Stücklohn (Akkordlohn),
- Stücklohn mit garantiertem Mindestlohn,
- Gruppenakkord,
- Prämienlohn,
- Gewinnbeteiligung.
[A.07]

Maschinenkosten

Maschinenkosten sind Kosten, die innerhalb eines Abrechnungszeitraumes für eine Maschine anfallen oder angefallen sind, also z.B. kalkulatorische Abschreibungen, kalkulatorische Zinsen, Raum-, Energie- und Instandhaltungskosten.
DIN 32 990 Teil 1

$$K_{MH} = \frac{K_A + K_Z + K_R + K_E + K_I}{T_N}$$

Begriff	**Definition** **[Quelle]**
	K_{MH} = Maschinenkosten/Stunde K_A = Kalkulatorische Abschreibung/Jahr K_Z = Kalkulatorische Zinsen/Jahr K_R = Raumkosten/Jahr K_E = Energiekosten/Jahr K_I = Instandhaltungs- /Wartungskosten pro Jahr T_N = Nutzungszeit / Jahr
Maschinenzeit	Die gesamte Maschinenzeit T_G ergibt sich aus der Summe der Ruhezeit T_{RU} und der betriebsüblichen Bereitschaftszeit T_B; $T_G = T_B + T_{RU}$. Die betriebsübliche Bereitschaftszeit T_B ergibt sich dabei aus der Summe der Nutzungszeit T_N und der Brachzeit T_{BR}; $T_B = T_N + T_{BR}$. Die Nutzungszeit T_N ergibt sich aus der Maschinenablaufzeit T_{MA} und der Rüstzeit T_R; $T_N = T_{MA} + T_R$. Die Maschinenablaufzeit setzt sich zusammen aus der Maschinenhaupt- T_{MAH} und der Maschinennebenzeit T_{MAN}; $T_{MA} = T_{MAH} + T_{MAN}$. Die Brachzeit T_{BR} ist die Summe der durch technische Störung bedingten Brachzeit T_{BRT}, der durch den Arbeitsablauf und die Auftragslage bedingten Brachezeit T_{BRA} und der Instandhaltungszeit T_{IH}; $T_{BR} = T_{BR1} + T_{BRA} + T_{IH}$.

Begriff	Definition [Quelle]
Maschinenstunden-rechnung	siehe Platzkostenrechnung [A.03]
Materialeingangsprüfung	siehe Materialkosten
Materialeinzelkosten	Die Materialeinzelkosten *MEK* werden berechnet über effektive (durchschnittliche) Anschaffungskosten; siehe Materialkosten.
Materialgemeinkosten	Die anteiligen Kosten, die durch Einkauf, Lagerung und Verwaltung des Materials entstehen, werden zu den Materialgemeinkosten *MGK* zusammengefaßt; siehe Materialgemeinkostenzuschlagssatz. REFA [A.05]
Materialgemeinkosten-zuschlagssatz	Kosten für Einkauf und Lager bezogen auf die Materialeinzelkosten werden als Materialgemeinkostenzuschlagssatz g_M eingerechnet. REFA [A.05]
Materialkosten	Die Materialkosten *MK* ergeben sich als Summe der Materialeinzel- *MEK* und Materialgemeinkosten *MGK* $MK = MEK + MGK$, bzw. $MK = MEK \cdot (1 + g_M)$. REFA [A.05]
Methodisches Konstruieren	Planmäßiges und schrittweises Erarbeiten der Herstellungs und Nutzungsunterlagen. VDI 2221
Nachkalkulation	siehe Kostenrechnung

Begriff	Definition [Quelle]
Nebenkostenstellen	Stellen, deren Kosten nicht direkt auf die Kostenträger sondern erst auf andere (Hilfs- oder Haupt-) Kostenstellen umgelegt werden (z.b. Energieversorgung, Einkauf, Arbeitsvorbereitung), auch Hilfskostenstellen. REFA [A.05]
Nebenzeit	siehe Nebennutzungszeit
Nebennutzungszeit	Die Nebennutzungszeit t_n ist die Zeit für regelmäßig wiederkehrende Hilfsverrichtungen, die zur Durchführung des Arbeitsauftrags erforderlich sind. Hierunter fallen insbesondere Zeiten für - Aufspannen des Werkstücks, - An-, Ein- und Umstellen des Betriebsmittels, - Messen und Prüfen. REFA [A.08], [A.02]
Nutzwert	Der subjektive, durch die Tauglichkeit zur Bedürfnisbefriedigung bestimmte Wert eines Gutes. [A.11]
Qualität	Gesamtheit der Merkmale und Merkmalswerte einer Einheit bezüglich ihrer Eignung, festgelegte und vorausgesetzte Erfordernisse zu erfüllen. DIN 55 350 Teil 11
Qualitätskosten	Qualitätskosten sind alle Ausgaben zur Erhaltung (Sicherung, Erziehung) des erforderlichen Qualitätsniveaus, das gegenüber dem

397

Begriff	Definition [Quelle]
	Kunden durch schriftlich fixierte oder implizit vorhandene Festlegungen bestimmter Eigenschaften eines Produktes als verbindlich erklärt wird. Alle Maßnahmen, die zu einer Anhebung des Qualitätsniveaus oder zu einer Verbilligung des Produkts bei gleichbleibender Qualität führen, werden noch zu den Qualitäts-Kosten gezählt.
	Kosten, die vorwiegend durch Qualitätsforderungen verursacht werden, also Kosten, die durch Tätigkeiten der Fehlerverhütung, durch planmäßige Qualitätsprüfungen sowie durch intern oder extern festgestellte Fehler verursacht sind. DIN 55 350, Bl. 11
Qualitätsprüfungskosten	Qualitätsprüfungskosten K_{QP} sind Kosten für Aktivitäten, ausgeführt mit dem Ziel, die für den Verwendungszweck erforderlichen Anforderungen sicherzustellen;

$$K_{QP} = K_{pe} + P \cdot K_{re} + C_b + K_{pb} + P_b \cdot K_{rb} + C_g + K_{pg} + P_g \cdot K_{rg} + C_v.$$

K_{pe} = Prüfkosten-Einzelteil
K_{re} = Reperaturkosten-Einzelteil
K_{pb} = Prüfkosten-Baugruppe
K_{rb} = Reperaturkosten-Baugruppe
K_{pg} = Prüfkosten-Gerät
K_{rg} = Reperaturkosten-Gerät
C_b = Folgekosten-Baugrupenfertigung
C_g = Folgekosten-Gerätefertigung
C_v = Folgekosten-Vertrieb

Begriff	Definition [Quelle]

$P_{e,b,g}$ = Ausschuß-quote / -wahrscheinlich-
keit (Einzelteil (e) ,Baugruppe (b),
Gerät (g))
[A.06]

Periodenkostenrechnung — siehe Kostenrechnung

Pflichtenheft — siehe Anforderungsliste

Platzkostenrechnung — Sonderform der Zuschlagskalkulation, hier jedoch Aufgliederung der Kostenstellen in einzelne Arbeitsplätze (z.b. Maschinen), auch als Maschinenstundensatzrechnung bezeichnet.
[A.03], REFA [A.05]

Prämienlohn — Unter bestimmten Voraussetzungen werden Prämien an einzelne oder zusammenarbeitende Gruppen gezahlt. Ein Mindestlohn wird garantiert.
[A.07]

Prüfkosten — Stückprüfkosten = Stückprüfeinzelkosten + Prüfgemeinkosten/Stück bei innerbetrieblicher Prüfung.

Bei außerbetrieblicher Prüfung werden die Selbstkosten des prüfenden Betriebs auf das Stück umgerechnet.

Raumkosten — Raumkosten = Gesamtfläche · Raumkostensatz.

Die Gesamtfläche umfaßt neben der Fläche für das BTM auch die zur Bedienung, War-

Begriff	Definition [Quelle]
	tung, Beschickung usw. erforderliche Fläche. Im Raumkostensatz sind Kosten für Abschreibung, Zinsen, Versicherung und Instandhaltung der Gebäude sowie Aufwendungen für Raumreinigung sowie Energiekosten (Heizung, Beleuchtung) berücksichtigt. [A.02]
REFA	<u>Re</u>ichsausschuß <u>f</u>ür <u>A</u>rbeitszeitermittlung, gegründet 1924. seit 1936: Reichsausschuß für Arbeitsstudien seit 1948: Verband für Arbeitsstudien -REFA- e.V., Darmstadt
Rentabilität	Rentabilität = Gewinn aus der Investition bezogen auf den Kapitaleinsatz für die Investition.
Reparaturkosten	siehe Instandsetzungskosten
Reparaturzeit (Mean time to repair) *MTTR*	Die Zeit für das Auswechseln oder Ausbessern der ausgefallenen Funktionseinheit, zuzüglich der Rüstzeit für das Instandsetzungspersonal.
Retrograde Methode	Es wird der Stoffverbrauch aus den erstellten Halb- und Fertigerzeugnissen abgeleitet. Man rechnet von einem hergestellten Erzeugnis ausgehend zurück, welches Material in welchen Mengen in das Erzeugnis eingegangen ist. Der Verbrauch ergibt sich aus der hergestellten Stückzahl multipliziert mit

Begriff	Definition [Quelle]

der Sollverbrauchsmenge je Stück. Es wird von der Kostenträgerrechnung in die Kostenstellen- und in die Kostenartenrechnung zurückgegangen. [A.09]

Rückrechnung   siehe Retrograde Methode

Rüstzeit   Die Rüstzeit t_r ist die Vorgabezeit für das Rüsten innerhalb eines Auftrages durch den Menschen. Sie ergibt sich als Summe aus Rüstgrundzeit t_{rg}, Rüsterholungszeit t_{rer} und Rüstverteilzeit t_{rv};

$$t_{gB} = t_{rg} + t_{rer} + t_{rv}.$$
REFA [A.08]

Schätzkalkulation   siehe Kurzkalkulation

Selbstkosten   Die Selbstkosten SK ergeben sich als Summe der Herstellkosten HK, der Entwicklungs- und Kontruktionseinzelkosten EK, der Verwaltungs- $VwGK$ und Vertriebsgemeinkosten $VtGK$, sowie der Sondereinzelkosten des Vertriebs SEV;

$$SK = HK + EK + VwGK + VtGK + SEV.$$
REFA [A.05]

Selbstkosten sind somit sämtliche bei der Erstellung eines Kostenträgers im Unternehmen anfallende oder angefallene und diesem Kostenträger zugerechnete Kosten.
DIN 32 990 Teil 1

Skontrationsmethode   Diese Methode zur Ermittlung der Verbrauchsmengen setzt das Vorhandensein ei-

Begriff	Definition [Quelle]
	ner Lagerbuchhaltung voraus. In dieser wird eine Lagerkartei geführt, mit deren Hilfe die Veränderungen im Lager genau erfaßt werden. Die Zugänge werden auf Grund der Lieferscheine erfaßt, die Abgänge durch Materialentnahmescheine, die darüber informieren, um welche Kostenarten es sich handelt, welche Kostenstellen die Materialien benötigen und für welche Kostenträger der Verbrauch erfolgt. Der Endbestand ergibt sich aus Anfangsbestand + Zugang - Abgang. Weiterhin wird der Endbestand an Materialien jährlich durch eine Inventur ermittelt. [A.09]
Sollzustand	Die für den jeweiligen Fall festgelegte Gesamtheit der Merkmalswerte und Eigenschaften.
Sondereinzelkosten der Fertigung *SEK*	Einzelkosten, die unmittelbar und ausschließlich durch den kalkulierten Kostenträger oder Auftrag verursacht werden. (Beispiel: Spezialwerkzeug, das für andere Produkte nicht wiederverwertet werden kann). Weiterhin werden Patent- und Lizenzkosten hier eingerechnet. REFA [A.05]
Sondermaschinen	siehe Sondereinzelkosten der Fertigung
Spezialfertigung	siehe Sondereinzelkosten der Fertigung

Begriff	Definition [Quelle]
Stillstandskosten	Gewinnminderungen, die durch instandhaltungs- oder schadensbedingte Stillstände der Betriebssmittel verursacht werden, insbesondere: - Produktionsverluste, - weiterlaufende Lohnkosten.
Stücklohn	Ohne Rücksicht auf den effektiven Zeitaufwand wird ein festes Entgelt für das einzelne Arbeitsstück oder eine bestimmte Serie gezahlt. Der Lohn ist proportional zur Stückzahl. Anwendbar ist das System bei allen zähl- und meßbaren homogenen Leistungen (Zeitakkord, Geldakkord). Die Kombination mit garantiertem Mindestlohn bietet den Arbeitnehmern bei unverschuldetem Nichterbringen der Arbeitsleistung eine größere Sicherheit und schafft so einen Ausgleich zwischen den Interessen der Arbeitgeber und der Arbeitnehmer. [A.07]
Stückzahl, kritische	siehe Grenzstückzahl
Substanzminderung	Wertminderungen durch technischen Fortschritt, Nachfrageverschiebung, Sinken der Absatzpreise. Berücksichtigung durch Schätzwerte in der bilanziellen und kalkulatorischen Abschreibung.
Tätigkeitszeit	Die Tätigkeitszeit t_t besteht aus der Summe der Soll-Zeiten aller Ablaufabschnitte mit der Ablaufart Haupttätigkeit und Nebentätigkeit,

Begriff	Definition [Quelle]
	die für die planmäßige Ausführung eines Ablaufes durch den Menschen erforderlich sind; sie bezieht sich auf die Mengeneinheit 1. REFA [A.08]
Teilkostenrechnung	Teilung der Kosten in ihre variablen und fixen Bestandteile. REFA [A.05] Eine Teilkostenrechnung ist ein Kostenrechnungsverfahren, bei dem zwar alle anfallenden oder angefallenen Kosten erfaßt, aber nur der für den jeweiligen Rechnungszweck relevante Teil der Kosten einzelnen Zurechnungsobjekten zugerechnet wird. DIN 32 990 Teil 1
Transportkosten	Berechnung über Transporttarife
Umlageschlüssel	Faktor, mit dem die Kosten den Kostenstellen zugerechnet werden. Er wird z.B. im Betriebsabrechnungsbogen ermittelt bzw. angewendet. REFA [A.05]
Unternehmerlohn	Berechnung nach: LSO: Leitsätze für die Preisermittlung aufgrund der Selbstkosten bei Leistungen für öffentliche Auftraggeber vom 15.11.1938; LSP: Leitsätze für die Preisermittlung aufgrund der Selbstkosten bei Leistungen für private Auftraggeber vom 15.11.1938.

Begriff	Definition [Quelle]
Verbrauchsmengen- ermittlung	In der betrieblichen Praxis werden die folgenden drei Verfahren angewendet: - Skontraktionsmethode, - Inventurmethode, - Retrograde Methode. [A.09]
Verteilzeit	Die Verteilzeit t_v besteht aus der Summe der Soll-Zeiten aller Ablaufabschnitte, die zusätzlich zur planmäßigen Ausführung eines Ablaufs durch den Menschen erforderlich sind; sie bezieht sich auf die Mengeneinheit 1. Die Verteilzeit besteht aus den Zeitarten sachliche Verteilzeit t_s und persönliche Verteilzeit t_p; $t_v = t_s + t_p$. REFA [A.08]
Verteilzeit, persönliche	Die persönliche Verteilzeit t_p enthält Soll-Zeiten für persönlich bedingtes Unterbrechen der Tätigkeit. REFA [A.08]
Verteilzeit, sachliche	Die sachliche Verteilzeit t_s enthält Soll-Zeiten für zusätzliche Tätigkeit und störungsbedingtes Unterbrechen der Tätigkeit. REFA [A.08]
Vertriebsgemeinkosten- zuschlagssatz	Vertriebsgemeinkosten bezogen auf die Herstellkosten. REFA [A.05]

Begriff	**Definition** **[Quelle]**
Verwaltungsgemeinkosten	Vewaltungsgemeinkosten *VwGK* sind Kosten, die im Verwaltungsbereich "für die Allgemeinheit" entstehen. Bei Zuschlagskalkulation werden sie auf die Herstellkosten bezogen, können aber auch auf die Fertigungskosten bezogen werden (Verwaltungsgemeinkostenzuschlagssatz). REFA [A.05]
Verwaltungsgemein-kostenzuschlagssatz	1) Verwaltungsgemeinkosten bezogen auf die Herstellkosten; 2) Verwaltungsgemeinkosten bezogen auf die Fertigungskosten. REFA [A.05]
Vollkostenrechnung	Die Vollkostenrechnung ist das Kostenrechnungsverfahren, das alle anfallenden oder angefallenen Kosten direkt oder indirekt Kostenträgern zurechnet. DIN 32 990 Teil 1
Vorgabezeit	Vorgabezeit nach REFA sind Soll-Zeiten für von Menschen und Betriebsmitteln ausgeführte Arbeitsabläufe. Vorgabezeiten für den Menschen enthalten Grundzeiten, Erholungszeiten und Verteilzeiten; Vorgabezeiten für das Betriebsmittel enthalten Grundzeiten und Verteilzeiten. REFA [A.08]
Vorkalkulation	Die Vorkakulation ist eine Kalkulation, die für Planungszwecke vor der Erstellung der betreffenden Kostenträger durchgeführt wird.

Begriff	**Definition** **[Quelle]**
	DIN 32 990 Teil 1
Wartung	Maßnahmen zur Bewahrung des Soll-Zustandes von technischen Mitteln eines Systems. DIN 31 051
Wartezeit	Die Wartezeit t_w besteht aus der Summe der Soll-Zeiten aller Ablaufabschnitte mit der Ablaufart ablaufbedingtes Unterbrechen, die bei der planmäßigen Ausführung eines Ablaufes durch den Menschen vorkommen; sie bezieht sich auf die Mengeneinheit 1. REFA [A.08]
Werkzeugkosten	Herstell- oder Beschaffungskosten des Werkzeugs; Abrechnung über Verrechnungsbelege (Einkaufspreise).
Wert	Der Begriff Wert ist auf den Markt ausgerichtet. Ein Erzeugnis ist für den Hersteller umso wertvoller, je höher und langfristig gesicherter der Erfolg ist, und für den Abnehmer umso wertvoller, je niedriger der Kaufpreis und die Betriebskosten sind. Man kann den Wert auf drei Wertmaßstäbe beziehen: 1) Qualität (als Sammelbegriff für die erwartete Leistung), 2) Rentabilität (als Sammelbegriff für die ökonomischen Faktoren), 3) Aktualität (als Sammelbegriff für alle zeitlichen Zusammenhänge). [A.01]

Begriff	Definition [Quelle]
Wert einer Konstruktion	Bedeutung (Qualität) eines Konstruktionsergebnisses, das sich aus der Beziehung zu einem gesetzten Maßstab ergibt. [A.11]

Wertanalyse

Die Wertanalyse ist eine Methode zur Wertsteigerung, bei der durch eine bestimmte systematische Vorgehensweise mit hoher Wahrscheinlichkeit ohne Umwege eine dem Stand des Wissens und den spezifischen Gegebenheiten entsprechende optimale Lösung erzielt wird.

Eine Hilfe bietet die Richtlinie VDI 2808. [A.01]

Die Wertanalyse ist ein System zum Lösen komplexer Probleme, die nicht oder nicht vollständig algorithmierbar sind. Sie beinhaltet das Zusammenwirken der Systemelemente

- Methode,
- Verhaltenweisen,
- Management

bei deren gleichzeitiger gegenseitiger Beeinflussung mit dem Ziel einer Optimierung des Ergebnisses.
DIN 69 910

Wiederbeschaffungswert

Der Wiederbeschaffungswert WBW eines Betriebsmittels setzt sich zusammen aus dem Kaufpreis, den Kosten für Aufstellung und Anlauf/Inbetriebnahme, den Kosten für werterhöhende Reparaturen sowie den Kosten für den technischen Fortschritt und den

Begriff	Definition [Quelle]
	Kosten infolge der allgemeinen Preissteigerungsrate.
	Der WBW wird bei der Berechnung der kalkulatorischen Abschreibung sowie zur Berechnung der Wartungs-/Instandhaltungskosten zu Grunde gelegt. [A.02]
Zeit je Einheit	Die Zeit je Einheit t_e ist die Vorgabezeit für die Ausführung eines Ablaufes durch den Menschen; sie bezieht sich im allgemeinen auf die Mengeneinheit 1, 100 oder 1000. REFA [A.08]
Zeitakkord	siehe Stücklohn [A.07]
Zeitlohn	Gleicher Lohnsatz pro Zeiteinheit. Der für eine bestimmte Leistung zu zahlende Lohn kann nicht im voraus bestimmt werden. [A.07]
Zinsen	Zinsen sind Kosten für eingesetztes Kapital. REFA [A.05]
Zurechnungsobjekt	Zurechnungsobjekt ist eine materielle oder immaterielle Sache, der Kosten zugerechnet werden. Zurechnungsobjekt kann z.B. sein:

- ein Kostenträger,
- ein Bereich (z.B. Kostenstelle),
- ein Prozeß (z.B. Fertigungsprozeß),
- eine Abrechnungsperiode (z.B. Monat, Jahr).

Auf sie werden die Einzelkosten direkt zuge-

Begriff	**Definition** **[Quelle]**

rechnet und Gemeinkosten in der Vollkostenrechnung indirekt verrechnet.
DIN 32 990 Teil 1

Zuschlagskalkulation   Wird angewendet bei einer verursachungsgerechten Kostenzurechnung. Das Verfahren
geht davon aus, daß Einzelkosten (z.B. Ma-
terial-, Lohnkosten) dem Kostenträger (Produkt) direkt zugeordnet werden und die
nicht zurechnungsfähigen Gemeinkosten indirekt über prozentuale Zuschlagssätze zugeschlagen werden.

Die Zuschlagskalkulation geht also von einer Trennung der Einzel- und Gemeinkosten
aus.
[A.03], REFA [A.05]

Die Zuschlagskalkulation ist das Kalkulationsverfahren, bei dem Einzelkosten direkt
und Gemeinkosten indirekt auf Einzelkosten
bezogen über Zuschlagssätze den Kostenträgern zugerechnet werden.
DIN 32 990 Teil 1

Zuverlässigkeitsfunktion   Eigenschaft einer Betrachtungseinheit, funk-
tionstüchtig zu bleiben, ausgedrückt durch
die Wahrscheinlichkeit, daß die geforderte
Funktion unter den vorgegeben Arbeitsbe-
dingungen während einer Zeitdauer T aus-
fallsfrei ausgeführt wird $R(t)$.
[A.06]

Zuverlässigkeitsfunktion,
empirische   Quotient der $n(t)$ noch nicht ausgefallenen
und der N betrachteten Funktionseinheiten.

Begriff	Definition [Quelle]
	$R'(t) = n(t) / N$. Diese Funktion konvergiert für $N \to \infty$ gegen die Zuverlässigkeitsfunktion $R(t)$.

Stichwortverzeichnis